Oldenbourg

Die reellen Zahlen als Fundament und Baustein der Analysis

von
Dieter Schmersau, Wolfram Koepf

Oldenbourg Verlag München Wien

Akad. Rat Dr. Dieter Schmersau
Freie Universität Berlin
Fachbereich Mathematik und Informatik
Arnimallee 3
14195 Berlin

Prof. Dr. Wolfram Koepf
Hochschule für Technik, Wirtschaft und Kultur Leipzig
Fachbereich IMN
Gustav-Freytag-Str. 42 A
04277 Leipzig
e-mail: koepf@imn.htwk-leipzig.de
URL: http://www.imn.htwk-leipzig.de/~koepf

Dieses Buch ist Angelika und Angelika gewidmet.

Die Deutsche Bibliothek - CIP-Einheitsaufnahme

Schmersau, Dieter:
Die reellen Zahlen als Fundament und Baustein der Analysis / von
Dieter Schmersau ; Wolfram Koepf. – München ; Wien : Oldenbourg,
2000
  ISBN 3-486-24455-8

© 2000 Oldenbourg Wissenschaftsverlag GmbH
Rosenheimer Straße 145, D-81671 München
Telefon: (089) 45051-0, Internet: http://www.oldenbourg.de

Lektorat: Martin Reck
Herstellung: Rainer Hartl
Umschlagkonzeption: Kraxenberger Kommunikationsha
Gedruckt auf säure- und chlorfreiem Papier
Druck: R. Oldenbourg Graphische Betriebe Druckerei Gm

Inhaltsverzeichnis

Einleitung

Ob in der Schule oder im Studium, wer sich mit Mathematik beschäftigt, kommt um die reellen Zahlen nicht herum. Während man in der Schulmathematik reelle Zahlen als Dezimalzahlen einführt, mit diesen aber eher intuitiv umgeht – es ist beispielsweise alles andere als einfach, die Rechengesetze der reellen Zahlen aus dem Additions- und Multiplikationsalgorithmus für Dezimalzahlen herzuleiten –, erfordert die deduktive Vorgehensweise im Mathematikstudium einen anderen Begriff der reellen Zahl.

Daher werden in den Anfängervorlesungen meist Kenntnisse über die reellen Zahlen vorausgesetzt und ihre Eigenschaften axiomatisch festgelegt. Insbesondere wird auf die ein oder andere Weise die Vollständigkeit der reellen Zahlen eingeführt. Geschieht dies beispielsweise mit Hilfe von Intervallschachtelungen, so wird zusätzlich noch die archimedische Eigenschaft vorausgesetzt; geschieht dies allerdings mit der Supremumseigenschaft, so wird die archimedische Eigenschaft nicht gefordert. Warum dies im einzelnen so ist, bleibt vielen Studenten unklar. Ebenso im Nebulösen bleibt, was die altvertrauten Dezimalzahlen hiermit zu tun haben. Auf der anderen Seite arbeitet man in der numerischen Mathematik dann doch wieder mit Dezimalzahlen, und auch der Standardbeweis für die Überabzählbarkeit der reellen Zahlen benutzt diese.

Auf die Frage, was reelle Zahlen sind, sind viele verschiedene Antworten möglich. Reelle Zahlen sind

- Äquivalenzklassen von Cauchyfolgen,
- Dedekindschnitte,
- Dezimalzahlen,
- Elemente eines vollständigen (angeordneten) Körpers.

Um es etwas salopp zu formulieren: Reelle Zahlen sind diejenigen Zahlen, welche sich durch rationale Zahlen approximieren lassen. Diese Vorstellung von den reellen Zahlen zieht sich wie ein roter Faden durch das gesamte Buch.

Wir betrachten die obigen Modelle der reellen Zahlen und ferner die Darstellung durch

- Intervallschachtelungen bzw.
- Capellipaare,

welche eine Verallgemeinerung der Dedekindschnitte bilden.

Wir haben uns für das vorliegende Buch die Aufgabe gestellt, uns die verschiedenen Modelle der reellen Zahlen genauer anzusehen und gegenüberzustellen. Diese Modelle werden sorgfältig eingeführt und die Beziehungen zwischen ihnen werden herausgearbeitet. Insbesondere wird gezeigt, daß die Dezimalzahlen wirklich ein Modell für die reellen Zahlen darstellen.

Im ersten Kapitel werden die Grundbegriffe aus der Algebra (Äquivalenzrelation, Gruppe, Ring, Körper, Ordnung) eingeführt. Danach werden angeordnete Körper betrachtet. Es wird gezeigt (Satz 1.23), daß jeder angeordnete Körper ein Modell der rationalen Zahlen enthält. Dann werden Folgen in angeordneten Körpern betrachtet. Unter anderem wird bewiesen (Satz 1.29), daß ein angeordneter Körper genau dann archimedisch ist, wenn die Folge $(\frac{1}{n})_{n \in \mathbb{N}}$ eine Nullfolge ist. Dieser Sachverhalt verdeutlicht unseres Erachtens das Wesen der archimedischen Anordnung am besten. Satz 1.37 bringt die archimedische Anordnung mit der oben bereits angesprochenen rationalen Approximierbarkeit in Verbindung. Schließlich werden die vollständigen Körper behandelt. Sie werden mit Hilfe der Supremumseigenschaft eingeführt, und es wird gezeigt (Satz 1.45), daß vollständige Körper stets archimedisch angeordnet sind. Vollständige Körper haben ferner die Intervallschachtelungseigenschaft (Satz 1.47). Dieses Kapitel schließt mit der Erkenntnis (Satz 1.54), daß es bis auf Isomorphie nur einen vollständigen Körper gibt. Dies ist der Körper der reellen Zahlen.

Im zweiten Kapitel werden drei verschiedene Konstruktionen der reellen Zahlen durchgeführt: die Cantorkonstruktion, die Capellikonstruktion sowie die Konstruktion von P. Bachmann. Während bei der Cantorkonstruktion zur Approximation reeller Zahlen Cauchyfolgen verwendet werden, betrachtet Capelli Mengenpaare, welche eine reelle Zahl von unten und von oben approximieren. Wir nennen diese Mengenpaare Capellipaare. P. Bachmann schließlich approximiert reelle Zahlen mit Hilfe von Intervallschachtelungen. In allen drei Fällen werden zur Darstellung reeller Zahlen Äquivalenzklassen gebildet. Dedekindsche Schnitte sind spezielle Capellipaare, welche die jeweiligen Äquivalenzklassen repräsentieren. Die Cantorkonstruktion, welche besonders ausführlich behandelt wird, gipfelt in einem weiteren Kriterium für Vollständigkeit (Satz 2.15). Den Zusammenhang zur Capellikonstruktion und zur Konstruktion von P. Bachmann liefert eine ordnungstheoretische Charakterisierung von Cauchyfolgen (Satz 2.24). Schließlich werden in diesem Kapitel Verfahren zur numerischen Berechnung von Quadratwurzeln und der Eulerschen Zahl e behandelt.

Das dritte Kapitel verallgemeinert die Cantorkonstruktion und bettet die Konstruktion der reellen Zahlen in den Kontext der metrischen Räume ein. Es wird hier die Vervollständigung eines beliebigen metrischen Raums mit Hilfe von Äquivalenzklassen von Cauchyfolgen durchgeführt. Schließlich wird gezeigt (Satz 3.6), daß diese Konstruktion die minimale Vervollständigung liefert.

Im letzten Kapitel wird schließlich die Dezimaldarstellung behandelt. Diese ist in der rechnerischen Praxis besonders wichtig. Wir nehmen hierbei wieder einen konstruktiven Standpunkt ein. Zum Schluß wird gezeigt, daß die rationalen Zahlen genau den periodischen Dezimaldarstellungen entsprechen.

Das vorliegende Buch kann zum einen parallel zu einem Analysislehrbuch in den Anfängervorlesungen der Mathematik eingesetzt werden. Allen Studentinnen und Studenten, die mehr über die reellen Zahlen wissen wollen, liefert die Lektüre dann die Details. Dies wird in der Regel selektiv geschehen. Beispielsweise kann das Kapitel über metrische Räume zunächst auch ohne weiteres übersprungen werden, genauso wie die Abschnitte über die Capellikonstruktion und die Konstruktion von P. Bachmann. Dabei ist an Eigenlektüre der Studentinnen und Studenten gedacht, aber auch der gezielte Einsatz einzelner Abschnitte durch die Dozentin bzw. den Dozenten ist denkbar.

Eine besonders geeignete Möglichkeit für den Einsatz des Buches besteht darin, ein Proseminar über die reellen Zahlen zu veranstalten, dem dieses Buch zugrunde-liegt. Wir sind der Überzeugung, daß genauere Kenntnisse über die reellen Zahlen das Verständnis über mathematische Strukturen schärft und den Studentinnen und Studenten auch in anderen Situationen weiterhilft. Beispielsweise ist für viele Frage-stellungen der höheren Analysis die prinzipielle Möglichkeit, einen metrischen Raum zu vervollständigen, unverzichtbares Basiswissen. Für Lehramtsstudenten ist wieder-um die Konkretisierung der Dezimaldarstellungen von besonderer Bedeutung. Die Gliederung des Buchs ermöglicht eine problemlose Aufteilung des Materials in Se-minarvorträge.

Wir beenden die Einleitung, indem wir uns bei den Herren Dr. E. Panzram und U. Räuchle für Ihre tatkräftige Unterstützung bei der Übersetzung der Arbeit von A. Capelli bedanken. Ferner danken wir Frau Kossick vom Konrad-Zuse-Zentrum für ihre professionelle Hilfe bei der Beschaffung schwer zugänglicher Literatur. Schließlich gilt unser Dank auch dem Oldenbourg-Verlag für seine verständnisvolle Geduld.

Berlin und Leipzig, 27. Juli 1999   Dieter Schmersau und Wolfram Koepf

1 Charakterisierung der reellen Zahlen

1.1 Äquivalenzrelationen und Gruppen

Äquivalenzrelationen kommen innerhalb und oft (zu Recht) unreflektiert auch außerhalb der Mathematik häufig vor. Sie spielen bei der Lösung vieler theoretischer Probleme eine zentrale Rolle. Die Leserin und der Leser wird dies z. B. nachdrücklich in Kapitel 2 bei den verschiedenen Konstruktionen der reellen Zahlen erleben. Der Grundgedanke, der zur Einführung einer Äquivalenzrelation führt, ist der: Man möchte verschiedene Objekte gemäß einem für die vorliegende Situation entscheidenden Aspekt zusammenfassen, d. h. hier, als nicht wesentlich verschieden voneinander ansehen. Es handelt sich also um einen Abstraktionsprozeß, der auf eine Vergröberung abzielt. Wir beginnen mit einem zunächst abstrakt erscheinenden

Beispiel 1.1 (Von f erzeugte Äquivalenzrelation, Kongruenz modulo p)
M und N seien nichtleere Mengen, und $f : M \to N$ mit $x \mapsto f(x)$ sei eine Abbildung. Wir definieren auf M eine (binäre) Relation $\overset{f}{\sim}$ für alle $x, y \in M$ wie folgt:[1] $x \overset{f}{\sim} y :\Leftrightarrow f(x) = f(y)$. Die Elemente x und y aus M werden hier als nicht wesentlich verschieden voneinander angesehen, wenn sie unter f das *gleiche Bild* liefern.

Die so erklärte Relation hat ganz offensichtlich die folgenden Eigenschaften:

$$ x \overset{f}{\sim} x ; \qquad x \overset{f}{\sim} y \Rightarrow y \overset{f}{\sim} x ; $$

$$ x \overset{f}{\sim} y \quad \text{und} \quad y \overset{f}{\sim} z \quad \Rightarrow \quad x \overset{f}{\sim} z . $$

Das Beispiel soll nun konkretisiert werden. Es sei jetzt $M = \mathbb{Z}$ die Menge der *ganzen Zahlen*,[2] $N = \{0, 1, 2, 3, 4, 5\}$. Jede ganze Zahl m hat bei der Division durch 6 einen

---

[1] Sprich: x äquivalent zu y, definitionsgemäß genau dann, wenn $f(x) = f(y)$.

[2] In diesem Buch wird die Menge der ganzen Zahlen nach einiger Vorarbeit in Bemerkung 1.13 konkretisiert.

Rest $r \in N$.[3]

Wir können also $f : M \to N$ definieren durch $m \mapsto f(m) = r$. Dies ist gleichwertig zu der Gleichung $m = 6n + r$ mit $n \in \mathbb{Z}$ und $r \in N$. Statt $m_1 \overset{f}{\sim} m_2$ gibt es hier eine Standardnotation:

$$m_1 \equiv m_2 \quad (\mathrm{mod}\ 6)$$

(sprich: m_1 kongruent m_2 modulo 6). Hier interessiert uns also bei einer ganzen Zahl m nur, welchen nichtnegativen Rest sie bei der Division durch 6 hat. Offenbar gilt $m_1 \equiv m_2$ (mod 6) genau dann, wenn die Differenz $m_2 - m_1$ ein ganzzahliges Vielfaches von 6 ist. Wir greifen dieses Beispiel mehrfach wieder auf. $\triangle$

Zunächst aber die

Definition 1.1 (Äquivalenzrelation, Äquivalenzklasse und Quotientenmenge)
M sei eine nichtleere Menge und $\sim$ eine (binäre) Relation auf (in) M. $\sim$ heißt eine *Äquivalenzrelation auf* M, wenn gilt

$\ddot{\mathrm{A}}_1$: **Reflexivität:** $x \sim x$ für alle $x \in M$;

$\ddot{\mathrm{A}}_2$: **Symmetrie:** $x \sim y \;\Rightarrow\; y \sim x$ für alle $x, y \in M$;

$\ddot{\mathrm{A}}_3$: **Transitivität:** $x \sim y$ und $y \sim z \;\Rightarrow\; x \sim z$ für alle $x, y, z \in M$.

Ist $\sim$ eine Äquivalenzrelation auf M, so definieren wir für beliebiges $x \in M$

$$[x]_\sim := \{y \in M \mid x \sim y\}$$

und nennen $[x]_\sim$ eine *Äquivalenzklasse*. Ferner sei mit

$$M_{/\sim} := \{[x]_\sim \mid x \in M\}$$

die Menge aller Äquivalenzklassen bezeichnet, die auch die *Quotientenmenge* von M nach $\sim$ genannt wird. $\triangle$

Fortsetzung von Beispiel 1.1
In unserem Beispiel besteht die Menge $\mathbb{Z}_{/\equiv}$ aller Äquivalenzklassen aus den sogenannten *Restklassen*

$$[0]_\equiv = \{\ldots, -12, -6, 0, 6, 12, \ldots\}, \quad [1]_\equiv = \{\ldots, -11, -5, 1, 7, 13, \ldots\},$$

$$[2]_\equiv = \{\ldots, -10, -4, 2, 8, 14, \ldots\}, \quad [3]_\equiv = \{\ldots, -9, -3, 3, 9, 15, \ldots\},$$

---

[3] Die Division mit Rest wird bei den Dezimaldarstellungen in Kapitel 4 eingehend erörtert.

$$[4]_{\equiv} = \{\ldots, -8, -2, 4, 10, 16, \ldots\}, \quad [5]_{\equiv} = \{\ldots, -7, -1, 5, 11, 17, \ldots\}.$$

Für beliebiges $p \in \mathbb{N}^1$ schreibt man $\mathbb{Z}_p = \mathbb{Z}_{/\equiv}$ für die Restklassenmenge modulo p. $\triangle$

Hilfssatz 1.1

Sei M eine nichtleere Menge und $\sim$ eine Äquivalenzrelation auf M. Dann gilt:

(a) $x \in [x]_\sim$ für alle $x \in M$;

(b) $[x]_\sim = [y]_\sim \Leftrightarrow x \sim y$ für alle $x, y \in M$;

(c) $[x]_\sim \cap [y]_\sim = \emptyset \Leftrightarrow \neg(x \sim y)$ für alle $x, y \in M$.

Beweis: Der Beweis soll in Aufgabe 1.1 ausgeführt werden. $\square$

Für $\neg(x \sim y)$ schreiben wir auch $x \not\sim y$. Ist $y \in [x]_\sim$, so sagt man, y sei ein *Repräsentant* der Äquivalenzklasse $[x]_\sim$. Beispielsweise repräsentiert 0 die Restklasse $[0]_{\equiv}$.

In (b) wird das präzisiert, was wir versucht haben, mit dem Wort *Vergröberung* zu beschreiben, nämlich den Übergang von der Äquivalenz der Elemente x und y aus M zu der *Gleichheit* der zugehörigen Klassen.

Eine Äquivalenzrelation $\sim$ auf der Menge M führt also zu einer *Zerlegung* (man sagt auch *Faserung*) von M in nichtleere und disjunkte Klassen. Man überlegt sich leicht, daß auch die umgekehrte Vorgehensweise „funktioniert". Hat man nämlich eine Zerlegung von M in nichtleere und disjunkte Klassen gegeben, so kann man auf M genau eine Äquivalenzrelation $\sim$ definieren derart, daß die zu $\sim$ gehörigen Äquivalenzklassen mit den vorgegebenen Klassen übereinstimmen. So teilt man z. B. die ganzen Zahlen bei manchen Überlegungen gern in zwei Klassen ein: die geraden und die ungeraden Zahlen. Die zugehörige Äquivalenzrelation ist die *Kongruenz modulo 2*.

Als ein nicht arithmetisches Beispiel für eine wichtige Äquivalenzrelation sei an die *Kongruenz von Strecken* bzw. *Dreiecken* erinnert, die aus der Elementargeometrie bekannt ist.

Zu jeder Äquivalenzrelation gehört in naheliegender Weise eine Abbildung.

Definition 1.2 (Natürliche Abbildung)

M sei eine nichtleere Menge und $\sim$ sei eine Äquivalenzrelation auf M. Dann heißt die Abbildung

$$\nu : M \to M_{/\sim} \quad \text{mit} \quad x \mapsto \nu(x) := [x]_\sim$$

---

[1] Mit $\mathbb{N}$ bezeichnen wir die *natürlichen Zahlen* $\mathbb{N} = \{1, 2, \ldots\}$. Diese werden in Abschnitt 1.3 genauer untersucht.

die *natürliche Abbildung zu* $\sim$. $\triangle$

Offenbar ist ν stets surjektiv.

Wir beschließen vorläufig unsere Betrachtungen über Äquivalenzrelationen, indem wir unser abstraktes Eingangsbeispiel im folgenden *Abbildungssatz* in einen Zusammenhang bringen mit der eben definierten zu einer Äquivalenzrelation gehörigen natürlichen Abbildung.

Satz 1.1 (Abbildungssatz)

$f : M \to N$ sei eine Abbildung, $\overset{f}{\sim}$ die von f erzeugte Äquivalenzrelation und ν_f die zu $\overset{f}{\sim}$ gehörige natürliche Abbildung. Dann existiert eine *injektive* Abbildung $g : M_{/\sim} \to N$ derart, daß das Diagramm

$$
\begin{array}{ccc}
M & \xrightarrow{\;f\;} & N \\
\nu_f \downarrow & \nearrow g & \\
M_{/\overset{f}{\sim}} & &
\end{array}
$$

kommutiert, d. h., es gilt: $f = g \circ \nu_f$. Ist f surjektiv, so ist auch g surjektiv.

Beweis: Aufgabe 1.3. $\square$

Einen Hinweis zur Lösung der Aufgabe geben wir durch ein

Beispiel 1.2

Sei $f : \mathbb{Z} \to \mathbb{N}$ mit $n \mapsto f(n) = n^2$. Dann gilt zunächst:

$$f(n) = f(m) \Leftrightarrow n^2 = m^2 \Leftrightarrow n^2 - m^2 = 0 \Leftrightarrow (n - m)(n + m) = 0$$
$$\Leftrightarrow m = n \quad \text{oder} \quad m = -n \,.$$

Somit ist $\mathbb{Z}_{/\overset{f}{\sim}} = \{\ \{n, -n\} \mid n \in \mathbb{Z}\}$, anders ausgedrückt $[n]_{\overset{f}{\sim}} = \{n, -n\}$. Wir setzen versuchsweise $[n]_\sim \mapsto g([n]_\sim) := n^2$ und erkennen, daß g wohldefiniert ist, da $n^2 = (-n)^2$ ist. $\triangle$

Als nächstes erörtern wir den Begriff der (binären) *inneren Verknüpfung* auf einer Menge M. Wir wissen: Sind m und n natürliche Zahlen, so können wir ihre Summe $m + n$ und ihr Produkt $m \cdot n$ bilden und die Summe bzw. das Produkt sind wieder natürliche Zahlen. Die Addition bzw. Multiplikation auf $\mathbb{N}$ sind äußerst wichtige Beispiele für innere Verknüpfungen. Dies führt zu der folgenden

Definition 1.3 (Innere Verknüpfung)

M sei eine nichtleere Menge. Eine Abbildung $\circ : M \times M \to M$ mit $(x,y) \mapsto$ $\circ((x,y))$ heißt eine *innere Verknüpfung* auf (in) M. $\triangle$

Wir wollen sofort eine Vereinfachung der Schreibweise vereinbaren, die auch den „lieben Gewohnheiten" Rechnung trägt. Ist $\circ : M \times M \to M$ eine innere Verknüpfung auf M, so setzen wir abkürzend $x \circ y := \circ((x,y))$ für alle $x, y \in M$.[1] Das Paar $(M, \circ)$ wird als *Gruppoid* bezeichnet. Jedoch werden wir uns mit diesen sehr allgemeinen Gebilden nicht weiter befassen.

Es leuchtet ein, daß man erst eine interessante Theorie erwarten darf, wenn man von der inneren Verknüpfung zusätzliche Eigenschaften fordert. Die meisten inneren Verknüpfungen, die in der Mathematik eine Rolle spielen, sind *assoziativ*, viele sind *kommutativ*.

Definition 1.4 (Assoziativität, Kommutativität, Halbgruppe)

M sei eine nichtleere Menge, $\circ : M \times M \to M$ eine innere Verknüpfung.

$\circ$ heißt *assoziativ*, wenn $x \circ (y \circ z) = (x \circ y) \circ z$ für alle $x, y, z \in M$ gilt.

$\circ$ heißt *kommutativ*, wenn $x \circ y = y \circ x$ für alle $x, y \in M$ gilt.

Ist die innere Verknüpfung $\circ$ assoziativ, so heißt das Paar $(M, \circ)$ eine *Halbgruppe*. Ist $\circ$ zusätzlich noch kommutativ, so heißt $(M, \circ)$ eine kommutative oder *abelsche* Halbgruppe. $\triangle$

Die folgenden Beispiele, die alle sehr „natürlich" sind, sollen belegen, daß es sinnvoll ist, diese Struktur definitorisch zu erfassen.

Beispiel 1.3 (Halbgruppen)

(a) $(\mathbb{N}, +)$ und $(\mathbb{N}, \cdot)$ sind abelsche Halbgruppen.
(b) Ist X eine nichtleere Menge und $\mathcal{P}(X)$ ihre Potenzmenge, so sind $(\mathcal{P}(X), \cup)$ und $(\mathcal{P}(X), \cap)$ abelsche Halbgruppen.
(c) Sei X eine nichtleere Menge und $F := \{f \mid f : X \to X\}$ die Menge aller Abbildungen von X nach X, so ist F zusammen mit der *Verkettung (Komposition)* $\circ$ von Abbildungen eine Halbgruppe. Besitzt aber z. B. X mindestens zwei Elemente, so ist $(F, \circ)$ *nicht* abelsch. $\triangle$

Wir wollen, bevor wir uns den äußerst wichtigen *Gruppen* zuwenden, eine Situation allgemein betrachten, die in Kapitel 2 immer wieder eintritt.

Definition 1.5 (Verträglichkeit)

M sei eine nichtleere Menge, R sei eine (binäre) Relation auf M und $\circ$ sei eine

---

[1] Die Schreibweise $x \circ y$ heißt die *Infixnotation* von $\circ((x,y))$.

(binäre) innere Verknüpfung auf M. Die Relation R heißt mit der inneren Verknüpfung $\circ$ *verträglich*, wenn für alle $x, x', y, y' \in M$

$$x \mathrel{R} x' \quad \text{und} \quad y \mathrel{R} y' \quad \Rightarrow \quad (x \circ y) \mathrel{R} (x' \circ y')$$

gilt. $\triangle$

Beispiel 1.4

(a) $M = \mathbb{N}$, $R = <$, $\circ = +$. Dann lautet die Verträglichkeitsbedingung

$$m < m' \quad \text{und} \quad n < n' \quad \Rightarrow \quad m + n < m' + n'.$$

(a') $M = \mathbb{N}$, $R = <$, $\circ = \cdot$ (Multiplikation). Dann lautet die Verträglichkeitsbedingung

$$m < m' \quad \text{und} \quad n < n' \quad \Rightarrow \quad m \cdot n < m' \cdot n'.$$

(b) $M = \mathbb{Z}$, R Kongruenz modulo p, $\circ = +$. Dann lautet die Verträglichkeitsbedingung

$$m \equiv m' \pmod{p} \quad \text{und} \quad n \equiv n' \pmod{p} \quad \Rightarrow \quad m + n \equiv m' + n' \pmod{p}.$$

(b') $M = \mathbb{Z}$, R Kongruenz modulo p, $\circ$ Multiplikation. Dann lautet die Verträglichkeitsbedingung

$$m \equiv m' \pmod{p} \quad \text{und} \quad n \equiv n' \pmod{p} \quad \Rightarrow \quad m \cdot n \equiv m' \cdot n' \pmod{p}.$$

(c) $M = \mathcal{P}(X)$, $R = \subset$, $\circ = \cup$. Dann lautet die Verträglichkeitsbedingung

$$A \subset B \quad \text{und} \quad C \subset D \quad \Rightarrow \quad A \cup C \subset B \cup D.$$

(c') $M = \mathcal{P}(X)$, $R = \subset$, $\circ = \cap$. Dann lautet die Verträglichkeitsbedingung

$$A \subset B \quad \text{und} \quad C \subset D \quad \Rightarrow \quad A \cap C \subset B \cap D. \quad \triangle$$

In den Beispielen (b) und (b') war die Relation R eine Äquivalenzrelation (auf $\mathbb{Z}$), die mit der Addition bzw. Multiplikation verträglich ist. Diese Situation ist allgemein sehr bemerkenswert, denn sie gestattet es, die auf M gegebene innere Verknüpfung in die Quotientenmenge $M_{/\sim}$ „zu verpflanzen"; ein Verfahren, von dem wir intensiv Gebrauch machen werden. Dazu der folgende

Satz 1.2 (Innere Verknüpfung auf Quotientenmenge)

M sei eine nichtleere Menge, $\sim$ sei eine Äquivalenzrelation auf M, die mit einer inneren Verknüpfung $\circ$ auf M verträglich sei. Dann ist die innere Verknüpfung $\star$ auf

$M_{/\sim}$, die gegeben ist durch

$$[x]_\sim \star [y]_\sim := [x \circ y]_\sim \,,$$

wohldefiniert.

Beweis: Da $[x]_\sim = [x']_\sim \Leftrightarrow x \sim x'$ und $[y]_\sim = [y']_\sim \Leftrightarrow y \sim y'$ und da $\sim$ verträglich mit $\circ$ ist, folgt $x \circ y \sim x' \circ y'$. Dies bedeutet aber definitionsgemäß $[x \circ y]_\sim = [x' \circ y']_\sim$. $\square$

Fortsetzung von Beispiel 1.1

Damit haben wir für die Restklassen, die durch die *Kongruenz modulo* p erzeugt wurden, eine Addition und eine Multiplikation zur Verfügung, die sowohl assoziativ als auch kommutativ sind.[1] Nehmen wir wieder $p = 6$ und eine vereinfachte Schreibweise, so gelten beispielsweise die Gleichungen

$$[5] + [5] = [10] = [4] \,, \qquad \text{denn } 10 \equiv 4 \pmod 6 \,;$$

$$[3] \cdot [4] = [12] = [0] \,, \qquad \text{denn } 12 \equiv 0 \pmod 6 \,;$$

$$[4] \cdot [5] = [20] = [2] \,, \qquad \text{denn } 20 \equiv 2 \pmod 6 \,.$$

Auf die Besonderheit der mittleren Gleichung kommen wir an geeigneter Stelle zu sprechen. $\triangle$

Nun zurück zu den Halbgruppen. Es ist üblich und sehr sinnvoll, algebraische Strukturen vom gleichen Typ (hier: Halbgruppen) zusammen mit ihren strukturverträglichen Abbildungen, den *Homomorphismen*, zu betrachten. Dazu die folgende

Definition 1.6 (Homomorphismus, Isomorphismus)

$(H_1, \circ_1)$ und $(H_2, \circ_2)$ seien zwei Halbgruppen, und $f : H_1 \to H_2$ sei eine Abbildung. f heißt ein *Halbgruppen-Homomorphismus*, wenn

$$f(x \circ_1 y) = f(x) \circ_2 f(y) \qquad \text{für alle } x, y \in H_1$$

gilt. Ist f ein *bijektiver* Halbgruppen-Homomorphismus, so heißt f ein *Halbgruppen-Isomorphismus*, und die Halbgruppen $(H_1, \circ_1)$ und $(H_2, \circ_2)$ heißen *isomorph*. $\triangle$

Beispiel 1.5

Wir greifen (b) und (b$'$) von Beispiel 1.4 nochmals auf. Sei also X eine nichtleere

---

[1] Obwohl diese Operationen in einer ganz anderen Menge erklärt sind, verwenden wir der Einfachheit halber wieder die Zeichen $+$ und $\cdot$.

Menge und $\mathcal{P}(X)$ die Potenzmenge von X. Für $A \in \mathcal{P}(X)$ setzt man bekanntlich

$$\complement_X A := \complement A := \{y \in X \mid y \notin A\}$$

und nennt die Menge $\complement_X A$ das *Komplement von A bzgl. X*. Für $A, B \in \mathcal{P}(X)$ gelten die *de Morganschen Gesetze*

$$\complement(A \cap B) = \complement A \cup \complement B$$

und

$$\complement(A \cup B) = \complement A \cap \complement B .$$

Ferner gilt $\complement(\complement A) = A$. Betrachtet man also $f : (\mathcal{P}(X), \cup) \to (\mathcal{P}(X), \cap)$ mit

$$A \mapsto f(A) := \complement A ,$$

so ist f ein Halbgruppen-Homomorphismus, ja sogar ein Halbgruppen-Isomorphismus, und es ist $f = f^{-1}$.

Wir halten noch fest: $f(\emptyset) = X$ und $A \cup \emptyset = A$ für alle $A \in \mathcal{P}(X)$; $f(X) = \emptyset$ und $B \cap X = B$ für alle $B \in \mathcal{P}(X)$. $\triangle$

Es muß noch eine Konstruktion angesprochen werden, die auch wir später benutzen, bei der eine *bijektive* Abbildung f zur *Strukturierung* einer Menge herangezogen wird.

Satz 1.3 (Isomorphe Übertragung der inneren Verknüpfung)

M sei eine Menge und $(H, \circ)$ sei eine Halbgruppe. Ferner sei $f : M \to H$ eine *bijektive* Abbildung. Wir setzen $u \star v := f^{-1}(f(u) \circ f(v))$ für alle $u, v \in M$. Dann ist $\star$ eine innere Verknüpfung auf M, $(M, \star)$ ist eine Halbgruppe, und die Halbgruppen $(M, \star)$ und $(H, \circ)$ sind *isomorph*.

Beweis: Die Durchführung des wirklich einfachen Beweises überlassen wir der Leserin bzw. dem Leser. $\square$

Um mit der im Satz genannten Konstruktion vertraut zu werden, empfehlen wir die Bearbeitung von Aufgabe 1.8.

Für unser Anliegen haben wir nunmehr genug über Halbgruppen gesagt und zielen jetzt auf den Begriff *Gruppe* ab, der von ungleich größerer Bedeutung ist. Gruppen sind nicht nur innermathematisch von immenser Wichtigkeit, sondern sie sind auch ein wichtiges Werkzeug in der theoretischen Physik. Dies lehrt z. B. ein Blick in [8].

Zum Einstieg greifen wir unser Beispiel 1.3 (c) wieder auf und betrachten für eine nichtleere Menge X die Teilmenge $B := \{g \mid g : X \to X, g \text{ bijektiv}\}$ der Menge aller Abbildungen $F := \{f \mid f : X \to X\}$. B zusammen mit der Verkettung $\circ$ von Abbildungen ist eine Gruppe. Ist X endlich (z. B. $X = \{1, 2, \ldots, n\}$), so heißt $(B, \circ)$ eine *endliche Permutationsgruppe*. Die endlichen Permutationsgruppen bilden den Ursprung der allgemeinen Gruppentheorie.

Was sind nun die besonderen Eigenschaften von $(B, \circ)$? Zunächst ist $(B, \circ)$ wieder eine Halbgruppe, da die Verkettung bijektiver Abbildungen wieder bijektiv ist. Also ist $\circ$ eine assoziative innere Verknüpfung auf B. Ferner gehört die Abbildung $e : X \to X$ mit $e(x) = x$ für alle $x \in X$ zu B, und es gilt $e \circ g = g$ für alle $g \in B$. Ist schließlich $g \in B$, so existiert $g^{-1} : X \to X$, es ist $g^{-1} \in B$ und außerdem gilt $g^{-1} \circ g = e$. Damit haben wir für das konkrete Beispiel $(B, \circ)$ die drei Eigenschaften aufgezeigt, die wir allgemein für eine Gruppe fordern.

Definition 1.7 (Gruppe)

Ein Paar $(G, \circ)$ heißt eine *Gruppe*, wenn gilt:

G_1: **Assoziativität:** $(G, \circ)$ ist eine Halbgruppe;

G_2: **Neutrales Element:** in G gibt es ein Element e mit $e \circ a = a$ für alle $a \in G$;

G_3: **Inverses:** zu jedem $a \in G$ gibt es ein $b \in G$ mit $b \circ a = e$.

Das Element e in G_2 heißt ein *linksneutrales Element* der Gruppe $(G, \circ)$; das Element b in G_3 heißt ein *Linksinverses* von a.

Ist eine Gruppe ferner kommutativ, d. h.

G_4: **Kommutativität:** für alle $a, b \in G$ gilt $a \circ b = b \circ a$,

so heißt die Gruppe *abelsch*. $\triangle$

Bemerkung 1.1

Man kann nun zeigen, daß e aus G_2 auch ein *rechtsneutrales Element* ist und daß es kein weiteres *neutrales Element*[1] in G geben kann, s. Hilfssatz 1.2. Ferner kann man zeigen, daß b auch ein *Rechtsinverses von a* ist, und daß b durch a eindeutig bestimmt ist. Deswegen können wir $a^{-1} := b$ setzen und nennen a^{-1} das *Inverse von a*. Um einen Eindruck von der Beweistechnik zu vermitteln, führen wir den kleinen Beweis, daß ein Linksinverses auch rechtsinvers ist, aus: Es sei also b ein Linksinverses von a, somit

$$b \circ a = e \,. \tag{1.1}$$

---

[1] neutrales Element: sowohl links- als auch rechtsneutrales Element

Zu $b \in G$ gibt es wegen G_3 ein $c \in G$ mit

$$c \circ b = e \,. \tag{1.2}$$

Dann folgt

$$a \circ b \stackrel{(G_2)}{=\!=} e \circ (a \circ b) \stackrel{(1.2)}{=\!=} (c \circ b) \circ (a \circ b) \stackrel{(G_1)}{=\!=} c \circ ((b \circ a) \circ b)$$

$$\stackrel{(1.1)}{=\!=} c \circ (e \circ b) \stackrel{(G_2)}{=\!=} c \circ b \stackrel{(1.2)}{=\!=} e$$

Also ist b auch ein Rechtsinverses von a.

Wir bemerken ferner, daß Halbgruppen-Homomorphismen bzw. -Isomorphismen insbesondere auch zwischen Gruppen existieren. Diese werden dann *Gruppen-Homomorphismen* bzw. *-Isomorphismen* genannt. $\triangle$

Fortsetzung von Beispiel 1.1

Wir beschließen diesen Abschnitt mit einem Beispiel einer endlichen abelschen Gruppe. Wir betrachten in $\mathbb{Z}$ wieder die Kongruenz modulo p und wählen diesmal $p = 5$. Wir haben für die zugehörigen Äquivalenzklassen eine Addition und eine Multiplikation erklärt, die sowohl assoziativ als auch kommutativ sind. Wir interessieren uns für die Multiplikation und beachten, daß $p = 5$ eine *Primzahl* ist. Ist p eine Primzahl und sind $m, n \in \mathbb{Z}$, so zeigt man in der elementaren Zahlentheorie: Ist p ein Teiler des Produkts $m \cdot n$, so ist p Teiler von m oder Teiler von n. Anders ausgedrückt:

$$m \cdot n \equiv 0 \pmod{p} \quad \Rightarrow \quad m \equiv 0 \pmod{p} \quad \text{oder} \quad n \equiv 0 \pmod{p} \,.$$

Somit ist die Multiplikation für die Restklassenmenge $G := \{[1], [2], [3], [4], [5]\}$ (ohne die $[0]^1$) eine innere Verknüpfung. Es ist $e = [1]$, und wir erhalten folgende *Gruppentafel* für die Verknüpfung $\circ = \cdot$:

$\circ$	[1]	[2]	[3]	[4]
[1]	[1]	[2]	[3]	[4]
[2]	[2]	[4]	[1]	[3]
[3]	[3]	[1]	[4]	[2]
[4]	[4]	[3]	[2]	[1]

Beispielsweise ist $[2] \cdot [3] = [6] = [1] = e$, also $[2]^{-1} = [3]$, und $[3]^{-1} = [2]$, und wegen $[4] \cdot [4] = [16] = [1]$ ist $[4]^{-1} = [4]$. $\triangle$

---

[1] Durch 0 darf man nicht teilen!

Aufgaben

1.1 Beweisen Sie Hilfssatz 1.1.

1.2 Zeigen Sie, daß die natürliche Abbildung ν stets surjektiv ist.

1.3 Beweisen Sie Satz 1.1.

1.4 Zeigen Sie, daß die Verkettung von Abbildungen stets assoziativ ist.

1.5 Sei X eine nichtleere Menge und sei $F := \{f \mid f : X \to X\}$ die Menge aller Abbildungen von X nach X. Zeigen Sie: Besitzt X mindestens zwei Elemente, so ist $(F, \circ)$ *nicht* abelsch.

1.6 Zeigen Sie die Eigenschaften (b) und (b′) aus Beispiel 1.4.

1.7 Zeigen Sie Satz 1.3.

1.8 Sei $M = \mathbb{Q} = H$ die Menge der rationalen Zahlen, $\circ = +$. Seien a, b fest aus $\mathbb{Q}$ mit $a \neq 0$, $f : \mathbb{Q} \to \mathbb{Q}$ mit $x \mapsto f(x) = a\,x + b$. f ist bijektiv (Beweis!). Leiten Sie für die innere Verknüpfung $\star$ gemäß Satz 1.3 eine von f und f^{-1} freie Darstellung her.

1.9 Es seien $a, m \in \mathbb{N}$, wobei a und m keine gemeinsamen Teiler haben mögen. Dann sind die m Zahlen $a \cdot 1, a \cdot 2, \ldots, a \cdot m$ paarweise modulo m nicht zueinander kongruent. *Hinweis*: Man führe den Nachweis indirekt.

1.10 Zeigen Sie, daß für eine Primzahl p die Restklassenmenge $(\mathbb{Z}_p \setminus \{[0]\}, \cdot)$ bzgl. der Multiplikation eine Gruppe ist.

1.11 Zeigen Sie: In einer Gruppe $(G, \circ)$ hat die Gleichung $a \circ x = b$ (bzw. die Gleichung $x \circ a = b$) für beliebige $a, b \in G$ *genau eine* Lösung x. Berechnen Sie x. Beachten Sie, daß G nicht notwendig kommutativ ist.

1.12 Welche Eigenschaften der Gruppentafel einer endlichen Gruppe reflektieren G_2, G_3 bzw. G_4?

1.2 Ringe, Integritätsbereiche und Körper

In diesem Abschnitt befassen wir uns mit algebraischen Strukturen, die aus einer nichtleeren Menge bestehen, auf der *zwei* innere Verknüpfungen erklärt sind. Wichtige Beispiele sind die ganzen Zahlen bzw. die rationalen Zahlen zusammen mit der Addition und Multiplikation. Es leuchtet unmittelbar ein, daß es keinen Sinn macht, *simultan* auf *einer* Menge *zwei* innere Verknüpfungen zu betrachten, wenn diese nicht in einer gewissen Beziehung zueinander stehen. Von den genannnten Zahlen her kennen wir eine solche Beziehung: die jeweiligen Distributivgesetze. Hiervon geleitet gelangt man zu der folgenden

Definition 1.8 (Ring)

Ein Tripel $(R, +, \cdot)$, bestehend aus einer nichtleeren Menge R und zwei inneren Verknüpfungen (+: Addition, sprich: plus; $\cdot$: Multiplikation, sprich: mal) heißt ein *Ring*, wenn gilt:

R_1: $(R, +)$ ist eine abelsche Gruppe;

R_2: $(R, \cdot)$ ist eine Halbgruppe;

R_3: **Distributivität:** Für alle $x, y, z \in R$ gelten die Distributivgesetze:

$$x \cdot (y + z) = (x \cdot y) + (x \cdot z) \qquad \text{und} \qquad (y + z) \cdot x = (y \cdot x) + (z \cdot x) \ .$$

Gilt anstelle von R_2

R_2': $(R, \cdot)$ ist eine kommutative Halbgruppe,

so heißt $(R, +, \cdot)$ ein *kommutativer Ring.* $\triangle$

Wir wollen beim Rechnen in Ringen an der alten Schulregel „Punktrechnung kommt vor Strichrechnung" festhalten, um zu einer Klammerersparnis zu gelangen. So schreiben sich die beiden Distributivgesetze aus R_3 dann einfacher so:

$$x \cdot (y + z) = x \cdot y + x \cdot z \qquad \text{und} \qquad (y + z) \cdot x = y \cdot x + z \cdot x \ .$$

Des weiteren ist es üblich, manchmal den Malpunkt einfach wegzulassen. Ferner bezeichnen wir einen Ring $(R, +, \cdot)$ häufig nur durch die Trägermenge R.

Bevor wir auf das (eventuell vorhandene) Einselement eines Ringes zu sprechen kommen, benötigen wir einen kleinen Nachtrag zu den Halbgruppen.

Hilfssatz 1.2

$(H, \circ)$ sei eine Halbgruppe, Ist e ein linksneutrales Element der Halbgruppe, d. h., es gilt $e \circ a = a$ für alle $a \in H$, und ist e' ein rechtsneutrales Element der Halbgruppe, d. h., es gilt $a \circ e' = a$ für alle $a \in H$, dann ist $e = e'$ und somit neutrales Element von $(H, \circ)$. Mithin gibt es in einer Halbgruppe höchstens ein neutrales Element.

Beweis: Es ist $e' = e \circ e'$, da e linksneutral, und $e = e \circ e'$, da e' rechtsneutral, also $e = e \circ e' = e'$. $\square$

Definition 1.9 (Nullelement, Einselement)

$(R, +, \cdot)$ sei ein Ring. Das neutrale Element der abelschen Gruppe $(R, +)$ heißt das *Nullelement.* Wir bezeichnen es häufig mit 0_R oder einfach mit 0. Existiert das neutrale Element der Halbgruppe $(R, \cdot)$, so heißt es das *Einselement* des Rings. Wir bezeichnen es häufig mit 1_R oder einfach 1. $\triangle$

Bemerkung 1.2 (Triviale und fast triviale Ringe)

Das triviale Beispiel eines Rings ist $R = \{0\}$ mit $0 + 0 = 0$ und $0 \cdot 0 = 0$.

Wenn wir von einem Ring $(R, +, \cdot)$ mit Einselement sprechen, so setzen wir stets $0_R \neq 1_R$ voraus, ohne das anzumerken.

Der kleinste Ring mit Einselement ist offenbar der Ring $R = \{0, 1\}$ mit den Gruppentafeln:

$$
\begin{array}{c|cc}
+ & 0 & 1 \\
\hline
0 & 0 & 1 \\
1 & 1 & 0
\end{array}
\qquad\qquad
\begin{array}{c|cc}
\cdot & 0 & 1 \\
\hline
0 & 0 & 0 \\
1 & 0 & 1
\end{array}
\qquad \triangle
$$

Bevor wir nichttriviale Beispiele für Ringe angeben, beweisen wir einen einfachen Hilfssatz über Ringe, der beispielhaft aufzeigt, daß manche von den ganzen Zahlen her bekannte Eigenschaften auch auf diese allgemeinere Struktur zutreffen.

Hilfssatz 1.3

$(R, +, \cdot)$ sei ein Ring mit dem Nullelement 0. Ist $x \in R$, so sei $-x$ das Inverse von x in der abelschen Gruppe $(R, +)$. Dann gilt:

(a) $x \cdot 0 = 0 = 0 \cdot x$ für alle $x \in R$;

(b) $x \cdot (-y) = -(x \cdot y)$ für alle $x, y \in R$;

(b') $(-x) \cdot y = -(x \cdot y)$ für alle $x, y \in R$;

(c) $(-x) \cdot (-y) = x \cdot y$ für alle $x, y \in R$.

Beweis: Zu (a): Es ist $x \cdot x = x \cdot (x + 0) = x \cdot x + x \cdot 0$. Also ist weiter

$$
\begin{aligned}
0 &= -(x \cdot x) + x \cdot x = -(x \cdot x) + (x \cdot x + x \cdot 0) \\
&= (-(x \cdot x) + x \cdot x) + x \cdot 0 = 0 + x \cdot 0 = x \cdot 0 \,.
\end{aligned}
$$

Eine analoge Argumentation zeigt, daß $0 \cdot x = 0$ ist.

Zu (b): Es ist $x \cdot y + x \cdot (-y) = x \cdot (y + (-y)) = x \cdot 0 = 0$. Also ist weiter

$$
\begin{aligned}
x \cdot (-y) &= 0 + x \cdot (-y) = (-(x \cdot y) + x \cdot y) + x \cdot (-y) \\
&= -(x \cdot y) + (x \cdot y + x \cdot (-y)) = -(x \cdot y) + 0 = -(x \cdot y) \,.
\end{aligned}
$$

Eine analoge Argumentation beweist (b').

Zu (c): $(-x) \cdot (-y) \overset{((b))}{=\!=\!=} -((-x) \cdot y) \overset{((b'))}{=\!=\!=} -(-(x \cdot y)) = x \cdot y.$ $\qquad\qquad\square$

Die nächsten zwei Sätze zeigen, daß man in einem kommutativen Ring $(R, +, \cdot)$ mit Einselement 1_R schon sehr beachtlich rechnen kann.

Ist $x \in R$, so setzen wir $x^0 := 1_R$, $x^1 := x$, $x^{k+1} := x \cdot x^k$ $(k \in \mathbb{N})$ und $1 \cdot x = x, (k + 1) \cdot x = k \cdot x + x$ $(k \in \mathbb{N})$.[1] Die strenge Rechtfertigung für derartige Definitionen geben wir später in Bemerkung 1.11. Ferner setzen wir für $n, k \in \mathbb{N}, n \geqq k$

$$\binom{n}{k} := \frac{n\,(n-1)\cdots(n-k+1)}{k\,(k-1)\cdots 1} \, .$$

Bemerkung 1.3 (k-elementige Teilmengen einer n-elementigen Menge)

Wir halten fest, daß $\binom{n}{k}$ die Anzahl der k-elementigen Teilmengen einer n-elementigen Menge ist; beachtet man nämlich zunächst die Reihenfolge der Elemente, so gibt es offenbar $n\,(n-1)\cdots(n-k+1)$ Möglichkeiten, k von n Elementen anzuordnen, da wir für den ersten Platz n Elemente zur Auswahl haben, für den zweiten Platz $n-1$ Elemente usw. und schließlich $n-k+1$ Elemente für den k-ten Platz. Mit einer ähnlichen Argumentation sieht man ein, daß es $k\,(k-1)\cdots 1$ viele verschiedene Anordnungen der nun ausgewählten k Elemente gibt. Daher gibt es $\binom{n}{k}$ viele k-elementige Teilmengen einer n-elementigen Menge. △

Satz 1.4 (Eine Teleskopsumme)

$(R, +, \cdot)$ sei ein kommutativer Ring mit Einselement 1_R. Dann gilt für alle $n \in \mathbb{N}$

$$y^{n+1} - x^{n+1} = (y - x) \cdot \sum_{k=0}^{n} y^{n-k}\,x^k \, ,$$

insbesondere ist für $y = 1_R$

$$1_R - x^{n+1} = (1_R - x) \cdot \sum_{k=0}^{n} x^k \, .$$

Beweis: Es ist

$$(y - x) \cdot \sum_{k=0}^{n} y^{n-k}\,x^k = y \sum_{k=0}^{n} y^{n-k}\,x^k - x \sum_{k=0}^{n} y^{n-k}\,x^k \, ,$$

---

[1] Die hier erklärte *Vervielfachung* $k \cdot x$ eines Ringelements $x \in R$ ist *nicht* die Multiplikation im Ring R, sondern eine neue, hiermit eingeführte, Verknüpfung.

also

$$(y - x) \cdot \sum_{k=0}^{n} y^{n-k} x^k = \sum_{k=0}^{n} y^{n-k+1} x^k - \sum_{k=0}^{n} y^{n-k} x^{k+1}$$

$$= \sum_{k=0}^{n} y^{n-k+1} x^k - \sum_{j=1}^{n+1} y^{n-j+1} x^j = y^{n+1} - x^{n+1} .$$

Da sich bis auf zwei Summanden alle gegenseitig wegheben, nennt man eine derartige Summe eine „Teleskopsumme". $\qquad\qquad\square$

Bekannter Spezialfall von Satz 1.4: $y^2 - x^2 = (y - x) \cdot (y + x)$.

Häufig gebraucht – auch wir benutzen ihn später – wird der binomische Lehrsatz.

Satz 1.5 (Binomischer Lehrsatz)

$(R, +, \cdot)$ sei ein kommutativer Ring mit Einselement 1_R. Dann gilt für alle $n \in \mathbb{N}$

$$(x + y)^n = \sum_{k=0}^{n} \binom{n}{k} \cdot x^k \cdot y^{n-k} .$$

Beweis: Das Produkt

$$(x + y)^n = \underbrace{(x + y) \cdot (x + y) \cdots (x + y)}_{n \text{ Faktoren}}$$

wird mit dem Distributivgesetz ausmultipliziert. Hierbei entstehen Summanden der Form $x^k \cdot y^{n-k}$ und unsere Aufgabe besteht darin abzuzählen, wieviele solcher Summanden jeweils entstehen.

Um den Summanden $x^k \cdot y^{n-k}$ zu erhalten, benötigen wir k-mal den Faktor x. Hierfür müssen wir also k der n Klammern auswählen. Wie in Bemerkung 1.3 festgestellt, gibt es hierzu aber $\binom{n}{k}$ viele Möglichkeiten. $\qquad\qquad\square$

Wegen des binomischen Lehrsatzes heißen die Zahlen $\binom{n}{k}$ *Binomialkoeffizienten*. Bekannter Spezialfall von Satz 1.5: $(x + y)^2 = x^2 + 2 \cdot x \cdot y + y^2$.

Die in Hilfssatz 1.3 und in Satz 1.4 und 1.5 festgehaltenen Analogien zum Rechnen mit Zahlen sind einerseits wichtig und dürfen andererseits nicht überbewertet werden; denn wir werden bald sehen, daß bei der Multiplikation in Ringen Phänomene auftreten, die wir vom Rechnen mit Zahlen *nicht* kennen.

Beispiel 1.6 (Ringe)

(1) Der wohl wichtigste Ring ist der Ring $(\mathbb{Z}, +, \cdot)$ der ganzen Zahlen. Er ist ein kommutativer Ring mit Einselement und das Fundament der elementaren Zahlentheorie.

(2) Sei $p \in \mathbb{N}$ und $\mathbb{Z}_p$ die bereits betrachtete Restklassenmenge modulo p, also

$$\mathbb{Z}_p = \{[0], [1], \ldots, [p-1]\} \;.$$

Für die Restklassen hatten wir bereits eine Addition und Multiplikation erklärt. Es ist nicht schwer zu zeigen, daß $(\mathbb{Z}_p, +, \cdot)$ ein kommutativer Ring ist. Die Restklasse $[0]$ ist das Nullelement von $\mathbb{Z}_p$, die Restklasse $[1]$ das Einselement von $\mathbb{Z}_p$. In $\mathbb{Z}_6$ hatten wir (s. S. 10) die bemerkenswerte Gleichung $[3] \cdot [4] = [0]$, d. h., hier gibt es Produkte, die das Nullelement ergeben, obwohl beide Faktoren vom Nullelement *verschieden* sind.

(3) In Abschnitt 2.1 werden wir den Ring der rationalen Cauchyfolgen betrachten. Dies ist ein kommutativer Ring mit Einselement (Satz 2.3).

Zahlreiche weitere Beispiele, die wir aus Platzgründen nicht aufführen können, findet der/die Interessierte in der einschlägigen Literatur. $\triangle$

Definition 1.10 (Nullteiler)

$(R, +, \cdot)$ sei ein Ring mit dem Nullelement 0. Das Element $a \in R$, $a \neq 0$, heißt ein *Nullteiler*, wenn es ein $b \in R$, $b \neq 0$, gibt mit $b \cdot a = 0$ oder $a \cdot b = 0$. Ein Ring heißt *nullteilerfrei*, wenn er keine Nullteiler besitzt. $\triangle$

Beispiel 1.7

(1) Es seien $p, m, n \in \mathbb{N}$ mit $p = m \cdot n$ und $1 < m < p$; d. h., sowohl m als auch n sind *echte* Teiler von p. Wir betrachten den Ring $\mathbb{Z}_p$. Dann sind die Restklassen $[m]$ und $[n]$ Nullteiler.

(2) Der Ring $\mathbb{Z}$ der ganzen Zahlen ist nullteilerfrei. $\triangle$

Wir wollen eine bemerkenswerte Konsequenz der Nullteilerfreiheit festhalten.

Hilfssatz 1.4 (Kürzungsregeln)

$(R, +, \cdot)$ sei ein Ring, $a \in R$, $a \neq 0$ sei kein Nullteiler. Dann gilt:

(1) $a \cdot x = a \cdot y \;\Rightarrow\; x = y$ für alle $x, y \in R$;

(2) $x \cdot a = y \cdot a \;\Rightarrow\; x = y$ für alle $x, y \in R$.

Beweis: (1): $a \cdot x = a \cdot y \Rightarrow a \cdot x + (-(a \cdot y)) = 0$. Also

$$0 = a \cdot x + (-(a \cdot y)) = a \cdot x + a \cdot (-y) = a \cdot (x + (-y)) \;,$$

und da $a \neq 0$ kein Nullteiler ist, folgt $x + (-y) = 0$, also $x = y$. Die Aussage (2) wird analog bewiesen. $\square$

Das Bemerkenswerte an dieser Kürzungsregel ist, daß wir nicht die Invertierbarkeit von a bzgl. der Multiplikation fordern müssen.

Bevor wir uns ausführlicher den nullteilerfreien Ringen widmen, um schließlich zu den Körpern zu gelangen, wollen wir für beliebige Ringe noch die strukturverträglichen Abbildungen definieren.

Definition 1.11 (Ring-Homomorphismus, Ring-Isomorphismus)

$(R_1, +_1, \cdot_1)$ und $(R_2, +_2, \cdot_2)$ seien zwei Ringe, und $f : R_1 \to R_2$ sei eine Abbildung. f heißt ein *Ring-Homomorphismus*, wenn

$f : (R_1, +_1) \to (R_2, +_2)$ ein Gruppen-Homomorphismus ist und

$f : (R_1, \cdot_1) \to (R_2, \cdot_2)$ ein Halbgruppen-Homomorphismus ist, d. h. für alle $x, y \in R$ gilt

$$f(x +_1 y) = f(x) +_2 f(y) \qquad \text{und} \qquad f(x \cdot_1 y) = f(x) \cdot_2 f(y) \,. \qquad (1.3)$$

Ist f insbesondere bijektiv, so heißt f ein *Ring-Isomorphismus*, und die Ringe $(R_1, +_1, \cdot_1)$ und $(R_2, +_2, \cdot_2)$ heißen isomorph. Wir nennen die Abbildung f wegen (1.3) auch *verknüpfungstreu*. $\triangle$

Wir verzichten hier auf Beispiele, weil wir später in konkreten Fällen derartige Abbildungen betrachten werden.

Möchten wir in einem Ring auch bzgl. der *Multiplikation* Verhältnisse vorfinden, wie wir sie beim Rechnen mit Zahlen gelernt haben, so muß der Ring kommutativ sein, ein Einselement besitzen und darf keine Nullteiler haben. Dies führt zu der folgenden

Definition 1.12 (Integritätsbereich)

$(R, +, \cdot)$ sei ein kommutativer, nullteilerfreier Ring mit Einselement. Dann heißt $(R, +, \cdot)$ *Integritätsbereich*. $\triangle$

Wieder sind die ganzen Zahlen $(\mathbb{Z}, +, \cdot)$ wohl das wichtigste Beispiel für einen Integritätsbereich. Beispiele endlicher Integritätsbereiche sind $(\mathbb{Z}_p, +, \cdot)$, wenn p eine Primzahl ist.

Welcher Sachverhalt ist es nun, der bei Integritätsbereichen noch als „verbesserungs-bedürftig" angesehen werden muß? Es ist die fehlende Möglichkeit der Division. Etwas präziser: Ist $(R, +, \cdot)$ ein Ring und sind $a, b \in R$, so besitzt die Gleichung $a = b + x$ genau *eine* Lösung, da $(R, +)$ eine Gruppe, sogar eine kommutative Gruppe, ist, s. Aufgabe 1.11. Völlig anders ist die Situation bei den Gleichungen $a = b \cdot x$ bzw. $a = x \cdot b$, wo wir i. a. keine nennenswerte Aussage über die Lösungsmenge machen können. Ist jetzt $(R, +, \cdot)$ hingegen ein Integritätsbereich, so brauchen wir wegen der

Kommutativität der Multiplikation nur die Gleichung

$$a = b \cdot x \tag{1.4}$$

zu betrachten und können wegen der Kürzungsregel (Hilfssatz 1.4) sofort die Aussage gewinnen: Ist $b \neq 0_R$, so besitzt die Gleichung (1.4) *höchstens eine* Lösung. Ferner können wir für $c \neq 0_R$ sagen, daß die Gleichung (1.4) und die Gleichung

$$c \cdot a = c \cdot b \cdot x \tag{1.5}$$

äquivalent sind. d. h. hier: $x_1 \in R$ ist eine Lösung von (1.4) genau dann, wenn $x_1 \in R$ eine Lösung von (1.5) ist; denn aus $b \neq 0_R$ und $c \neq 0_R$ folgt wegen der Nullteilerfreiheit $c \cdot b \neq 0_R$. Damit besitzt (1.5) höchstens eine Lösung. Sei x_1 Lösung von (1.5), also $c \cdot a = c \cdot b \cdot x_1$, dann ist $c \cdot (a + (-b \cdot x_1)) = 0_R$, und aus $c \neq 0_R$ folgt abermals wegen der Nullteilerfreiheit $a + (-b \cdot x_1) = 0_R$, und damit $a = b \cdot x_1$.

Diese beiden Aspekte bei Gleichungen des genannten Types in Integritätsbereichen greifen wir weiter unten wieder auf.

Zunächst wollen wir die algebraische Struktur definieren, in der auch die Gleichung $a = b \cdot x$ für $b \neq 0$ genau eine Lösung besitzt.

Definition 1.13 (Körper)

$(K, +, \cdot)$ sei ein kommutativer Ring mit Einselement. $(K, +, \cdot)$ heißt *Körper*, wenn $(K \setminus \{0\}, \cdot)$ eine Gruppe ist.

Zusammenfassend heißt dies also:

Es sei K eine Menge mit mindestens zwei Elementen. Ferner seien in K zwei innere Verknüpfungen $+$ und $\cdot$ definiert. Die algebraische Struktur $(K, +, \cdot)$ ist ein Körper, wenn gilt

K_1: $(K, +)$ ist eine abelsche Gruppe.
    Das neutrale Element dieser Gruppe heißt *Nullelement* des Körpers und wird mit 0_K oder 0 bezeichnet.
    Das Inverse eines Elementes $x \in K$ bzgl. $+$ wird mit $-x$ bezeichnet, und $x - y := x + (-y)$ bezeichnet die *Differenz*.

K_2: $(K, \cdot)$ ist assoziativ und kommutativ und $(K \setminus \{0\}, \cdot)$ ist eine abelsche Gruppe.
    Das neutrale Element dieser Gruppe heißt *Einselement* des Körpers und wird mit 1_K oder 1 bezeichnet.
    Das Inverse eines Elementes $x \in K \setminus \{0\}$ bzgl. $\cdot$ wird mit x^{-1} bzw. $\frac{1}{x}$ bezeichnet, und $\frac{x}{y} := x \cdot y^{-1}$ bezeichnet den *Quotienten*.

K_3: Für alle $x, y, z \in K$ gilt das *Distributivgesetz*, d. h., es ist stets

$$x \cdot (y + z) = x \cdot y + x \cdot z . \quad \triangle$$

Wir bemerken zunächst, daß in einem Körper jede Gleichung $a = b \cdot x$ mit $a, b \in K$ und $b \neq 0_K$ genau eine Lösung hat, s. Aufgabe 1.11. Es ist auch sehr einfach zu zeigen, daß der Körper K keine Nullteiler hat und somit insbesondere ein Integritätsbereich ist. Die Umkehrung hiervon ist nicht richtig. Denn der Integritätsbereich $(\mathbb{Z}, +, \cdot)$ der ganzen Zahlen hat ja gerade den Mangel, daß die Gleichung $a = b \cdot x$ i. a. *nicht* lösbar ist. Ein Beispiel für einen (gerade auch für unsere Erörterungen) sehr wichtigen Körper ist der Körper $(\mathbb{Q}, +, \cdot)$ der rationalen Zahlen. Wieder ist auch $(\mathbb{Z}_p, +, \cdot)$, wenn p eine Primzahl ist, ein Beispiel eines endlichen Körpers. Ferner findet man, auch gerade für unsere Absichten sehr instruktive, Beispiele für Körper in [1].

Weitere Beispiele ergeben sich aus den folgenden Anmerkungen, die anknüpfen an die Betrachtungen zu der Gleichung (1.4) mit $b \neq 0_R$ in einem Integritätsbereich $(R, +, \cdot)$: Es gibt eine kanonische Konstruktion, die von dem (beliebigen) Integritätsbereich $(R, +, \cdot)$ zu einem Körper $(K, \oplus, \odot)$ führt, der eine isomorphe Kopie von $(R, +, \cdot)$ enthält und die „kleinste" Erweiterung von $(R, +, \cdot)$ zu einem Körper ist. K heißt der *Quotientenkörper von R*. Beginnt man die Konstruktion mit dem Integritätsbereich $\mathbb{Z}$, so erhält man als Quotientenkörper von $\mathbb{Z}$ den Körper $\mathbb{Q}$ der rationalen Zahlen. Wir wollen in der nächsten Bemerkung die Konstruktion von $\mathbb{Z}$ nach $\mathbb{Q}$ skizzieren, und es zeigt sich dabei fast von selbst, daß sie für jeden Integritätsbereich in der gleichen Weise durchgeführt werden kann. Außerdem „erklärt" die Konstruktion die Bezeichnung „Quotientenkörper".

Bemerkung 1.4 ($\mathbb{Q}$ als Quotientenkörper von $\mathbb{Z}$, eine Skizze)

Für die Skizze setzen wir $\mathbb{Z}^\star := \mathbb{Z} \setminus \{0\}$ und halten fest: $b, b' \in \mathbb{Z}^\star \Rightarrow b \cdot b' \in \mathbb{Z}^\star$ (Nullteilerfreiheit!). Es sei $M := \mathbb{Z} \times \mathbb{Z}^\star$ (die Gleichung $a = b \cdot x$ mit $b \neq 0$ wird charakterisiert durch das geordnete Paar $(a, b) \in M$), und auf M erklären wir eine Addition und Multiplikation wie folgt:

$$(a, b) + (a', b') := (a \cdot b' + a' \cdot b, b \cdot b') \tag{1.6}$$

und

$$(a, b) \cdot (a', b') := (a \cdot a', b \cdot b') . \tag{1.7}$$

Diese Definitionen kommen nicht von ungefähr, sondern sie sind aus der Bruchrechnung motiviert.[1]

Nunmehr erklären wir auf M eine Äquivalenzrelation:[2]

$$(a, b) \sim (a', b') :\Leftrightarrow a \cdot b' = a' \cdot b . \tag{1.8}$$

---

[1] entsprechend den Regeln für die Addition und Multiplikation rationaler Zahlen $\frac{a}{b} + \frac{a'}{b'} = \frac{a \cdot b' + a' \cdot b}{b \cdot b'}$ bzw. $\frac{a}{b} \cdot \frac{a'}{b'} = \frac{a \cdot a'}{b \cdot b'}$

[2] entsprechend $\frac{a}{b} = \frac{a'}{b'}$

Die inneren Verknüpfungen in (1.6)–(1.7) sind assoziativ, kommutativ und die Multiplikation ist distributiv bzgl. der Addition. Dies liefern die entsprechenden Eigenschaften in $\mathbb{Z}$.

Außerdem ist die Äquivalenzrelation $\sim$ auf M verträglich (Definition 1.5) mit beiden inneren Verknüpfungen auf M. Somit können beide auf die Quotientenmenge $M_{/\sim}$ übertragen werden (Satz 1.2):

$$[(a, b)]_\sim \oplus [(a', b')]_\sim := [(a \cdot b' + a' \cdot b, b \cdot b')]_\sim \,,$$

$$[(a, b)]_\sim \odot [(a', b')]_\sim := [(a \cdot a', b \cdot b')]_\sim \,,$$

und die übertragenen Verknüpfungen haben auch die oben genannten Eigenschaften.

Wir schreiben zur Vereinfachung der Schreibweise und aus Gründen der *Suggestion* für $(a, b) \in M$

$$\frac{a}{b} := [(a, b)]_\sim \,.$$

Dann besteht z. B. die Gleichung $\frac{1}{2} = \frac{2}{4}$, denn $(1, 2) \sim (2, 4)$, da $1 \cdot 4 = 2 \cdot 2$, und somit $[(1, 2)]_\sim = [(2, 4)]_\sim$.

Wir erklären nun

$$\mathbb{Q}' := M_{/\sim} = \left\{ \frac{a}{b} \,\middle|\, (a, b) \in M \right\} \,,$$

und die inneren Verknüpfungen $\oplus$ und $\odot$ schreiben sich jetzt vereinfacht so:

$$\frac{a}{b} \oplus \frac{a'}{b'} = \frac{a \cdot b' + a' \cdot b}{b \cdot b'} \qquad \text{und} \qquad \frac{a}{b} \odot \frac{a'}{b'} = \frac{a \cdot a'}{b \cdot b'} \,.$$

Das neutrale Element bzgl. $\oplus$ ist die Klasse $\frac{0}{1}$, das neutrale Element bzgl. $\odot$ ist die Klasse $\frac{1}{1}$.

Nun ist $\frac{a}{b} \neq \frac{0}{1} \Leftrightarrow (a, b) \not\sim (0, 1) \Leftrightarrow a \cdot 1 \neq 0 \cdot b \Leftrightarrow a \neq 0$. Somit ist für $\frac{a}{b} \neq \frac{0}{1}$ auch $\frac{b}{a} \in \mathbb{Q}'$, und es ist

$$\frac{a}{b} \odot \frac{b}{a} = \frac{a \cdot b}{b \cdot a} \qquad \text{mit } a \cdot b \neq 0 \,;$$

für $c \neq 0$ ist aber $(c, c) \sim (1, 1)$, also $\frac{c}{c} = \frac{1}{1}$ und damit

$$\frac{a}{b} \odot \frac{b}{a} = \frac{1}{1} \qquad \text{für } \frac{a}{b} \neq \frac{0}{1} \,.$$

Also ist $\frac{b}{a}$ das multiplikative Inverse von $\frac{a}{b}$. Damit hat man dann sehr leicht: $(\mathbb{Q}', \oplus, \odot)$ *ist ein Körper.*

Wir setzen $\mathbb{Z}' := \{\frac{a}{1} \mid a \in \mathbb{Z}\} \subset \mathbb{Q}'$. Man prüft leicht nach, daß $(\mathbb{Z}', \oplus, \odot)$ ein Ring ist, und die Abbildung $g : (\mathbb{Z}, +, \cdot) \to (\mathbb{Z}', \oplus, \odot)$ mit $a \mapsto g(a) := \frac{a}{1}$ ein Ring-Isomorphismus.

Will man $\mathbb{Z}$ „beibehalten",[1] so definiert man

$$\mathbb{Q} := (\mathbb{Q}' \setminus \mathbb{Z}') \cup \mathbb{Z}$$

und betrachtet die Bijektion $f : \mathbb{Q} \to \mathbb{Q}'$ mit

$$f(a) := g(a) \qquad \text{für } a \in \mathbb{Z}$$

und

$$f\left(\frac{a}{b}\right) := \frac{a}{b} \qquad \text{für } \frac{a}{b} \in \mathbb{Q}' \setminus \mathbb{Z}'.$$

Mit der Bijektion f können wir (sieh Satz 1.3) die Körperstruktur von $\mathbb{Q}'$ auf $\mathbb{Q}$ übertragen, und es gilt dann $\mathbb{Z} \subset \mathbb{Q}$, und die ursprünglich auf $\mathbb{Z}$ gegebene Addition und Multiplikation bleiben erhalten. $\triangle$

Aufgaben

1.13 Konstruieren Sie jeweils einen Ring mit Einselement mit 3, 4 bzw. 5 Elementen. Überprüfen Sie jeweils, ob der konstruierte Ring ein Körper ist.

1.14 Zeigen Sie, daß $(\mathbb{Z}_p, +, \cdot)$ ein kommutativer Ring ist. Zeigen Sie weiter, daß $(\mathbb{Z}_p, +, \cdot)$ sogar ein Körper ist, falls p eine Primzahl ist.

1.15 $(R, +, \cdot)$ sei ein Ring, $a \in R$ sei kein Nullteiler. Betrachtet werden die Abbildungen

$$f : (R, +) \to (R, +) \qquad \text{mit} \quad x \mapsto f(x) := a \cdot x$$

und

$$g : (R, +) \to (R, +) \qquad \text{mit} \quad x \mapsto g(x) := x \cdot a.$$

Zeigen Sie: f und g sind injektive Gruppen-Homomorphismen. Ist R eine *endliche* Menge, so sind f und g sogar bijektiv.

Konkretisieren Sie f im Beispiel $\mathbb{Z}_6$ mit $a = [5]$.

---

[1] Wir schreiben dann wieder a für $\frac{a}{1}$.

1.16 $f : R_1 \to R_2$ sei ein Ring-Isomorphismus. Dann ist auch $f^{-1} : R_2 \to R_1$ ein Ring-Isomorphismus.

1.17 Führen Sie die fehlenden Details der Konstruktion von $\mathbb{Q}$ als Quotientenkörper von $\mathbb{Z}$ aus Bemerkung 1.4 aus.

1.3 Die angeordneten Körper: erste Eigenschaften

Definition 1.14 (Ordnung)

Es sei M eine Menge und $\prec$ (sprich: unter) eine Relation in M. M heißt durch $\prec$ *geordnet*, wenn für alle $x, y, z \in M$ folgendes gilt:

O_1: **Reflexivität:** $x \prec x$;

O_2: **Transitivität:** $x \prec y$ und $y \prec z \Rightarrow x \prec z$;

O_3: **Identitivität:** $x \prec y$ und $y \prec x \Rightarrow x = y$.

Gilt außerdem

O_4: $x, y \in M \Rightarrow x \prec y$ oder $y \prec x$,

so heißt M durch $\prec$ *total geordnet*. $\triangle$

Bemerkung 1.5

Die inverse Relation einer Ordnungsrelation $\prec$ wird mit $\succ$ bezeichnet. Auch $\succ$ ist wieder eine Ordnungsrelation.

Ist M durch $\prec$ geordnet (total geordnet), so ist auch jede Teilmenge von M durch $\prec$ wieder geordnet (total geordnet).

Es kommt häufig vor, daß auf einer Menge innere Verknüpfungen erklärt sind und daß die Menge außerdem geordnet ist. Ist z. B. X eine beliebige Menge, so hat man auf der zugehörigen Potenzmenge $\mathcal{P}(X)$ die inneren Verknüpfungen $\cup$ und $\cap$. Ferner ist die Potenzmenge aber durch $\subset$ geordnet. Die inneren Verknüpfungen und die Ordnung sind hier nicht „unabhängig" voneinander; denn es gilt für alle $U, V, W \in \mathcal{P}(X)$

$$U \subset V \Rightarrow U \cap W \subset V \cap W \qquad \text{und} \qquad U \subset V \Rightarrow U \cup W \subset V \cup W.$$

Man sagt, die inneren Verknüpfungen und die Ordnung seien *verträglich* miteinander.

Der für uns wichtigste Fall dieser Art ist der des angeordneten Körpers:

Definition 1.15 (Angeordneter Körper)

$(K, +, \cdot)$ sei ein Körper, der durch die Relation $\leq$ (sprich: kleiner-gleich) total-geordnet ist. Das Quadrupel $(K, +, \cdot, \leq)$ heißt genau dann ein *angeordneter Körper*, wenn für alle $x, y, z \in K$ gilt:

K_4: $x \leqq y \Rightarrow x + z \leqq y + z$;

K_5: $0 \leqq x$ und $0 \leqq y \quad \Rightarrow \quad 0 \leqq x \cdot y$.

Die zu $\leqq$ inverse Relation wird mit $\geqq$ (sprich: größer-gleich) bezeichnet, d. h., es gilt $x \geqq y \Leftrightarrow y \leqq x$. $\triangle$

Definition 1.16 (Positivität)

$(K, +, \cdot, \leqq)$ sei ein angeordneter Körper. In K definieren wir die Relation $<$ durch

K_6: $x < y :\Leftrightarrow x \leqq y$ und $x \neq y$.[1]

K_7: Ist $x \in K$ und gilt $0 < x$, so heißt x *positiv*. Gilt hingegen $x < 0$, so heißt x *negativ*.

Die zu $<$ inverse Relation wird mit $>$ bezeichnet, d. h., es gilt $x > y \Leftrightarrow y < x$. $\triangle$

Satz 1.6 (Eigenschaften der Kleiner-Relation)

$(K, +, \cdot, \leqq)$ sei ein angeordneter Körper. Dann gilt für alle $x, y, z \in K$:

(1) $x < y \Rightarrow x + z < y + z$;

(2) $0 < x$ und $0 < y \Rightarrow 0 < x \cdot y$;

(3) $x < y$ und $y < z \Rightarrow x < z$;

(4) $x < y \Rightarrow \neg (y < x)$.

Beweis: Zu (1): $x < y \Rightarrow x \leqq y$ und $x \neq y \Rightarrow x + z \leqq y + z$. Nehmen wir nun an, $x + z = y + z$. Durch Subtraktion von z folgt $x = y$ im Widerspruch zu $x \neq y$. Also gilt $x + z \leqq y + z$ und $x + z \neq y + z$ und somit $x + z < y + z$.

Zu (2): $0 < x$ und $0 < y \Rightarrow 0 \leqq x$ und $0 \leqq y \Rightarrow 0 \leqq x \cdot y$. Annahme: $0 = x \cdot y$. Da in einem Körper keine Nullteiler existieren, folgt aus $0 = x \cdot y$, daß $x = 0$ oder $y = 0$ ist. Dies steht aber im Widerspruch zur Voraussetzung.

Zu (3): $x < y$ und $y < z \Rightarrow x \leqq y$ und $y \leqq z \Rightarrow x \leqq z$. Annahme: $x = z$. Dann wäre aber $x \leqq y$ und $y \leqq x$ und somit $x = y$. Dies steht aber im Widerspruch zu $x < y$.

Zu (4): Annahme: $x < y$ und $y < x$. Aus $x < y$ folgt $x \leqq y$ und $x \neq y$, und aus $y < x$ folgt $y \leqq x$. Somit haben wir gleichzeitig $x \leqq y$ und $y \leqq x$. Daraus folgt aber $x = y$ im Widerspruch zu $x \neq y$. $\qquad \square$

---

[1] Das Zeichen $\neq$ bedeutet „ungleich": $x \neq y :\Leftrightarrow \neg (x = y)$.

Bemerkung 1.6 (Antireflexive Ordnungsrelation)

Es sei M eine Menge und R eine Relation in M mit den Eigenschaften

O_5: **Asymmetrie:** $x \, \mathrm{R} \, y \Rightarrow \neg \, (y \, \mathrm{R} \, x)$;

O_6: **Transitivität:** $x \, \mathrm{R} \, y$ und $y \, \mathrm{R} \, z \Rightarrow x \, \mathrm{R} \, z$.

Dann heißt R *antireflexive Ordnungsrelation.*

Die in Definition 1.16 erklärte Kleiner-Relation ist nach Satz 1.6 eine antireflexive Ordnungsrelation. In einigen Lehrbüchern wird die antireflexive Ordnungsrelation beim Begriff des angeordneten Körpers zugrundegelegt. $\triangle$

Satz 1.7 (Trichotomiegesetz)

$(K, +, \cdot, \leqq)$ sei ein angeordneter Körper. Sind $x, y \in K$, so gilt genau eine der folgenden Beziehungen:

(1) $x < y$;

(2) $x = y$;

(3) $x > y$.

Beweis: Wir zeigen zunächst, daß *höchstens* eine der drei Beziehungen gilt.

Nach Definition 1.16 schließen sich (1) und (2) bzw. (3) und (2) gegenseitig aus. Ferner sind nach Satz 1.6 die Beziehungen (1) und (3) unvereinbar. Also gilt höchstens eine der drei Beziehungen.

Wir zeigen nun, daß *mindestens* eine der drei Beziehungen gilt.

Es seien $x, y \in K$. Ist $x = y$, so gilt also (2). Ist $x \neq y$, so gilt aber, da K durch $\leqq$ total geordnet ist, $x \leqq y$ oder $y \leqq x$. Das liefert zusammen $x < y$ oder $y < x$, also (1) oder (3). $\square$

Satz 1.8 (Wichtige Ungleichungen)

Es sei $(K, +, \cdot, \leqq)$ ein angeordneter Körper. Dann besteht zwischen dem Einselement 1 und dem Nullelement 0 von K die Beziehung

(1) $1 > 0$.

Ferner gilt für alle $x \in K$

(2) $x > 0 \Rightarrow -x < 0$;

(3) $x < 0 \Rightarrow -x > 0$;

(4) $x^2 \geqq 0$;

(5) $x \neq 0 \Rightarrow x^2 > 0$.

Hierbei verwenden wir wie üblich die Schreibweise $x^2 := x \cdot x$.

Beweis: Zu (2): $x > 0 \Rightarrow 0 < x \Rightarrow 0 + (-x) < x + (-x) \Rightarrow -x < 0$.

Zu (3): $x < 0 \Rightarrow x + (-x) < 0 + (-x) \Rightarrow 0 < -x \Rightarrow -x > 0$.

Zu (5): Es sei $x \neq 0$. Dann gilt nach dem Trichotomiegesetz entweder $x > 0$ oder $x < 0$. Wir machen eine Fallunterscheidung:

$x > 0 \Rightarrow x \cdot x > 0 \Rightarrow x^2 > 0$.

$x < 0 \Rightarrow -x > 0 \Rightarrow (-x) \cdot (-x) > 0$ und wegen $(-x) \cdot (-x) = x^2$ folgt $x^2 > 0$.

Zu (1): $1 \in K \setminus \{0\} \Rightarrow 1 \neq 0$. Daher folgt aus (5) $1 \cdot 1 > 0 \Rightarrow 1 > 0$.

Zu (4): Der Fall $x \neq 0$ ist bereits durch (5) erledigt. Sei also $x = 0 \Rightarrow x \cdot x = 0 \Rightarrow x^2 = 0 \Rightarrow x^2 \geq 0$. $\square$

Bemerkung 1.7

Die in Definition 1.15 geforderten Verträglichkeitsbedingungen zwischen Ordnung und innereren Verknüpfungen bedeuten eine starke Einschränkung für die Möglichkeiten, einen Körper anzuordnen. So gibt es z. B. keinen endlichen angeordneten Körper (Beweis: Aufgabe 1.18). $\triangle$

In jedem angeordneten Körper gelten die von den rationalen Zahlen her bekannten Regeln für den Umgang mit Ungleichungen. Wir stellen diese Regeln zusammen in

Satz 1.9 (Rechnen mit Ungleichungen)

$(K, +, \cdot, \leq)$ sei ein angeordneter Körper. Für alle $x, y, z, w \in K$ gilt:

(1) $x < y \Rightarrow -x > -y$;

(1′) $x \leq y \Rightarrow -x \geq -y$;

(2) $x \leq y < z$ oder $x < y \leq z \Rightarrow x < z$;

(3) $x \leq y$ und $z \leq w \Rightarrow x + z \leq y + w$;

(3′) $x < y$ und $z \leq w \Rightarrow x + z < y + w$;

(4) $x \geq 0$ und $z \leq w \Rightarrow x \cdot z \leq x \cdot w$;

(4′) $x > 0$ und $z < w \Rightarrow x \cdot z < x \cdot w$;

(5) $x \leq y$ und $0 \leq z \leq w$ und $y \geq 0 \Rightarrow x \cdot z \leq y \cdot w$;

(5′) $x < y$ und $0 < z \leq w$ und $y \geq 0 \Rightarrow x \cdot z < y \cdot w$;

(6) $x > 0 \Rightarrow x^{-1} > 0$;

(7) $0 < x < y \Rightarrow y^{-1} < x^{-1}$;

(7′) $0 < x \leq y \Rightarrow y^{-1} \leq x^{-1}$.

Beweis: Zu (1): $x < y \Rightarrow x + (-x) < y + (-x) \Rightarrow 0 < y + (-x) \Rightarrow$
$(-y) + 0 < (-y) + y + (-x) \Rightarrow -y < -x \Rightarrow -x > -y$.

Zu (2): $x \leq y < z$ oder $x < y \leq z \Rightarrow x \leq y \leq z \Rightarrow x \leq z$.

Annahme: $x = z$. Daraus folgt zusammen mit der Voraussetzung $x \leq y < x$ oder $z < y \leq z$, ein ersichtlicher Widerspruch.

Zu (3'): Es gelte $x < y$ und $z \leq w$.
$$\left.\begin{array}{l} x < y \Rightarrow x + z < y + z \\ z \leq w \Rightarrow y + z \leq y + w \end{array}\right\} \Rightarrow x + z < y + w.$$

Zu (4'): Es gelte $x > 0$ und $z < w$.
$$\left.\begin{array}{l} z < w \Rightarrow 0 < z - w \\ x > 0 \Rightarrow 0 < x \end{array}\right\} \Rightarrow 0 < x \cdot (w - z) \Rightarrow 0 < x \cdot w + (-x \cdot z) \Rightarrow x \cdot z < x \cdot w.$$

Zu (5'): Es gelte $x < y$ und $0 < z \leq w$ und $y \geq 0$.
$$\left.\begin{array}{l} x < y \text{ und } 0 < z \Rightarrow z \cdot x < z \cdot y \\ z \leq w \text{ und } 0 \leq y \Rightarrow z \cdot y \leq y \cdot w \end{array}\right\} \Rightarrow z \cdot x < y \cdot w.$$

Zu (6): $x > 0 \Rightarrow x \neq 0 \Rightarrow$ es existiert $x^{-1} \neq 0 \Rightarrow x^{-1} \cdot x^{-1} > 0$. Hieraus und aus $x > 0$ folgt $x \cdot x^{-1} \cdot x^{-1} > 0 \Rightarrow x^{-1} > 0$.

Zu (7): Es sei $0 < x < y$.
$0 < x \Rightarrow x > 0 \Rightarrow x^{-1} > 0$. Entsprechend folgt $y^{-1} > 0$. Also: $x^{-1} \cdot y^{-1} > 0$. Hieraus und aus $x < y$ folgt $x^{-1} \cdot y^{-1} \cdot x < x^{-1} \cdot y^{-1} \cdot y \Rightarrow y^{-1} < x^{-1}$.

Der Beweis der restlichen Behauptungen sei als Aufgabe 1.19 gestellt. □

Bemerkung 1.8 (Positivbereich)

$(K, +, \cdot)$ sei ein Körper. P sei eine Teilmenge von K mit den folgenden Eigenschaften:

P_1: P ist abgeschlossen bzgl. der Addition und der Multiplikation.

P_2: Für alle $x \in K$ gilt: $x \notin P \Rightarrow -x \in P$;

P_3: Für alle $x \in K$ gilt: $x \in P$ und $-x \in P \Rightarrow x = 0$.

Die Menge $P \setminus \{0\}$ heißt *Positivbereich* von K.

In manchen Lehrbüchern wird der Positivbereich benutzt, um den angeordneten Körper zu definieren (man vergleiche etwa [1]); denn definiert man

$$x \leq y :\Leftrightarrow y - x \in P ,$$

so ist $(K, +, \cdot, \leq)$ ein angeordneter Körper gemäß Definition 1.15.

Es ist häufig „handlicher", erst P zu definieren und dann $\leq$. △

Aus dem Trichotomiegesetz folgt, daß jedes Element x eines angeordneten Körpers entweder positiv, negativ oder gleich dem Nullelement ist. Dieser Umstand ermöglicht es, für die Elemente eines angeordneten Körpers einen Absolutbetrag zu erklären. Dieser Begriff ist auch für die Analysis von größter Wichtigkeit. Er wird festgelegt durch die

Definition 1.17 (Absolutbetrag)

$(K, +, \cdot, \leqq)$ sei ein angeordneter Körper. Für alle $x \in K$ ist der *Absolutbetrag* (in Zeichen: $|x|$) erklärt durch

$$|x| = \begin{cases} x & \text{für } x > 0 \\ 0 & \text{für } x = 0 \\ -x & \text{für } x < 0 \end{cases} . \quad \triangle$$

Satz 1.10 (Charakterisierung des Absolutbetrags)

Es sei $(K, +, \cdot, \leqq)$ ein angeordneter Körper. Ist ε ein positives Element aus K, so gilt für alle $x \in K$

(1) $|x| \leqq \varepsilon \Leftrightarrow -\varepsilon \leqq x \leqq \varepsilon$;

(2) $|x| < \varepsilon \Leftrightarrow -\varepsilon < x < \varepsilon$.

Beweis: Wir weisen nur (2) nach, der Nachweis von (1) geht analog.

Zunächst folgt aus der Definition des Absolutbetrags unmittelbar, daß stets $|x| \geqq 0$ und entweder $x = |x|$ oder $x = -|x|$ gilt.

Es sei nun $|x| < \varepsilon$. Ist $x = |x|$, so folgt sofort $x < \varepsilon$. Ferner ist ε positiv, also $-\varepsilon < 0 \leqq |x|$, also $-\varepsilon < x$.

Ist $x = -|x|$, so folgt sofort $-\varepsilon < x$. Ferner folgt aus $x = -|x|$, daß $x \leqq 0$ ist. Da ε positiv ist, erhält man $x < \varepsilon$.

Damit ist die eine Richtung von (2) bewiesen. Die andere Richtung ist unter Beachtung von $x = |x|$ bzw. $x = -|x|$ trivial.   □

Satz 1.11 (Eigenschaften des Absolutbetrags)

Es sei $(K, +, \cdot, \leqq)$ ein angeordneter Körper. Dann gilt für alle $x, y \in K$

(1) $|x| = 0 \Leftrightarrow x = 0$;

(2) $x \neq 0 \Leftrightarrow |x| > 0$;

(3) $-|x| \leqq x \leqq |x|$;

(4) $|-x| = |x|$;

(5) $|x \cdot y| = |x| \cdot |y|$;

(6) **(Dreiecksungleichung)** $|x + y| \leqq |x| + |y|$;

(6') $|x - y| \leqq |x| + |y|$;

(7) $|x - y| \geqq |x| - |y|$;

(7') $|x + y| \geqq \big||x| - |y|\big|$.

Beweis: Der Beweis von (1) und (4) wird als Aufgabe 1.20 gestellt.

Zu (3): Dies ist die Aussage (1) von Satz 1.10 mit $\varepsilon := |x|$.

Zu (5): Aus $z = |z|$ oder $z = -|z|$ folgt unmittelbar $x \cdot y = |x| \cdot |y|$ oder $x \cdot y = -|x| \cdot |y|$. Wir können ferner $x \neq 0$ und $y \neq 0$ voraussetzen, da andernfalls die Behauptung trivial ist. Damit ist aber $|x| \cdot |y| > 0$.

Ist nun $x \cdot y = |x| \cdot |y|$, so folgt $x \cdot y > 0$ und damit nach Definition 1.17 $|x \cdot y| = x \cdot y$ und somit $|x \cdot y| = |x| \cdot |y|$.

Ist hingegen $x \cdot y = -|x| \cdot |y|$, so folgt $x \cdot y < 0$ und damit wiederum nach Definition 1.17 $|x \cdot y| = -x \cdot y$, also auch $|x \cdot y| = |x| \cdot |y|$. Somit gilt stets $|x \cdot y| = |x| \cdot |y|$.

Zu (6): Für $x = 0$ oder $y = 0$ ist die Dreiecksungleichung trivial. Also können wir $|x| + |y| > 0$ annehmen.

Nun ist

$$\left.\begin{array}{c} -|x| \leqq x \leqq |x| \\ -|y| \leqq y \leqq |y| \end{array}\right\} \Rightarrow -(|x| + |y|) \leqq x + y \leqq |x| + |y| \ .$$

Daraus folgt wegen $|x| + |y| > 0$ nach Satz 1.10 aber $|x + y| \leqq |x| + |y|$.

Unter Berücksichtigung von $|-y| = |y|$ folgt (6') unmittelbar aus (6).

Zu (7): Für $x = y$ ist die Behauptung trivial, so daß wir $|x - y| > 0$ voraussetzen können.

Aus $|x| = |y + x - y|$ folgt mit der Dreiecksungleichung

$$|x| \leqq |y| + |x - y| \tag{1.9}$$

Analog erhält man $|y| \leqq |x| + |y - x|$. Wegen $|x - y| = |y - x|$ folgt

$$|y| \leqq |x| + |x - y| \ . \tag{1.10}$$

Aus (1.9) folgt $|x| - |y| \leqq |x - y|$ und aus (1.10) folgt $-|x - y| \leqq |x| - |y|$. Die letzten beiden Ungleichungen liefern unter Beachtung von $|x - y| > 0$ nach Satz 1.10 aber die Behauptung. (7') folgt unter Berücksichtigung von $|-y| = |y|$ sofort aus (7). □

Wir führen jetzt einige ordnungstheoretische Begriffe ein, die auch für die Analysis von Wichtigkeit sind. Wir beziehen alle Begriffsbildungen auf einen angeordneten Körper, obwohl dies nicht notwendig ist, da diese Begriffsbildungen bereits für jede Ordnungsstruktur $(M, <)$ sinnvoll sind.

Definition 1.18 (Obere und untere Schranke)

Es sei $(K, +, \cdot, \leqq)$ ein angeordneter Körper und $B \subset K$.

Ein Element $t \in K$ heißt *obere Schranke von B*, wenn für alle $x \in B$ die Relation $x \leqq t$ gilt.

Ein Element $s \in K$ heißt *untere Schranke von B*, wenn für alle $x \in B$ die Relation $s \leqq x$ gilt.

Ein Element $t' \in B$ heißt *größtes Element von B*, wenn für alle $x \in B$ die Relation $x \leqq t'$ gilt.

Ein Element $s' \in B$ heißt *kleinstes Element von B*, wenn für alle $x \in B$ die Relation $s' \leqq x$ gilt. $\triangle$

Bemerkung 1.9 (Maximum und Minimum)

Man überzeugt sich leicht, daß folgendes gilt:
t ist obere Schranke von B und $t \in B \Leftrightarrow t$ ist größtes Element von B; und ebenfalls t ist untere Schranke von B und $t \in B \Leftrightarrow t$ ist kleinstes Element von B.

In jeder Teilmenge $B \subset K$ gibt es höchstens ein größtes Element. Es wird, falls es existiert, mit $\max B$ bezeichnet (sprich: Maximum von B).

Analog: In jeder Teilmenge $B \subset K$ gibt es höchstens ein kleinstes Element. Es wird, falls es existiert, mit $\min B$ bezeichnet (sprich: Minimum von B). $\triangle$

Definition 1.19 (Beschränktheit einer Menge)

$(K, +, \cdot, \leqq)$ sei ein angeordneter Körper und $B \subset K$.

B heißt *nach oben beschränkt*, wenn B eine obere Schranke besitzt.

B heißt *nach unten beschränkt*, wenn B eine untere Schranke besitzt.

B heißt *beschränkt*, wenn B sowohl nach oben als auch nach unten beschränkt ist. $\triangle$

Satz 1.12

Es sei $(K, +, \cdot, \leqq)$ ein angeordneter Körper und $B \subset K$. Die Menge B' sei definiert durch

$$B' = \{|x| \mid x \in B\} \, .$$

B ist genau dann beschränkt, wenn B' nach oben beschränkt ist.

Beweis: Es sei B beschränkt. Nach Definition 1.19 existieren dann Elemente $s, t \in K$, so daß für alle $x \in B$ die Ungleichungskette $s \leqq x \leqq t$ gilt.

Wir betrachten $r := \max\{|s|, |t|\}$. Dann gilt für alle $x \in B$ die Beziehung $|x| \leqq r$; denn für $x \in B$ und $x \geqq 0$ folgt $|x| = x \leqq t \leqq |t| \leqq r$ und für $x \in B$ und $x < 0$ folgt $|x| = -x \leqq -s \leqq |-s| = |s| \leqq r$. Somit ist r eine obere Schranke von B'.

Es sei nun B' nach oben beschränkt. Dann existiert nach Definition 1.19 ein $r \in K$, so daß für alle $y \in B'$ die Beziehung $y \leqq r$ gilt. Aus der Definition von B' folgt daraus aber, daß für alle $x \in B$

$$|x| \leqq r \tag{1.11}$$

gilt. Nun ist stets

$$-|x| \leqq x \leqq |x| \, . \tag{1.12}$$

Aus (1.11) und (1.12) folgt leicht $-r \leqq x \leqq r$ für alle $x \in B$. Somit ist $-r$ eine untere und r eine obere Schranke von B. Also ist B beschränkt. $\qquad\square$

Definition 1.20 (Supremum und Infimum)

Es sei $(K, +, \cdot, \leqq)$ ein angeordneter Körper und $B \subset K$. Wir setzen

$$S_o(B) := \{t \mid t \in K \text{ und } t \text{ obere Schranke von } B\};$$
$$S_u(B) := \{t \mid t \in K \text{ und } t \text{ untere Schranke von } B\}.$$

Existiert das kleinste Element von $S_o(B)$, so bezeichnen wir es als *Supremum von B* (in Zeichen: sup B). Existiert das größte Element von $S_u(B)$, so bezeichnen wir es als *Infimum von B* (in Zeichen: inf B). $\triangle$

Das Supremum von B ist also auch die kleinste obere Schranke von B, d. h., es gilt sup $B = \min S_o(B)$. Gleichfalls ist das Infimum die größte untere Schranke von B: inf $B = \max S_u(B)$.

Wir kommen nun zu einer Charakterisierung des Infimums bzw. Supremums, die besonders beweistechnisch von Bedeutung ist.

Satz 1.13 (Charakterisierung des Supremums)

Es sei $(K, +, \cdot, \leqq)$ ein angeordneter Körper und $B \subset K$. Das Element $t \in K$ ist genau dann das Supremum von B, wenn t die beiden folgenden Eigenschaften hat:

(1) t ist obere Schranke von B;

(2) zu jedem $t' \in K$ mit $t' < t$ gibt es ein $b \in B$ mit $t' < b$.

Beweis: Es sei $t = \sup B$. Dann ist $t = \min S_o(B)$. Also ist $t \in S_o(B)$, d.h., t ist eine obere Schranke von B.

Sei nun $t' \in K$ mit $t' < t$. Annahme: $t' \geqq b$ für alle $b \in K$. Dann ist t' eine obere Schranke von B, die kleiner ist als t, im Widerspruch zur Definition von t. Somit ist die Annahme falsch. Das heißt aber, daß ein $b \in B$ existiert mit $t' < b$.

Es sei jetzt $t \in K$ mit den Eigenschaften (1) und (2). Nach (2) sind alle Elemente $t' \in K$ mit $t' < t$ keine oberen Schranken von B. Nach (1) ist t eine obere Schranke von B Also ist t die kleinste obere Schranke von B.   □

Völlig analog verläuft der Beweis des folgenden Satzes.

Satz 1.14 (Charakterisierung des Infimums)

Es sei $(K, +, \cdot, \leqq)$ ein angeordneter Körper und $B \subset K$. Das Element $s \in K$ ist genau dann das Infimum von B, wenn s die beiden folgenden Eigenschaften hat:

(1) s ist untere Schranke von B;

(2) zu jedem $s' \in K$ mit $s < s'$ gibt es ein $b \in B$ mit $b < s'$.

Bemerkung 1.10 (Maximum, Minimum)

Man kann leicht zeigen, daß folgendes gilt:

$$\sup B \text{ existiert und } t = \sup B \in B \Leftrightarrow \max B \text{ existiert und } t = \max B.$$
$$\inf B \text{ existiert und } s = \inf B \in B \Leftrightarrow \min B \text{ existiert und } s = \min B.$$

Der angeordnete Körper der rationalen Zahlen weist verschiedene „Mängel" auf, die z. B. für die Zwecke der Analysis eine Erweiterung notwendig machen. So gibt es in $\mathbb{Q}$ nach oben beschränkte Teilmengen, die *kein* Supremum besitzen. Als Beispiel sei die Menge $M := \{x \in \mathbb{Q} \mid x > 0 \text{ und } x^2 \leq 2\}$ genannt („$\sqrt{2}$ ist nicht rational!"). △

Für das folgende ist es notwendig, nochmals genau zu sagen, was man unter der Menge der natürlichen Zahlen zu verstehen hat.

Definition 1.21 (Peano-Axiome)

Es sei $\mathbb{N}$ eine Menge, 1 ein Element von $\mathbb{N}$ und g eine Abbildung von $\mathbb{N}$ nach $\mathbb{N}$ („nächst größere Zahl") mit $n \mapsto n' = g(n)$. Das Element n' wird als *Nachfolger von n* bezeichnet.

Das Tripel $(\mathbb{N}, g, 1)$ heißt genau dann *Modell der natürlichen Zahlen*, wenn die folgenden Bedingungen erfüllt sind:

(1) Für alle $n \in \mathbb{N}$ ist $n' \neq 1$.

(2) Für alle $n, m \in \mathbb{N}$ gilt: $n' = m' \Rightarrow n = m$ (m. a. W.: Die Abbildung g ist injektiv).

(3) Für jede Teilmenge $M \subset \mathbb{N}$ gilt:
$1 \in M$ und ($n \in M \Rightarrow n' \in M$ für alle $n \in \mathbb{N}$) $\Rightarrow M = \mathbb{N}$. △

Bemerkung 1.11 (Induktionsaxiom)

Bedingung (3) wird als *Axiom der vollständigen Induktion* bezeichnet. Dieses besagt in Worten: Jede Teilmenge von N, die 1 enthält und mit jeder Zahl auch ihren Nachfolger, ist bereits ganz N. Dieses Axiom ist die Grundlage eines wichtigen Beweisverfahrens (*Beweis durch vollständige Induktion*); denn es gilt der folgende

Satz (Induktionstheorem)

$(N, g, 1)$ sei ein Modell der natürlichen Zahlen und $A(n)$ eine Aussageform über der Menge N. Sind die beiden Aussagen

(I_1) $A(1)$

und

(I_2) Für jedes $n \in N$ gilt: $A(n) \Rightarrow A(g(n))$

wahr, so ist $A(n)$ allgemeingültig über der Menge N.

Wir nennen die Aussage $A(1)$ den *Induktionsanfang*, die Aussage $A(n)$ ist die *Induktionsvoraussetzung*, und der Schluß von $A(n)$ auf $A(g(n))$ heißt *Induktionsschluß*.

Man sollte vor Augen haben, daß mit $g(n)$ immer der Nachfolger von n bezeichnet wird, den wir später mit $n + 1$ bezeichnen werden, sobald wir die Addition erklärt haben.

Ferner dient das Induktionsaxiom auch als wesentliche Grundlage zur Begründung eines wichtigen Definitionsverfahrens, der *rekursiven Definition*. Möchte man z. B.

$$n \cdot a = \underbrace{a + \cdots + a}_{n \text{ Summanden}}$$

exakt definieren, so geschieht dies rekursiv:

$$1 \cdot a := a , \qquad (n + 1) \cdot a := n \cdot a + a .$$

Die Grundlage für diese Art der Definition bildet der folgende Satz, der in dieser Form auf R. Dedekind ([10], S. 27) zurückgeht.

Satz (Rekursionstheorem, 1. Fassung)

Ist X eine Menge, $a \in X$ und f eine Funktion von X nach X, so gibt es genau eine Funktion $\varphi : N \to X$ mit $\varphi(1) = a$ und $\varphi(g(n)) = f(\varphi(n))$.

Will man nun aber z. B. die *Fakultätsfunktion*

$$n! = n(n - 1) \cdots 1 \tag{1.13}$$

rekursiv definieren, so erweist sich der Dedekindsche Satz „als zu eng". Daher betrachten wir

Satz (Rekursionstheorem, 2. Fassung)
Es sei X eine Menge, $a \in X$ und f eine Funktion von $\mathbb{N} \times X$ nach X. Dann gibt es genau eine Funktion $\varphi : \mathbb{N} \to X$ mit $\varphi(1) = a$ und $\varphi(g(n)) = f(n, \varphi(n))$.

Zum Beweis s. z. B. [25].

Beispiel 1.8 (Fakultät)

Da die beiden Sätze auf den ersten Blick etwas seltsam anmuten mögen, wollen wir die zweite Fassung an dieser Stelle am Beispiel der Fakultätsfunktion etwas genauer betrachten. Hierzu nehmen wir an, daß Addition und Multiplikation auf $\mathbb{N}$ bereits bekannt sind. Diese werden in Kürze (unter Zuhilfenahme des Rekursionstheorems) ohnehin eingeführt.

Wie erklärt man nun in exakter Form die Fakultätsfunktion, die das Produkt der ersten n natürlichen Zahlen berechnet? Mit anderen Worten: Was ist die genaue Bedeutung der Pünktchen in (1.13)?

Nun, die Berechnung von $n!$ kann man sukzessive durchführen. Man berechnet zuerst $1! = 1$ (Rekursionsbeginn), und dann fortlaufend weitere Werte mittels der Rekursion

$$(n + 1)! = (n + 1) \cdot n! \, , \tag{1.14}$$

welche man sofort erhält, wenn man in (1.13) für n den Wert $n + 1$ einsetzt und diese Gleichung durch (1.13) dividiert. Gleichung (1.14) liefert uns den Rekursionsschritt.

Diese Rekursionsvorschrift entspricht der Abbildung $f : \mathbb{N} \times \mathbb{N} \to \mathbb{N}$ mit $(n, x) \mapsto f(n, x) = (n + 1) \cdot x$, und das Rekursiontheorem besagt, daß es genau eine Lösung $\varphi : \mathbb{N} \to \mathbb{N}$ der Rekursion gibt, nämlich $n \mapsto n!$, mit den Eigenschaften $\varphi(1) = 1$ (also $1! = 1$) und $\varphi(g(n)) = f(n, \varphi(n)) = (n+1) \cdot \varphi(n)$ (also $(n+1)! = (n+1) \cdot n!$).

Dies entspricht der intuitiven Tatsache, daß man durch sukzessives Anwenden der Rekursionsvorschrift (1.14) für jedes $n \in \mathbb{N}$ genau einen Wert berechnen kann. $\triangle$

Fortsetzung von Bemerkung 1.11

Mit Hilfe des Rekursionstheorems läßt sich zeigen, daß die natürlichen Zahlen durch die Peano-Axiome bis auf die Bezeichnungsweise eindeutig festgelegt sind, d. h. ausführlich:

Satz (Eindeutigkeit von $\mathbb{N}$)
Sind $(\mathbb{N}, g, 1)$ und $(\widehat{\mathbb{N}}, \widehat{g}, \widehat{1})$ zwei Modelle gemäß Definition 1.21, so gibt es eine bijektive Abbildung $\varphi : \mathbb{N} \to \widehat{\mathbb{N}}$ mit $\varphi(1) = \widehat{1}$ und $\varphi(g(n)) = \widehat{g}(\varphi(n))$ für alle $n \in \mathbb{N}$.

Im Diagramm stellt sich die Situation so dar:

$$\begin{array}{ccc} \mathbb{N} & \xrightarrow{\ g\ } & \mathbb{N} \\ \varphi\downarrow & & \downarrow\varphi \\ \widehat{\mathbb{N}} & \xrightarrow{\ \widehat{g}\ } & \widehat{\mathbb{N}} \end{array}$$

Die Pfeile nach rechts drücken also die Nachfolgerbildung im jeweiligen Modell aus, während die Pfeile nach unten für den Übergang von Modell $\mathbb{N}$ zum Modell $\widehat{\mathbb{N}}$ stehen.

Wir beweisen diesen Satz, um eine Anwendung des Rekursionstheorems und der vollständigen Induktion zu demonstrieren.

Beweis: $(\mathbb{N}, g, 1)$ und $(\widehat{\mathbb{N}}, \widehat{g}, \widehat{1})$ seien zwei Modelle der natürlichen Zahlen. Nach dem Rekursionstheorem existiert eine Abbildung

$$\varphi : \mathbb{N} \to \widehat{\mathbb{N}} \text{ mit } \varphi(1) = \widehat{1} \text{ und } \varphi(g(n)) = \widehat{g}(\varphi(n)).$$

Ferner gibt es, wiederum nach dem Rekursionstheorem, eine Abbildung

$$\widehat{\varphi} : \widehat{\mathbb{N}} \to \mathbb{N} \text{ mit } \widehat{\varphi}(\widehat{1}) = 1 \text{ und } \widehat{\varphi}(\widehat{g}(m)) = g(\widehat{\varphi}(m)).$$

Wir betrachten jetzt die Abbildung $\widehat{\varphi} \circ \varphi : \mathbb{N} \to \mathbb{N}$ bzw. die Abbildung $\varphi \circ \widehat{\varphi} : \widehat{\mathbb{N}} \to \widehat{\mathbb{N}}$ und zeigen durch vollständige Induktion $\widehat{\varphi} \circ \varphi = \mathrm{Id}_{\mathbb{N}}$[1] und $\varphi \circ \widehat{\varphi} = \mathrm{Id}_{\widehat{\mathbb{N}}}$. Die erste Beziehung stellt die Injektivität von φ, die zweite Beziehung stellt die Surjektivität von φ sicher.

Es ist $(\widehat{\varphi} \circ \varphi)(1) = \widehat{\varphi}(\varphi(1)) = \widehat{\varphi}(\widehat{1}) = 1$ (Induktionsanfang). Gelte nun (Induktionsvoraussetzung) $(\widehat{\varphi} \circ \varphi)(n) = n$. Dann gilt

$$(\widehat{\varphi} \circ \varphi)(g(n)) = \widehat{\varphi}(\varphi(g(n))) = \widehat{\varphi}(\widehat{g}(\varphi(n))) = g(\widehat{\varphi}(\varphi(n))) = g(n)$$

(Induktionsschluß). Also gilt für alle $n \in \mathbb{N}$ die Beziehung $(\widehat{\varphi} \circ \varphi)(n) = n$ bzw. $\widehat{\varphi} \circ \varphi = \mathrm{Id}_{\mathbb{N}}$.

Die zweite Beziehung wird völlig analog bewiesen. $\qquad\qquad\square$

Der eben bewiesene Sachverhalt berechtigt dazu, im allgemeinen kurz von *der* Menge der natürlichen Zahlen zu sprechen.

Ist $(\mathbb{N}, g, 1)$ ein Modell der natürlichen Zahlen, so kann man, wiederum mit Hilfe des Rekursionstheorems, auf $\mathbb{N}$ eine Addition und eine Multiplikation erklären, welche die folgenden Eigenschaften haben:

(1) $n + 1 = g(n)$ für alle $n \in \mathbb{N}$;

(2) $n + g(m) = g(n + m)$ für alle $n, m \in \mathbb{N}$;

---

[1] Id_M bezeichnet hier die Identität $x \mapsto x$ auf der Menge M.

(3) $n \cdot 1 = n$ für alle $n \in \mathbb{N}$;

(4) $n \cdot g(m) = (n \cdot m) + n$ für alle $n, m \in \mathbb{N}$.

Addition und Multiplikation sind kommutativ und assoziativ, und es gilt das Distributivgesetz von $\cdot$ bzgl. $+$.

Mit Hilfe der Addition wird in $\mathbb{N}$ die Relation $<$ erklärt durch

$$n < m :\Leftrightarrow \text{es existiert } k \in \mathbb{N} \text{ mit } n + k = m.$$

Die Relation $<$ erweist sich als antireflexive Ordnungsrelation, durch die $\mathbb{N}$ total geordnet wird. Insbesondere erfüllt die Relation $<$ das Trichotomiegesetz. Alle notwendigen Einzelheiten hierzu findet man z. B. in [25].

Hiermit beschließen wir die Bemerkung 1.11. $\triangle$

Satz 1.15 (Wohlordnung der natürlichen Zahlen)

Jede nichtleere Menge A natürlicher Zahlen besitzt ein kleinstes Element.

Beweis: Wir betrachten die Menge

$$B := \{b \mid b \in \mathbb{N} \text{ und } b \leq a \text{ für alle } a \in A\}.$$

Sicher ist $1 \in B$. Andererseits ist $B \neq \mathbb{N}$; denn da A nicht leer ist, gibt es ein $a_0 \in A$. Dann ist aber wegen $a_0 + 1 > a_0$ die natürliche Zahl $a_0 + 1$ kein Element von B.

Aus $1 \in B$ und $B \neq \mathbb{N}$ folgt nach dem Induktionsaxiom, daß es in B ein b_0 gibt mit $b_0 + 1 \notin B$. Dann ist nach Definition von B aber $b_0 \leq a$ für alle $a \in A$.

Wäre nun b_0 kein Element von A, dann würde für alle $a \in A$ sogar $b_0 < a$ gelten. Daraus folgt aber $b_0 + 1 \leq a$ für alle $a \in A$ und damit $b_0 + 1 \in B$ im Widerspruch zu $b_0 + 1 \notin B$.

Also gilt $b_0 \in A$ und $b_0 \leq a$ für alle $a \in A$. Somit ist b_0 kleinstes Element von A. $\square$

Die konstruierte Zahl b_0 ist das Maximum der Menge B und das Minimum der Menge A.

Hilfssatz 1.5

Jede nichtleere und (durch eine natürliche Zahl) nach oben beschränkte Menge A natürlicher Zahlen besitzt ein größtes Element.

Beweis: Wir betrachten die Menge

$$B := \{b \mid b \in \mathbb{N} \text{ und } b \geq a \text{ für alle } a \in A\}.$$

Da A nach oben beschränkt ist, ist die Menge B nicht leer. Also besitzt B nach Satz 1.15 ein kleinstes Element b_0. Dann gilt $b_0 \geq a$ für alle $a \in A$.

Wäre nun b_0 kein Element von A, dann würde für alle $a \in A$ sogar $b_0 > a$ gelten. Daraus folgt aber $b_0 - 1 \geq a$ für alle $a \in A$. Dann wäre also auch $b_0 - 1$ ein Element von B und dies steht im Widerspruch dazu, daß b_0 das kleinste Element von B ist.

Also gilt $b_0 \in A$ und $b_0 \geq a$ für alle $a \in A$. Somit ist b_0 größtes Element von A. $\qquad\square$

Wir wollen uns jetzt eine wichtige Klassifikation der angeordneten Körper erarbeiten. Dabei lassen wir uns von einer bekannten Eigenschaft des Körpers der rationalen Zahlen leiten. In diesem Körper gilt nämlich, daß es zu jedem $q \in \mathbb{Q}$ eine natürliche Zahl n mit $n > q$ gibt.

Um den analogen Sachverhalt für beliebige angeordnete Körper bequem formulieren zu können, sind einige Vorbetrachtungen erforderlich. Zunächst zeigen wir, daß jeder angeordnete Körper ein Modell der natürlichen Zahlen enthält.

Definition 1.22 (Nachfolgermenge)

Es sei $(K, +, \cdot, \leq)$ ein angeordneter Körper und $T \subset K$.

T heißt eine *Nachfolgermenge* in K, wenn T die beiden folgenden Eigenschaften hat:

(1) $1 \in T$;
(2) für alle $x \in K$ gilt: $x \in T \Rightarrow x + 1 \in T$. $\quad \triangle$

Die Existenz einer Nachfolgermenge ist gesichert; denn K selbst ist eine Nachfolgermenge.

Definition 1.23 (Kleinste Nachfolgermenge)

$(K, +, \cdot, \leq)$ sei ein angeordneter Körper. Unter $\mathcal{N}$ verstehen wir die Gesamtheit aller Nachfolgermengen, also

$$\mathcal{N} := \{T \mid T \text{ ist Nachfolgermenge in } K\}.$$

Unter $\mathbb{N}_K$ verstehen wir den Durchschnitt aller Nachfolgermengen, also

$$\mathbb{N}_K := \bigcap_{T \in \mathcal{N}} T. \quad \triangle$$

Satz 1.16 (Charakterisierung der kleinsten Nachfolgermenge)

Die Menge $\mathbb{N}_K$ ist selbst eine Nachfolgermenge. $\mathbb{N}_K$ ist die kleinste Nachfolgermenge, die in K enthalten ist, d. h. genauer:

$$T \subset \mathbb{N}_K \text{ und } T \text{ Nachfolgermenge} \Rightarrow T = \mathbb{N}_K.$$

Beweis: Für jedes $T \in \mathcal{N}$ gilt $1 \in T$. Daraus folgt nach Konstruktion von $\mathbb{N}_K$, daß $1 \in \mathbb{N}_K$ liegt.

Sei $x \in \mathbb{N}_K$. Nach Konstruktion von $\mathbb{N}_K$ folgt, daß $x \in T$ für jede Nachfolgermenge T gilt. Dann ist aber, nach Definition der Nachfolgermenge, $x + 1 \in T$ für jede Nachfolgermenge T. Daraus folgt, wieder nach Konstruktion von $\mathbb{N}_K$, daß $x + 1$ auch in $\mathbb{N}_K$ liegt. Hieraus folgt nun, daß $\mathbb{N}_K$ die kleinste Nachfolgermenge ist.

Sei nämlich T eine Nachfolgermenge mit $T \subset \mathbb{N}_K$. Nach Konstruktion von $\mathbb{N}_K$ gilt $\mathbb{N}_K \subset T$. Aus $T \subset \mathbb{N}_K$ und $\mathbb{N}_K \subset T$ folgt $T = \mathbb{N}_K$.   □

Wir werden jetzt weitere Eigenschaften der Menge $\mathbb{N}_K$ aufzeigen. Wesentliches Hilfsmittel bei den Beweisen wird dabei Satz 1.16 sein.

Satz 1.17 (Eigenschaften der kleinsten Nachfolgermenge)

Für jedes $x \in \mathbb{N}_K$ gilt $x > 0_K$. Ferner ist $\mathbb{N}_K$ sowohl bzgl. $+$ als auch bzgl. $\cdot$ abgeschlossen.

Beweis: Die Menge M sei definiert durch

$$M := \{ x \mid x \in \mathbb{N}_K \text{ und } x > 0_K \} \, .$$

Wegen $1_K > 0_K$ und $1_K \in \mathbb{N}_K$ ist 1_K ein Element von M.

Ist $x \in M$, so gilt $x \in \mathbb{N}_K$ und $x > 0_K$. Daraus folgt $x + 1_K \in \mathbb{N}_K$ und $x + 1_K > 0_K$. Somit ist auch $x + 1_K \in M$. Also ist M eine Nachfolgermenge. Außerdem ist $M \subset \mathbb{N}_K$. Beides zusammen liefert unter Berücksichtigung von Satz 1.16, daß $M = \mathbb{N}_K$ gilt, d. h. aber u. a., daß $\mathbb{N}_K$ nur positive Elemente enthält.

Für den Nachweis, daß $\mathbb{N}_K$ abgeschlossen bzgl. der Addition ist, sei y ein beliebiges aber festes Element aus $\mathbb{N}_K$. Die Menge M sei nun definiert durch

$$M := \{ x \mid x \in \mathbb{N}_K \text{ und } x + y \in \mathbb{N}_K \} \, .$$

Da $\mathbb{N}_K$ Nachfolgermenge ist, ist $1_K \in M$. Sei nun $x \in M$. Dann sind sowohl $x \in \mathbb{N}_K$ als auch $x + y \in \mathbb{N}_K$, und damit sind auch $x + 1_K \in \mathbb{N}_K$ und $x + y + 1_K \in \mathbb{N}_K$. Gemäß Definition ist daher auch $x + 1_K \in M$. Folglich ist M Nachfolgermenge und damit ist $M = \mathbb{N}_K$.

Da $y \in \mathbb{N}_K$ beliebig war, gilt somit

$$x \in \mathbb{N}_K \text{ und } y \in \mathbb{N}_K \Rightarrow x + y \in \mathbb{N}_K \, .$$

Es bleibt zu zeigen, daß $\mathbb{N}_K$ auch abgeschlossen bzgl. der Multiplikation ist. Hierzu sei wieder y ein beliebiges aber festes Element aus $\mathbb{N}_K$. Die Menge M definieren wir diesmal durch

$$M := \{ x \mid x \in \mathbb{N}_K \text{ und } x \cdot y \in \mathbb{N}_K \} \, .$$

Dann ist $1_K \in M$. Sei nun $x \in M$. Dann sind sowohl $x \in \mathbb{N}_K$ als auch $x \cdot y \in \mathbb{N}_K$. Da $\mathbb{N}_K$ abgeschlossen bzgl. der Addition ist, sind auch $x + 1_K \in \mathbb{N}_K$ und $x \cdot y + y = y \cdot (x + 1_K) \in \mathbb{N}_K$.

Gemäß Definition ist daher auch $x + 1_K \in M$. Folglich ist M Nachfolgermenge und damit ist $M = \mathbb{N}_K$.

Da $y \in \mathbb{N}_K$ beliebig war, gilt somit

$$x \in \mathbb{N}_K \text{ und } y \in \mathbb{N}_K \Rightarrow x \cdot y \in \mathbb{N}_K .$$

Definition 1.24 (Nachfolgerfunktion)

Es sei $(K, +, \cdot, \leq)$ ein angeordneter Körper und $\mathbb{N}_K$ die kleinste Nachfolgermenge in K. Unter $g_K : \mathbb{N}_K \to \mathbb{N}_K$ verstehen wir die Abbildung, die definiert ist durch $x \mapsto g_K(x) = x + 1_K$. $\triangle$

Die vorstehende Definition ist möglich, da $\mathbb{N}_K$ eine Nachfolgermenge ist.

Satz 1.18 (Eigenschaften der Nachfolgerfunktion)

Für alle $x \in \mathbb{N}_K$ gilt $g_K(x) \neq 1$. Ferner ist die Abbildung g_K injektiv.

Beweis: $x \in \mathbb{N}_K$ impliziert nach Satz 1.17 $x > 0_K$. Daraus folgt $x + 1_K > 1_K$ und damit $g_K(x) > 1_K$.

Den Nachweis der Injektivität überlassen wir als Aufgabe 1.23. $\square$

Wir haben jetzt alles bereitgestellt, um den wichtigen nächsten Satz formulieren und beweisen zu können.

Satz 1.19 („$\mathbb{N} \subset K$")

Es sei $(K, +, \cdot, \leq)$ ein angeordneter Körper. Dann ist das Tripel $(\mathbb{N}_K, g_K, 1_K)$ ein Modell für die natürlichen Zahlen.

Beweis: 1_K ist ein Element von $\mathbb{N}_K$ und g_K ist injektiv. Damit sind die Peano-Axiome (1) und (2) aus Definition 1.21 nach Satz 1.18 erfüllt. Axiom (3) folgt aus Satz 1.16. $\square$

Bemerkung 1.12 (Aufbau des Zahlsystems)

Nach Satz 1.19 zieht die Existenz eines angeordneten Körpers die Existenz eines Modells der natürlichen Zahlen nach sich. Beim konstruktiven Aufbau der Zahlbereiche geht man sozusagen den umgekehrten Weg. Man postuliert die Existenz eines Modells der natürlichen Zahlen und konstruiert dann einen angeordneten Körper, der die natürlichen Zahlen enthält.

Wir haben in Satz 1.17 festgehalten, daß die Teilmenge $\mathbb{N}_K$ von K sowohl bzgl. $+$ als auch bzgl. $\cdot$ abgeschlossen ist. Diese vom Körper K induzierten inneren Verknüpfungen in $\mathbb{N}_K$ sind diejenigen, die uns eigentlich interessieren. Andererseits können wir gemäß Satz 1.19 $\mathbb{N}_K$ als Trägermenge eines Modells der natürlichen Zahlen auffassen und dabei von dem Eingebettetsein in den Körper K völlig absehen.

Nun wissen wir aus Bemerkung 1.11 (S. 37), daß man in der Trägermenge N eines Modells der natürlichen Zahlen stets zwei innere Verknüpfungen, die wir für den Augenblick mit & und ∘ bezeichnen wollen, erklären können, die die folgenden Eigenschaften haben:

(1) $n\&1 = g(n)$ für alle $n \in$ N;

(2) $n\&g(m) = g(n\&m)$ für alle $n, m \in$ N;

(3) $n \circ 1 = n$ für alle $n \in$ N;

(4) $n \circ g(m) = (n \circ m)\&n$ für alle $n, m \in$ N.

Man überzeugt sich leicht durch vollständige Induktion, daß es keine von & und ∘ verschiedenen inneren Verknüpfungen in N gibt, die die (1) und (2) bzw. (3) und (4) entsprechenden Eigenschaften haben.

Betrachten wir jetzt das Modell $(N_K, g_K, 1_K)$ aus Satz 1.19, so gilt (im wesentlichen gemäß Definition 1.24)

$$g_K(x) = x + 1_K \text{ für alle } x \in N_K;$$

$$g_K(x + y) = (x + y) + 1_K = x + (y + 1_K) = x + g_K(y) \text{ für alle } x, y \in N_K;$$

$$x \cdot 1_K = x \text{ für alle } x \in N_K;$$

$$x \cdot g_K(y) = x \cdot (y + 1_K) = x \cdot y + x \text{ für alle } x, y \in N_K.$$

Diese Aufstellung beweist, daß die in N_K vom Körper induzierten inneren Verknüpfungen übereinstimmen mit der Addition und Multiplikation, die im Modell $(N_K, g_K, 1_K)$ erklärt werden können.

Die gleiche Problematik, die wir eben im Hinblick auf die inneren Verknüpfungen untersucht haben, stellt sich auch im Hinblick auf die Ordnungsrelationen. Wir haben in N_K zum einen die Kleiner-Relation, die vom angeordneten Körper induziert wird, und zum anderen die, die im Modell $(N_K, g_K, 1_K)$ erklärt werden kann. Wir zeigen jetzt, daß auch diese beiden Kleiner-Relationen übereinstimmen.

Die Kleiner-Relation im Modell $(N_K, g_K, 1_K)$, die wir für den Augenblick mit $\bigotimes$ bezeichnen wollen, ist nach Bemerkung 1.11 mit Hilfe von & erklärt durch

$$x \bigotimes y \Leftrightarrow \text{es existiert ein } z \in N_K \text{ mit } x\&z = y.$$

Da & mit + übereinstimmt, gilt also

$$x \bigotimes y \Leftrightarrow \text{es existiert ein } z \in N_K \text{ mit } x + z = y.$$

Sei nun $x \bigotimes y$. Dann gibt es folglich ein $z \in N_K$ mit $x + z = y$, also $z = y - x$. Aus $z \in N_K$ folgt nach Satz 1.17 $z > 0_K$ und damit auch $y - x > 0_K$. Daraus folgt unmittelbar, daß $x < y$ gilt.

Sei nun umgekehrt $x < y$ vorausgesetzt. Dann ist $x \neq y$. In Bemerkung 1.11 hatten wir angemerkt, daß bzgl. $\otimes$ das Trichotomiegesetz gilt. Somit folgt aus $x \neq y$ entweder $x \otimes y$ oder $y \otimes x$.

Annahme, es ist $y \otimes x$. Dann gibt es ein $z \in \mathbb{N}_K$ mit $y + z = x$. Aus $z \in \mathbb{N}_K$ folgt nach Satz 1.17 $z > 0_K$. Daraus folgt aber $y < x$ im Widerspruch zur Voraussetzung. Also gilt $x \otimes y$.

Damit ist die Gleichheit der beiden Relationen nachgewiesen. Für alle $x, y \in \mathbb{N}_K$ gilt somit

$$x < y \Leftrightarrow \text{es existiert ein } z \in \mathbb{N}_K \text{ mit } x + z = y.$$

Aus der letzten Äquivalenz folgt leicht der folgende

Hilfssatz
Die Menge $\mathbb{N}_K$ gestattet die Darstellung

$$\mathbb{N}_K = \{u - v \mid u \in \mathbb{N}_K \text{ und } v \in \mathbb{N}_K \text{ und } u - v > 0_K\}.$$

Hiermit beschließen wir die Bemerkung 1.12. $\triangle$

Wir haben innerhalb der Bemerkung 1.11 nachgewiesen, daß je zwei Modelle $(\mathbb{N}, g, 1)$ und $(\widehat{\mathbb{N}}, \widehat{g}, \widehat{1})$ hinsichtlich der Nachfolgerbeziehung isomorph sind:

Es gibt eine bijektive Abbildung $\varphi : \mathbb{N} \to \widehat{\mathbb{N}}$ mit $\varphi(1) = \widehat{1}$ und $\varphi(g(n)) = \widehat{g}(\varphi(n))$ für alle $n \in \mathbb{N}$.

Die Frage ist nun, wie sich die Abbildung φ gegenüber den inneren Verknüpfungen und den Ordnungen verhält. Die Antwort darauf gibt

Satz 1.20 (Eindeutigkeit der natürlichen Zahlen)
$(\mathbb{N}, g, 1)$ und $(\widehat{\mathbb{N}}, \widehat{g}, \widehat{1})$ seien zwei Modelle der natürlichen Zahlen, und φ sei die bijektive Abbildung von $\mathbb{N}$ nach $\widehat{\mathbb{N}}$ mit $\varphi(1) = \widehat{1}$ und $\varphi(g(n)) = \widehat{g}(\varphi(n))$ für alle $n \in \mathbb{N}$.

Dann gilt für alle $n, m \in \mathbb{N}$

(1) $\varphi(n \& m) = \varphi(n) \widehat{\&} \varphi(m)$;

(2) $\varphi(n \circ m) = \varphi(n) \widehat{\circ} \varphi(m)$;

(3) $n \otimes m \Leftrightarrow \varphi(n) \widehat{\otimes} \varphi(m)$.

Beweis: Um beim Beweis das Schriftbild zu entlasten, benutzen wir durchgehend die Zeichen „+", „·" und „<". Dies sollte auch dazu erziehen, nicht aus den Augen zu verlieren, in welcher Menge gerade gerechnet wird.

(1) und (2) beweisen wir bei festgehaltenem n durch vollständige Induktion bzgl. m. Dabei werden die bekannten Eigenschaften von φ und die Eigenschaften von Addition und Multiplikation benutzt, die wir in der Bemerkung 1.12 nochmals zusammengestellt hatten.

Zu (1): $\varphi(n+1) = \varphi(g(n)) = \widehat{g}(\varphi(n)) = \varphi(n) + \widehat{1} = \varphi(n) + \varphi(1)$ (Induktionsanfang).

Sei nun $\varphi(n+k) = \varphi(n) + \varphi(k)$ (Induktionsvoraussetzung). Dann ist
$$\varphi(n+g(k)) = \varphi(g(n+k)) = \widehat{g}(\varphi(n) + \varphi(k)) = \varphi(n) + \widehat{g}(\varphi(k)) = \varphi(n) + \varphi(g(k)).$$

Zu (2): $\varphi(n \cdot 1) = \varphi(n) \cdot \widehat{1} = \varphi(n) \cdot \varphi(1)$ (Induktionsanfang).

Sei nun $\varphi(n \cdot k) = \varphi(n) \cdot \varphi(k)$ (Induktionsvoraussetzung). Dann ist
$$\varphi(n \cdot g(k)) = \varphi(n \cdot k + n) = \varphi(n \cdot k) + \varphi(n) = \varphi(n) \cdot \varphi(k) + \varphi(n) = \varphi(n) \cdot (\varphi(k) + \widehat{1}) =$$
$$\varphi(n) \cdot \widehat{g}(\varphi(k)) = \varphi(n) \cdot \varphi(g(k)).$$

Den Beweis von (3) skizzieren wir nur.
$$n < m \Leftrightarrow n + k = m \Leftrightarrow \varphi(n+k) = \varphi(m) \Leftrightarrow \varphi(n) + \varphi(k) = \varphi(m) \Leftrightarrow \varphi(n) < \varphi(m). \quad \square$$

Wenden wir den letzten Satz speziell auf die in zwei angeordneten Körpern enthaltenen Modelle an, so erhalten wir den

Satz 1.21 (Eindeutigkeit der kleinsten Nachfolgermenge)

$(K, +, \cdot, \leq)$ und $(\widetilde{K}, \oplus, \odot, \circledS)$ seien zwei angeordnete Körper. Dann gibt es genau eine bijektive Abbildung $\varphi : \mathbb{N}_K \to \mathbb{N}_{\widetilde{K}}$ mit

$$\varphi(x+y) = \varphi(x) \oplus \varphi(y)$$
$$\varphi(x \cdot y) = \varphi(x) \odot \varphi(y)$$
$$\text{und}$$
$$x < y \Leftrightarrow \varphi(x) \circledS \varphi(y)$$

für alle $x, y \in \mathbb{N}_K$.

Beweis: Es genügt, auf die Resultate aus Bemerkung 1.12 in Verbindung mit Satz 1.20 hinzuweisen. $\square$

Die kleinste Nachfolgermenge $\mathbb{N}_K$, die in K enthalten ist, gibt Anlaß zur Aussonderung weiterer wichtiger Teilmengen von K.

Definition 1.25 ($\mathbb{Z}_K, \mathbb{Q}_K$)

Es sei $(K, +, \cdot, \leq)$ ein angeordneter Körper und $\mathbb{N}_K$ die kleinste Nachfolgermenge, die in K enthalten ist.

Unter $\mathbb{Z}_K$ verstehen wir die Teilmenge von K, welche gegeben ist durch

$$\mathbb{Z}_K := \{x - y \mid x, y \in \mathbb{N}_K\}$$

und unter $\mathbb{Q}_K$ verstehen wir die Teilmenge von K, welche gegeben ist durch

$$\mathbb{Q}_K := \{x \cdot y^{-1} \mid x, y \in \mathbb{Z}_K \text{ und } y \neq 0_K\} . \quad \triangle$$

Satz 1.22 (Eigenschaften von $\mathbb{Z}_K, \mathbb{Q}_K$)

Es sei $(K, +, \cdot, \leq)$ ein angeordneter Körper. Die Teilmengen $\mathbb{Z}_K$ und $\mathbb{Q}_K$ von K sind sowohl bzgl. $+$ als auch bzgl. $\cdot$ abgeschlossen. Ferner ist

$$\mathbb{Z}_K = \mathbb{N}_K \cup \{0_K\} \cup \{-x \mid x \in \mathbb{N}_K\} .$$

Beweis: Wir haben gezeigt (Satz 1.17), daß die Menge $\mathbb{N}_K$ bzgl. $+$ und bzgl. $\cdot$ abgeschlossen ist. Daraus folgt leicht, daß auch $\mathbb{Z}_K$ bzgl. $+$ und $\cdot$ abgeschlossen ist. Aus der Abgeschlossenheit von $\mathbb{Z}_K$ bzgl. $+$ und $\cdot$ ergibt sich wiederum nach leichter Rechnung die entsprechende Eigenschaft von $\mathbb{Q}_K$.

Nach dem Trichotomiegesetz ist

$$\mathbb{Z}_K = \{x \mid x \in \mathbb{Z}_K \text{ und } x > 0_K\} \cup \{0_K\} \cup \{y \mid y \in \mathbb{Z}_K \text{ und } y < 0_K\} .$$

Außerdem gilt

$$y < 0_K \Leftrightarrow -y > 0_K .$$

Somit ist

$$\mathbb{Z}_K = \{x \mid x \in \mathbb{Z}_K \text{ und } x > 0_K\} \cup \{0_K\} \cup \{-x \mid x \in \mathbb{Z}_K \text{ und } x > 0_K\} .$$

Berücksichtigen wir die Definition von $\mathbb{Z}_K$ und den Hilfssatz aus Bemerkung 1.12 (S. 43), so sehen wir, daß $\mathbb{N}_K = \{x \mid x \in \mathbb{Z}_K \text{ und } x > 0_K\}$ ist. Daraus folgt aber zusammen mit der obigen Zerlegung von $\mathbb{Z}_K$ die Behauptung. $\qquad\square$

Die Abgeschlossenheit von $\mathbb{Z}_K$ bzw. $\mathbb{Q}_K$ bzgl. $+$ und $\cdot$ veranlaßt zur Betrachtung der algebraischen Strukturen $(\mathbb{Z}_K, +, \cdot)$ bzw. $(\mathbb{Q}_K, +, \cdot)$. Dies führt zu

Satz 1.23 (Charakterisierung von $\mathbb{Z}_K, \mathbb{Q}_K$)

$(K, +, \cdot, \leq)$ sei ein angeordneter Körper. Dann ist $(\mathbb{Z}_K, +, \cdot)$ sein kleinster Unterring mit Einselement und $(\mathbb{Q}_K, +, \cdot)$ ist sein kleinster Unterkörper.

Beweis: Zunächst ist zu zeigen, daß $(\mathbb{Z}_K, +, \cdot)$ ein Unterring mit Einselement und $(\mathbb{Q}_K, +, \cdot)$ ein Unterkörper ist. Dies rechnet man leicht nach. Sei nun $(R, +, \cdot)$ ein beliebiger Unterring mit Einselement e des angeordneten Körpers K. Dann ist $\mathbb{Z}_K \subset R$ zu zeigen.

Zunächst ist klar, daß $e \neq 0_K$ gilt. Damit folgt aus $e \cdot e = e = 1_K \cdot e$, da K ein Körper ist, $e = 1_K$. Also ist $1_K \in R$.

R ist als Unterring abgeschlossen bzgl. $+$. Ist $x \in R$, so gilt folglich $x + 1_K \in R$. Somit ist R eine Nachfolgermenge. Daraus folgt nach Satz 1.16 aber $\mathbb{N}_K \subset R$.

$(R, +)$ ist Untergruppe von $(K, +)$. Somit ist $0_K \in R$ und mit $x \in R$ gilt auch $-x \in R$.

Nun war nach Satz 1.22 $\mathbb{Z}_K = \mathbb{N}_K \cup \{0_K\} \cup \{-x \mid x \in \mathbb{N}_K\}$. Alles zusammen liefert $\mathbb{Z}_K \subset R$. Dies liefert die erste Behauptung.

Ist jetzt $(R, +, \cdot)$ ein Unterkörper des angeordneten Körpers K, so müssen wir zeigen, daß $\mathbb{Q}_K \subset R$ gilt.

$(R, +, \cdot)$ ist als Unterkörper insbesondere auch ein Unterring mit Einselement. Somit gilt $\mathbb{Z}_K \subset R$.

Als Unterkörper enthält R mit jedem $y \neq 0_K$ auch y^{-1}.

Ferner ist R abgeschlossen bzgl. $\cdot$. Dies alles liefert zusammen mit der Definition von $\mathbb{Q}_K$ aber $\mathbb{Q}_K \subset R$.   □

Man könnte nun auf die Idee kommen, daß der Ring $(\mathbb{Z}_K, +, \cdot)$ und der Körper $(\mathbb{Q}_K, +, \cdot)$ in ihren Eigenschaften abhängen von dem gegebenen angeordneten Körper $(K, +, \cdot, \leq)$, in den sie eingebettet sind. Inwieweit dies tatsächlich der Fall ist, gilt es auszuloten. Es kommt heraus, daß $\mathbb{Z}_K$ und $\mathbb{Q}_K$ im wesentlichen eindeutig bestimmt sind. Dazu zunächst der

Satz 1.24 (Eindeutigkeit des kleinsten Unterrings mit Einselement)

Vorgelegt seien zwei angeordnete Körper $(K, +, \cdot, \leq)$ und $(\widetilde{K}, +, \cdot, \leq)$. $(\mathbb{Z}_K, +, \cdot)$ und $(\mathbb{Z}_{\widetilde{K}}, +, \cdot)$ seien die in ihnen enthaltenen kleinsten Unterringe mit Einselement.

Dann gibt es genau eine bijektive Abbildung $\chi : \mathbb{Z}_K \to \mathbb{Z}_{\widetilde{K}}$ mit

$$\chi(x + y) = \chi(x) \oplus \chi(y)$$
$$\chi(x \cdot y) = \chi(x) \odot \chi(y)$$
$$\text{und}$$
$$x < y \Leftrightarrow \chi(x) \otimes \chi(y)$$

für alle $x, y \in \mathbb{Z}_K$.

Beweis: Nach Satz 1.21 gibt es genau eine bijektive Abbildung $\varphi : \mathbb{N}_K \to \mathbb{N}_{\widetilde{K}}$ mit den entsprechenden Eigenschaften. Daraus folgert man leicht, daß es höchstens eine derartige Abbildung χ geben kann. Andererseits gestattet die Abbildung φ aus Satz 1.21 die Konstruktion von χ. Wir müssen nämlich φ nur geeignet auf $\mathbb{Z}_K$ fortsetzen.

Ist $z \in \mathbb{Z}_K$, so gibt es nach Definition 1.25 x und y aus N_K mit $z = x - y$. Wir setzen $\chi(z) := \varphi(x) - \varphi(y)$. Dadurch ist in der Tat eine Abbildungsvorschrift festgelegt; denn haben wir für z eine weitere Darstellung $z = u - v$ mit $u, v \in \mathsf{N}_K$, so ist $x - y = u - v$ und damit $x + v = u + y$.

Daraus folgt $\varphi(x) + \varphi(v) = \varphi(y) + \varphi(u)$ und somit $\varphi(x) - \varphi(y) = \varphi(u) - \varphi(v)$.

Aus den Eigenschaften von φ folgen die behaupteten Eigenschaften von χ. $\qquad\qquad\square$

Satz 1.25 (Eindeutigkeit des kleinsten Unterkörpers)

Vorgelegt seien zwei angeordnete Körper $(K, +, \cdot, \leqq)$ und $(\widetilde{K}, +, \cdot, \leqq)$. $(\mathbb{Q}_K, +, \cdot)$ und $(\mathbb{Q}_{\widetilde{K}}, +, \cdot)$ seien die in ihnen enthaltenen kleinsten Unterkörper.

Dann gibt es genau eine bijektive Abbildung $\lambda : \mathbb{Q}_K \to \mathbb{Q}_{\widetilde{K}}$ mit

$$\begin{aligned} \lambda(x + y) &= \lambda(x) \oplus \lambda(y) \\ \lambda(x \cdot y) &= \lambda(x) \odot \lambda(y) \end{aligned}$$

$$\text{und}$$

$$x < y \Leftrightarrow \lambda(x) \oslash \lambda(y)$$

für alle $x, y \in \mathbb{Q}_K$.

Beweis: Der Beweis erfolgt in der gleichen Weise wie der vorangegangene. Diesmal haben wir die Abbildung χ geeignet fortzusetzen.

Ist $z \in \mathbb{Q}_K$, so gibt es nach Definition 1.25 x und y aus $\mathbb{Z}_K$ mit $z = x \cdot y^{-1}$. Wir setzen $\lambda(z) := \chi(x) \cdot \chi(y)^{-1}$.

Man überlegt sich wieder leicht, daß dadurch tatsächlich eine Abbildungsvorschrift festgelegt ist und rechnet mühelos die aufgeführten Eigenschaften nach. $\qquad\qquad\square$

Definition 1.26 (Ordnungserhaltender Isomorphismus)

$(K, +, \cdot, \leqq)$ und $(\widetilde{K}, +, \cdot, \leqq)$ seien zwei angeordnete Körper (angeordnete Ringe) und $f : K \to \widetilde{K}$ ein Körper-(Ring-)Isomorphismus.

Der Isomorphismus f heißt *ordnungserhaltend*, wenn für alle $x, y \in K$

$$x \leqq y \Leftrightarrow f(x) \leqq f(y)$$

gilt. Gibt es einen ordnungserhaltenden Isomorphismus $f : K \to \widetilde{K}$, so heißen die beiden angeordneten Körper (Ringe) K und $\widetilde{K}$ *ordnungstreu isomorph*. $\triangle$

Nach Satz 1.24 sind die angeordneten Ringe $(\mathbb{Z}_K, +, \cdot, \leqq)$ und $(\mathbb{Z}_{\widetilde{K}}, +, \cdot, \leqq)$ ordnungstreu isomorph und nach Satz 1.25 sind die angeordneten Körper $(\mathbb{Q}_K, +, \cdot, \leqq)$ und $(\mathbb{Q}_{\widetilde{K}}, +, \cdot, \leqq)$ ebenfalls ordnungstreu isomorph.

Innerhalb der Theorie der angeordneten Körper ist der Wechsel von einem angeordneten Körper zu einem ordnungstreuen isomorphen Körper inhaltlich belanglos, da beide dieselbe Struktur besitzen. Dies wollen wir nun ausnutzen, um zu einer gewissen Vereinfachung zu gelangen. Wir haben in Satz 1.19 festgestellt, daß jeder angeordnete Körper $(K, +, \cdot, \leqq)$ ein Modell $(\mathbb{N}_K, g_K, 1_K)$ der natürlichen Zahlen enthält. Will man nun an einem Modell $(\mathbb{N}, g, 1)$ festhalten, so kann man einen zu $(K, +, \cdot, \leqq)$ ordnungstreuen isomorphen Körper $(\widetilde{K}, +, \cdot, \leqq)$ konstruieren, bei dem das Modell $(\mathbb{N}_{\widetilde{K}}, g_{\widetilde{K}}, 1_{\widetilde{K}})$ identisch ist mit $(\mathbb{N}, g, 1)$. Das zur Anwendung kommende Konstruktionsverfahren wird als *isomorphe Ersetzung* bezeichnet, s. Bemerkung 1.4, wo $\mathbb{Q}$ als Quotientenkörper von $\mathbb{Z}$ konstruiert wurde.

Satz 1.26 (Einbettung von $\mathbb{N}$ in K)

$(K, +, \cdot, \leqq)$ sei ein angeordneter Körper und $(\mathbb{N}, g, 1)$ ein Modell der natürlichen Zahlen. Dann gibt es einen zu $(K, +, \cdot, \leqq)$ ordnungstreuen isomorphen Körper $(\widetilde{K}, +, \cdot, \leqq)$, dessen Modell $(\mathbb{N}_{\widetilde{K}}, g_{\widetilde{K}}, 1_{\widetilde{K}})$ identisch ist mit $(\mathbb{N}, g, 1)$.

Beweis: Zunächst betrachten wir das gemäß Satz 1.19 in $(K, +, \cdot, \leqq)$ enthaltene Modell $(\mathbb{N}_K, g_K, 1_K)$ der natürlichen Zahlen. Dann gibt es (siehe Bemerkung 1.11) genau eine bijektive Abbildung $\varphi : \mathbb{N} \to \mathbb{N}_K$ mit $\varphi(1) = 1_K$ und $\varphi(g(n)) = g_K(\varphi(n))$ für alle $n \in \mathbb{N}$.

Wir gelangen jetzt zur neuen Trägermenge $\widetilde{K}$, indem wir in K jedes Element aus $\mathbb{N}_K$ durch sein Urbild bzgl. φ ersetzen.

Wir setzen demnach $\widetilde{K} := (K \setminus \mathbb{N}_K) \cup \mathbb{N}$.

Nun betrachten wir die Abbildung $f : \widetilde{K} \to K$, die definiert ist durch

$$f(z) = \begin{cases} z & \text{für } z \notin \mathbb{N} \\ \varphi(z) & \text{für } z \in \mathbb{N} \end{cases} .$$

Offenbar ist f bijektiv. Mithin existiert auch f^{-1}. Wir definieren für alle $x, y \in \widetilde{K}$

$$\begin{aligned} x + y &:= f^{-1}(f(x) + f(y)) \\ x \cdot y &:= f^{-1}(f(x) \cdot f(y)) \\ x \leqq y &:\Leftrightarrow f(x) \leqq f(y) . \end{aligned}$$

Man rechnet leicht nach, daß $(\widetilde{K}, +, \cdot, \leqq)$ ein angeordneter Körper mit 1 als Einselement ist. Ferner erkennt man unmittelbar, daß f ein ordnungserhaltender Isomorphismus ist.

Nach Satz 1.20 hat die bijektive Abbildung $\varphi : \mathbb{N} \to \mathbb{N}_K$ außerdem die Eigenschaften

$$\begin{aligned} \varphi(x + y) &= \varphi(x) \oplus \varphi(y) \\ \varphi(x \cdot y) &= \varphi(x) \odot \varphi(y) \\ &\text{und} \\ x < y &\Leftrightarrow \varphi(x) \otimes \varphi(y) \end{aligned}$$

für alle $x, y \in \mathbb{N}$.

Daraus folgt aber, daß die oben definierten inneren Verknüpfungen und die oben definierte Anordnung jeweils eingeschränkt auf $\mathbb{N}$ übereinstimmen mit den vorher auf $\mathbb{N}$ gegebenen inneren Verknüpfungen und der vorher auf $\mathbb{N}$ gegebenen Anordnung.

Daraus erschließt man leicht, daß die Modelle $(\mathbb{N}, g, 1)$ und $(\mathbb{N}_{\widetilde{K}}, g_{\widetilde{K}}, 1_{\widetilde{K}})$ in der Tat identisch sind. $\qquad\qquad\square$

Bemerkung 1.13 (Festlegung von $\mathbb{N}$, Definition von $\mathbb{Z}$ und $\mathbb{Q}$)

Wir legen uns im folgenden fest auf ein Modell der natürlichen Zahlen. Die Elemente der Trägermenge $\mathbb{N}$ bezeichnen wir als *natürliche Zahlen* und bezeichnen sie wie üblich mit $1, 2, 3, \ldots$ Betrachten wir einen angeordneten Körper K, so setzen wir jetzt stets voraus, daß er die natürlichen Zahlen enthält. Die Berechtigung hierfür liefert uns Satz 1.26.

Den kleinsten Unterring mit Einselement $\mathbb{Z}_K$ von K bezeichnen wir jetzt kurz mit „$\mathbb{Z}$". Die Berechtigung hierfür gibt Satz 1.24. Die Elemente von $\mathbb{Z}$ bezeichnen wir als *ganze Zahlen*.

Den kleinsten Unterkörper $\mathbb{Q}_K$ von K bezeichnen wir jetzt kurz mit „$\mathbb{Q}$". Die Berechtigung hierfür gibt Satz 1.25. Die Elemente von $\mathbb{Q}$ bezeichnen wir als *rationale Zahlen*. $\triangle$

Die folgende Begriffsbildung gibt eine wichtige Unterscheidung verschiedener Körper.

Definition 1.27 (Archimedische Anordnung)

Der angeordnete Körper $(K, +, \cdot, \leq)$ heißt *archimedisch angeordnet*, wenn zu jedem $x \in K$ ein $n \in \mathbb{N}$ existiert, so daß $n > x$ gilt. $\triangle$

Bemerkung 1.14 (Historische Anmerkung)

Wie die Bezeichnung vermuten läßt, war die Bedeutung der archimedischen Anordnung schon den alten Griechen bekannt. Die griechischen Mathematiker betrachteten einen „Zahlenstrahl" und wollten dessen Elemente messen. Hierzu sei eine Einheitsstrecke gegeben, deren Länge wir mit 1 identifizieren. Diese Einheitsstrecke liege auf dem Einheitsintervall $[0, 1]$.

Soll nun gemessen werden, wie lang eine Strecke $x > 0$ auf dem Strahl ist, so verschiebt man, beginnend bei 0, die Einheitsstrecke solange, bis man den Wert x übertroffen hat. Benötigt man hierzu n Verschiebungen, so gilt $n \cdot 1 > x$. Würde dieser Prozeß nach endlich vielen Schritten nicht abbrechen, so könnte man eine Messung nicht durchführen. Dieser Sachverhalt bildet die Motivation zur Betrachtung archimedisch angeordneter Körper.

Man zeigt leicht, daß der Körper der rationalen Zahlen archimedisch angeordnet ist. Nicht so klar ist, wie ein nicht archimedisch angeordneter Körper aussehen mag. Wir geben nun ein Beispiel eines solchen Körpers.[1] $\triangle$

Beispiel 1.9 (Nicht archimedisch angeordneter Körper)

Es sei $(\mathbb{Q}[x], +, \cdot)$ der Ring der *Polynome* mit rationalen Koeffizienten. Die Elemente von $\mathbb{Q}[x]$ haben also entweder die Form $q(x) = a_n x^n + a_{n-1} x^{n-1} + \cdots + a_1 x + a_0$ mit $a_k \in \mathbb{Q}$, $a_n \neq 0$, oder wir haben das Nullpolynom.[2]

Ist $p(x) = b_m x^m + b_{m-1} x^{m-1} + \cdots + b_1 x + b_0$, $b_m \neq 0$, so gilt

$$p(x) = q(x) \quad :\Leftrightarrow \quad m = n \text{ und } a_j = b_j \text{ für } j = 0, 1, \ldots, n .$$

Es seien $f(x) = \sum_{j=0}^{k} c_j x^j$ und $g(x) = \sum_{l=0}^{p} d_l x^l$, dann sind Summe und Produkt so definiert, wie wir es gewöhnt sind:

$$f(x) + g(x) = (c_0 + d_0) + (c_1 + d_1) x + \ldots = \sum_{j=0}^{\max\{k,p\}} (c_j + d_j) x^j$$

und

$$f(x) \cdot g(x) = c_k d_p x^{k+p} + (c_k d_{p-1} + c_{k-1} d_p) x^{k+p-1} + \cdots + (c_1 d_0 + c_0 d_1) x + c_0 d_0 .$$

Sind $c_k \neq 0$ und $d_p \neq 0$, so ist auch $c_k d_p \neq 0$, also ist $\mathbb{Q}[x]$ *nullteilerfrei* und somit ein Integritätsbereich.

Folglich können wir wie in Bemerkung 1.4 den Quotientenkörper $(\mathbb{Q}(x), +, \cdot)$ konstruieren, dessen Elemente Quotienten von Polynomen sind, deren Koeffizienten rational sind, und die *rationale Funktionen* mit Koeffizienten in $\mathbb{Q}$ genannt werden.[3] Die rationale Funktion $\frac{f(x)}{g(x)}$ ist also wieder als eine Äquivalenzklasse zu verstehen.

---

[1] Beim ersten Durchlesen kann dieses Beispiels übersprungen werden.
[2] Der algebraische Begriff des *Polynoms* wird hier nicht problematisiert.
[3] Zu rationalen Funktionen als *Funktionen*, s. [15].

Sowohl $\mathbb{Q}[x]$ als auch $\mathbb{Q}(x)$ enthalten $\mathbb{Q}$ in Form der konstanten Polynome, und in $\mathbb{Q}(x)$ können wir einen *Positivbereich* definieren:[1]

$$\frac{f(x)}{g(x)} = \frac{\sum\limits_{j=0}^{k} c_j\, x^j}{\sum\limits_{l=0}^{p} d_l\, x^l} > 0 \quad :\Leftrightarrow \quad c_k \cdot d_p > 0\,. \tag{1.15}$$

Man prüft ohne Schwierigkeiten nach, daß durch (1.15) in der Tat im Körper $\mathbb{Q}(x)$ ein Positivbereich definiert wird, und ist $\frac{f(x)}{g(x)} = \frac{c_0}{d_0}$ mit $c_0 \cdot d_0 > 0$, so reduziert sich (1.15) auf die Bedingung des Positivbereichs in $\mathbb{Q}$. Durch den Positivbereich wird $\mathbb{Q}(x)$ auf die übliche Art zum angeordneten Körper gemacht,

Wir betrachten jetzt $f(x) = x$ als Element von $\mathbb{Q}(x)$ und $n \in \mathbb{N}$. Es ist $\frac{1 \cdot x - n}{1} > 0$, da $1 \cdot 1 > 0$, also $f(x) > n$ für alle $n \in \mathbb{N}$. Dieser Ungleichung entnehmen wir, daß die so erklärte Anordnung in $\mathbb{Q}(x)$ *nicht archimedisch* ist. $\triangle$

Bemerkung 1.15 (Laurent-Entwicklung)

Beachtet man die Möglichkeit der Partialbruchzerlegung rationaler Funktionen (siehe z. B. [15]), so gelangt man recht einfach zu der lokalen Entwicklung um den Ursprung

$$\frac{f(x)}{g(x)} = \frac{a_{-n}}{x^n} + \cdots + \frac{a_{-1}}{x} + \sum_{j=0}^{\infty} a_j\, x^j \qquad (0 < |x| < r_0)\,,$$

und erkennt dadurch den Zusammenhang zwischen unserem Beispiel eines nicht archimedisch angeordneten Körpers und dem Beispiel, welches man in [7] findet. $\triangle$

Aufgaben

1.18 Zeigen Sie: Es gibt keinen endlichen angeordneten Körper.

1.19 (Rechnen mit Ungleichungen) In einem angeordneten Körper $(K, +, \cdot, \leqq)$ gelten für alle $x, y, z, w \in K$:

(1') $x \leqq y \Rightarrow -x \geqq -y$;

(3') $x < y$ und $z \leqq w \Rightarrow x + z < y + w$;

(4) $x \geqq 0$ und $z \leqq w \Rightarrow x \cdot z \leqq x \cdot w$;

(5) $x \leqq y$ und $0 \leqq z \leqq w$ und $y \geqq 0 \Rightarrow x \cdot z \leqq y \cdot w$;

(7') $0 < x \leqq y \Rightarrow y^{-1} \leqq x^{-1}$.

---

[1] Motivation zu (1.15): $c_k \cdot d_p > 0$ bzw. $\frac{c_k}{d_p} > 0$ gilt genau dann, wenn für $\frac{f(x)}{g(x)}$, aufgefaßt als Abbildungsvorschrift einer Funktion, gilt: Es gibt ein $x_0 \in \mathbb{Q}$ mit $\frac{f(x)}{g(x)} > 0$ für alle $x \in \mathbb{Q}$ mit $x > x_0$.

1.20 (Eigenschaften des Absolutbetrags) In einem angeordneten Körper $(K, +, \cdot, \leqq)$ gelten für alle $x, y \in K$

(1) $|x| = 0 \Leftrightarrow x = 0$;

(4) $|-x| = |x|$;

1.21 (Existenz irrationaler Zahlen) Zahlen, die nicht rational sind, heißen *irrational*. Zeigen Sie: $\sqrt{2}$ ist irrational. *Hinweis:* Nehmen Sie an, $\sqrt{2}$ sei rational, und führen Sie diese Annahme zu einem Widerspruch.

1.22 Zeigen Sie, daß der Körper der rationalen Zahlen archimedisch angeordnet ist.

1.23 Zeigen Sie: Die in Definition 1.24 erklärte Nachfolgerfunktion g_K ist injektiv.

1.24 (Angeordneter Körper mit Kleiner-Relation) Sei $(K, +, \cdot)$ ein Körper und sei $<$ eine antireflexive Ordnungsrelation auf K:

$<_1$: **Asymmetrie:** Für alle $x, y \in K$ gilt: $x < y \Rightarrow \neg\, (y < x)$;

$<_2$: **Transitivität:** Für alle $x, y, z \in K$ gilt: $x < y$ und $y < z \Rightarrow x < z$;

für welche ferner ein Trichotomiegesetz gilt:

$<_3$: **Trichotomie:** Für alle $x, y \in K$ gilt genau eine der Beziehungen:

$$x < y, \quad x = y \quad \text{oder} \quad y < x\,;$$

und welche mit $+$ und $\cdot$ verträglich ist:

$<_4$: **Verträglichkeit mit $+$:** Für alle $x, y, z \in K$ gilt: $x < y \Rightarrow x + z < y + z$;

$<_5$: **Verträglichkeit mit $\cdot$:** Für alle $x, y \in K$ mit $0 < x$ und $0 < y$ gilt $0 < x \cdot y$.

Ferner sei die Relation $\leqq$ gegeben durch $x \leqq y :\Leftrightarrow x < y$ oder $x = y$.

Dann ist $(K, +, \cdot, \leqq)$ ein angeordneter Körper, den wir mit $(K, +, \cdot, <)$ bezeichnen.

1.25 Zeigen Sie den binomischen Lehrsatz

$$(x + y)^n = \sum_{k=0}^{n} \binom{n}{k} \cdot x^k \cdot y^{n-k}$$

mit Induktion.

1.4 Folgen in angeordneten Körpern

Die Folgen in angeordneten Körpern sind unter (mindestens) drei Gesichtspunkten bedeutsam:

(a) Sie ermöglichen uns, an die Körper die für die Analysis wichtigen Fragen zu stellen.

(b) Sie sind Bausteine bei grundsätzlichen Begriffsbildungen der Analysis; z. B. Intervallschachtelungen.

(c) Sie sind für viele Konvergenzuntersuchungen unentbehrliches Hilfsmittel; z. B. Riemannsche Summen und das bestimmte Integral.

Definition 1.28 (Folge)

Es sei M eine Menge und $a : \mathbb{N} \to M$ eine Abbildung mit $n \mapsto a(n) = a_n$. Eine solche Abbildung heißt *Folge in M*.

Die Abbildung a schreiben wir in der Form $(a_n)_{n\in\mathbb{N}}$. Das Element $a_n \in M$ bezeichnen wir als das *n-te Glied der Folge*. $\triangle$

Definition 1.29 (Teilfolge)

Es sei $(a_n)_{n\in\mathbb{N}}$ eine Folge und $(j_n)_{n\in\mathbb{N}}$ eine Folge natürlicher Zahlen mit $j_n < j_{n+1}$ für alle $n \in \mathbb{N}$.

Die Folge $(b_n)_{n\in\mathbb{N}}$, definiert durch $b_n := a_{j_n}$ für alle $n \in \mathbb{N}$, heißt *Teilfolge* der Folge $(a_n)_{n\in\mathbb{N}}$. $\triangle$

Definition 1.30 (Beschränktheit einer Folge)

Es sei $(K, +, \cdot, \leq)$ ein angeordneter Körper und $(a_n)_{n\in\mathbb{N}}$ eine Folge in K.

Die Folge heißt *nach oben (unten) beschränkt*, wenn das *Bild*

$$a(\mathbb{N}) := \{a_n \mid n \in \mathbb{N}\}$$

von $(a_n)_{n\in\mathbb{N}}$ eine obere (untere) Schranke besitzt.

Die Folge $(a_n)_{n\in\mathbb{N}}$ heißt *beschränkt*, wenn $(a_n)_{n\in\mathbb{N}}$ sowohl nach oben als auch nach unten beschränkt ist. $\triangle$

Satz 1.27 (Charakterisierung der Beschränktheit)

Die Folge $(a_n)_{n\in\mathbb{N}}$ ist genau dann beschränkt, wenn ein positives $r \in K$ existiert, so daß $|a_n| \leq r$ für alle $n \in \mathbb{N}$ gilt.

Beweis: Dies ist eine unmittelbare Folgerung aus Satz 1.12. $\qquad\qquad$ $\square$

Wir wollen die Begriffe *untere Schranke* bzw. *obere Schranke* einer Folge noch etwas verallgemeinern.

Definition 1.31 (Unterer und oberer Nachbar einer Folge)

Es sei $(K, +, \cdot, \leq)$ ein angeordneter Körper und $(a_n)_{n\in\mathbb{N}}$ eine Folge in K. Ferner seien $c, d \in K$.

c heißt ein *unterer Nachbar* der Folge $(a_n)_{n\in\mathbb{N}}$, wenn $c \leq a_n$ für alle $n \geq n_1$ für ein $n_1 \in \mathbb{N}$.

d heißt ein *oberer Nachbar* der Folge $(a_n)_{n \in \mathbb{N}}$, wenn $a_n \leq d$ für alle $n \geq n_2$ für ein $n_2 \in \mathbb{N}$.

Ferner setzen wir

$$N_u((a_n)_{n \in \mathbb{N}}) := \{s \in K \mid s \text{ ist unterer Nachbar von } (a_n)_{n \in \mathbb{N}}\}$$

und

$$N_o((a_n)_{n \in \mathbb{N}}) := \{t \in K \mid t \text{ ist oberer Nachbar von } (a_n)_{n \in \mathbb{N}}\} \ .$$

Die Mengen $N_u((a_n)_{n \in \mathbb{N}})$ bzw. $N_o((a_n)_{n \in \mathbb{N}})$ können leer sein. Jedoch ist jede untere Schranke von $(a_n)_{n \in \mathbb{N}}$ ein Element aus $N_u((a_n)_{n \in \mathbb{N}})$, und jede obere Schranke von $(a_n)_{n \in \mathbb{N}}$ ist ein Element aus $N_o((a_n)_{n \in \mathbb{N}})$. Ist umgekehrt $N_u((a_n)_{n \in \mathbb{N}}) \neq \emptyset$, so ist $(a_n)_{n \in \mathbb{N}}$ nach unten beschränkt, und ist $N_o((a_n)_{n \in \mathbb{N}}) \neq \emptyset$, so ist $(a_n)_{n \in \mathbb{N}}$ nach oben beschränkt, s. Aufgabe 1.30.

Die Mengen $N_u((a_n)_{n \in \mathbb{N}})$ und $N_o((a_n)_{n \in \mathbb{N}})$ werden in Kapitel 2 eine zentrale Rolle spielen.

Definition 1.32 (Grenzwert und Konvergenz einer Folge)

Es sei $(K, +, \cdot, \leq)$ ein angeordneter Körper und $(a_n)_{n \in \mathbb{N}}$ eine Folge in K.

Ein Element $a \in K$ heißt ein *Grenzwert* oder *Limes* der Folge $(a_n)_{n \in \mathbb{N}}$, wenn es zu jedem positiven $\varepsilon \in K$ eine natürliche Zahl $n_0 \in \mathbb{N}$ gibt, so daß $|a_n - a| < \varepsilon$ für alle $n \geq n_0$ gilt.[1]

Hat eine Folge $(a_n)_{n \in \mathbb{N}}$ einen Grenzwert $a \in K$, so heißt sie *in K gegen a konvergent* oder kurz *konvergent in K*. Besitzt die Folge in K keinen Grenzwert, so heißt sie *divergent in K*. $\triangle$

Satz 1.28 (Eindeutigkeit des Grenzwerts)

Jede Folge besitzt höchstens einen Grenzwert.

Beweis: Angenommen, die Folge $(a_n)_{n \in \mathbb{N}}$ habe die beiden Grenzwerte $a \neq b$. Aus $a \neq b$ folgt $\varepsilon := \frac{|a-b|}{2} > 0$.

Da a ein Grenzwert der Folge $(a_n)_{n \in \mathbb{N}}$ ist, gibt es eine natürliche Zahl $n_1 \in \mathbb{N}$ mit $|a_n - a| < \frac{|a-b|}{2}$ für $n \geq n_1$.

Da ferner b ein Grenzwert der Folge $(a_n)_{n \in \mathbb{N}}$ ist, gibt es eine zweite natürliche Zahl $n_2 \in \mathbb{N}$ mit $|b_n - a| < \frac{|a-b|}{2}$ für $n \geq n_2$.

Es sei nun $n_0 := \max\{n_1, n_2\}$. Dann ist

$$|a - b| = |a - a_{n_0} + a_{n_0} - b| \leq |a - a_{n_0}| + |a_{n_0} - b|$$

---

[1] Man beachte, daß die Wahl von n_0 im allgemeinen vom gegebenen ε abhängt.

$$< \frac{|a - b|}{2} + \frac{|a - b|}{2} = |a - b|$$

und somit $|a - b| < |a - b|$ im Widerspruch zu Satz 1.6. $\quad\square$

Bemerkung 1.16 (Notation des Grenzwerts, Nullfolge)

Da eine Folge gemäß Satz 1.28 höchstens einen Grenzwert hat, können wir von *dem* Grenzwert einer konvergenten Folge sprechen und gebrauchen hierfür die Abkürzung $\lim_{n\to\infty} a_n = a$ (sprich: Limes für n gegen Unendlich von a_n ist gleich a) bzw. K-$\lim_{n\to\infty} a_n = a$, falls wir den Körper K, in welchem der Grenzwert erklärt ist, besonders hervorheben möchten.

Ist speziell $\lim_{n\to\infty} a_n = 0$, so heißt die Folge $(a_n)_{n\in\mathbb{N}}$ *Nullfolge*.

Da wir ja immer voraussetzen (s. Bemerkung 1.13), daß die Trägermenge K des angeordneten Körpers die Menge $\mathbb{N}$ enthält, können wir in jedem angeordneten Körper die Folge $(\frac{1}{n})_{n\in\mathbb{N}}$ betrachten. Für diese Folge gilt der wichtige

Satz 1.29 (Charakterisierung archimedisch angeordneter Körper)

Die Folge $(\frac{1}{n})_{n\in\mathbb{N}}$ ist in K genau dann eine Nullfolge, wenn K archimedisch angeordnet ist.

Beweis: Sei $(\frac{1}{n})_{n\in\mathbb{N}}$ in K Nullfolge und sei x ein beliebiges Element aus K.

Ist $x \leqq 0$, so gilt $1 > x$. Wegen $1 \in \mathbb{N}$ gibt es in diesem Fall also ein $n \in \mathbb{N}$ mit $n > x$.

Ist $x > 0$, so ist auch $\frac{1}{x} > 0$. Da $(\frac{1}{n})_{n\in\mathbb{N}}$ in K Nullfolge ist, gibt es ein $n_0 \in \mathbb{N}$ mit $\frac{1}{n} < \frac{1}{x}$ für alle $n \geqq n_0$. Daraus folgt insbesondere $n_0 > x$. Also ist K archimedisch angeordnet.

Sei nun K archimedisch angeordnet. Ist ε ein positives Element aus K, so existiert in K die Zahl $\frac{1}{\varepsilon}$. Mithin gibt es eine natürliche Zahl n_0 mit $n_0 > \frac{1}{\varepsilon}$. Daraus folgt $\frac{1}{n} < \varepsilon$.

Für alle $n \geqq n_0$ gilt $\frac{1}{n} \leqq \frac{1}{n_0}$. Daraus folgt $\frac{1}{n} < \varepsilon$ für alle $n \geqq n_0$. Also ist $(\frac{1}{n})_{n\in\mathbb{N}}$ Nullfolge in K. $\quad\square$

In archimedisch angeordneten Körpern ist es leicht, außer $(\frac{1}{n})_{n\in\mathbb{N}}$ weitere Nullfolgen anzugeben, wie das folgende Beispiel zeigt.

Beispiel 1.10 (Bernoullische Ungleichung und Nullfolgen)

(a): In jedem angeordneten Körper gilt

$$(1 + x)^n \geqq 1 + n\,x \qquad \text{für alle } x > -1 \text{ und alle } n \in \mathbb{N} \ . \tag{1.16}$$

(1.16) heißt die *Bernoullische Ungleichung* und ist leicht mit vollständiger Induktion zu beweisen, da in einem angeordneten Körper stets $x^2 \geqq 0$ gilt. Für $n > 1$ und $x > -1$, $x \neq 0$ gilt in (1.16) das Größerzeichen.

(b): In jedem archimedisch angeordneten Körper gilt

$(a_n)_{n \in \mathbb{N}}$ mit $a_n = q^n$ und $0 < q < 1$ ist eine Nullfolge.

Beweis: Wegen $0 < q < 1$ ist $\frac{1}{q} > 1$, also $\frac{1}{q} = 1 + r$ mit $r > 0$. Daher folgt mit der Bernoullischen Ungleichung $\frac{1}{q^n} = (1+r)^n \geqq 1 + nr > nr$, also $0 < q^n < \frac{1}{nr}$. Die Behauptung folgt nun, da mit $(\frac{1}{n})_{n \in \mathbb{N}}$ auch die Folge $(\frac{1}{nr})_{n \in \mathbb{N}}$ eine Nullfolge ist. $\triangle$

Ein Fernziel ist ein Konvergenzkriterium für Folgen (das Cauchykriterium), in dem der Grenzwert selbst *nicht* explizit auftritt. Unter anderem dazu benötigen wir die nächste Begriffsbildung.

Definition 1.33 (Cauchyfolge)

Es sei $(K, +, \cdot, \leqq)$ ein angeordneter Körper und $(a_n)_{n \in \mathbb{N}}$ eine Folge in K. Die Folge $(a_n)_{n \in \mathbb{N}}$ heißt *Cauchyfolge*,[1] wenn es zu jedem positiven $\varepsilon \in K$ eine natürliche Zahl $n_0 \in \mathbb{N}$ gibt, so daß $|a_n - a_m| < \varepsilon$ für alle $m, n \geqq n_0$ gilt. $\triangle$

Satz 1.30 (Eigenschaft konvergenter Folgen)

Jede konvergente Folge $(a_n)_{n \in \mathbb{N}}$ ist eine Cauchyfolge.

Beweis: Sei $a \in K$ der Grenzwert der Folge $(a_n)_{n \in \mathbb{N}}$.

Ist $\varepsilon > 0$ aus K gegeben, so gibt es eine natürliche Zahl $n_0 \in \mathbb{N}$ mit[2]

$$|a_n - a| < \frac{\varepsilon}{2} \qquad \text{für } n \geqq n_0$$

und

$$|a_m - a| < \frac{\varepsilon}{2} \qquad \text{für } m \geqq n_0 \, .$$

Nun gilt stets (Dreiecksungleichung aus Satz 1.11)

$$|a_n - a_m| = |a_n - a + a - a_m| \leqq |a_n - a| + |a - a_m| \, .$$

Damit gilt für alle $m, n \geqq n_0$

$$|a_n - a_m| \leqq |a_n - a| + |a_m - a| < \frac{\varepsilon}{2} + \frac{\varepsilon}{2} = \varepsilon \, ,$$

also ist $(a_n)_{n \in \mathbb{N}}$ eine Cauchyfolge. $\square$

---

[1] Cauchyfolgen werden auch als *Fundamentalfolgen* bezeichnet.
[2] Da $\varepsilon > 0$ beliebig ist, können wir auch $\frac{\varepsilon}{2}$ wählen. Wichtig ist nur, daß $\varepsilon > 0 \Leftrightarrow \frac{\varepsilon}{2} > 0$ gilt.

Satz 1.31 (Beschränktheit von Cauchyfolgen)

Jede Cauchyfolge $(a_n)_{n \in \mathbb{N}}$ ist beschränkt.

Beweis: Sei eine Cauchyfolge $(a_n)_{n \in \mathbb{N}}$ gegeben. Da $1 > 0$ ist, gibt es eine natürliche Zahl $n_0 \in \mathbb{N}$ mit $|a_n - a_m| < 1$ für alle $m, n \geq n_0$.

Nun gilt stets (Dreiecksungleichung aus Satz 1.11)

$$|a_n| = |a_n - a_m + a_m| \leq |a_n - a_m| + |a_m| \,.$$

Damit gilt für alle $m, n \geq n_0$

$$|a_n| \leq |a_n - a_m| + |a_m| < 1 + |a_m|$$

und insbesondere für $m := n_0$

$$|a_n| \leq |a_n - a_{n_0}| + |a_{n_0}| < 1 + |a_{n_0}| \,.$$

Wir setzen

$$r := \max\{|a_1|, |a_2|, \ldots, |a_{n_0-1}|, 1 + |a_{n_0}|\} \,.$$

Damit gilt dann für alle n die Beziehung $|a_n| \leq r$ und hieraus folgt nach Satz 1.27 die Beschränktheit der Folge $(a_n)_{n \in \mathbb{N}}$. $\square$

Bemerkung 1.17 (Beschränktheit konvergenter Folgen)

Zusammen mit Satz 1.30 folgt also, daß jede konvergente Folge beschränkt ist. $\triangle$

Definition 1.34 (Summe und Produkt von Folgen)

Es sei $(K, +, \cdot, \leq)$ ein angeordneter Körper und $(a_n)_{n \in \mathbb{N}}$, $(b_n)_{n \in \mathbb{N}}$ seien Folgen in K.

Unter der *Summe* $(s_n)_{n \in \mathbb{N}}$ der beiden Folgen $(a_n)_{n \in \mathbb{N}}$ und $(b_n)_{n \in \mathbb{N}}$ verstehen wir die Folge $(s_n)_{n \in \mathbb{N}}$, die gegeben ist durch $s_n := a_n + b_n$ für alle $n \in \mathbb{N}$.

Unter dem *Produkt* $(p_n)_{n \in \mathbb{N}}$ der beiden Folgen $(a_n)_{n \in \mathbb{N}}$ und $(b_n)_{n \in \mathbb{N}}$ verstehen wir die Folge $(p_n)_{n \in \mathbb{N}}$, die gegeben ist durch $p_n := a_n \cdot b_n$ für alle $n \in \mathbb{N}$. $\triangle$

Satz 1.32 (Grenzwert von Summe und Produkt)

$(a_n)_{n \in \mathbb{N}}$ und $(b_n)_{n \in \mathbb{N}}$ seien konvergente Folgen. Dann sind auch Summe $(s_n)_{n \in \mathbb{N}}$ und Produkt $(p_n)_{n \in \mathbb{N}}$ konvergente Folgen und es gilt

(1) $\displaystyle \lim_{n \to \infty} s_n = \lim_{n \to \infty} a_n + \lim_{n \to \infty} b_n$;

(2) $\displaystyle \lim_{n \to \infty} p_n = \lim_{n \to \infty} a_n \cdot \lim_{n \to \infty} b_n$.

Beweis: Es sei $\lim_{n\to\infty} a_n = a$ und $\lim_{n\to\infty} b_n = b$.

Zunächst ist

$$|s_n - (a + b)| = |a_n + b_n - (a + b)| \leqq |a_n - a| + |b_n - b| \ .$$

Ist nun ein beliebiges positives ε vorgegeben, so gibt es natürliche Zahlen n_1 und n_2 mit

$$|a_n - a| < \varepsilon \qquad \text{für alle } n \geqq n_1$$

und

$$|b_n - b| < \varepsilon \qquad \text{für alle } n \geqq n_2 \ .$$

Somit gilt für alle $n \geqq n_0 := \max\{n_1, n_2\}$

$$|s_n - (a + b)| < 2\varepsilon \ ,$$

und dies beweist (1).

Wir beweisen nun (2). Es gilt stets

$$a_n \cdot b_n - a \cdot b = b_n \cdot (a_n - a) + a \cdot (b_n - b) \ .$$

Daraus folgt

$$|p_n - a \cdot b| \leqq |b_n| \cdot |a_n - a| + |a| \cdot |b_n - b| \ .$$

Nach Voraussetzung ist $(b_n)_{n\in\mathbb{N}}$ konvergent. Somit ist $(b_n)_{n\in\mathbb{N}}$ nach Bemerkung 1.17 auch beschränkt. Das heißt, es gibt ein $r > 0$, so daß für alle $n \in \mathbb{N}$ die Beziehung $|b_n| < r$ gilt.[1]
Betrachtet man jetzt $s := \max\{r, |a|\}$, so gilt

$$|p_n - a \cdot b| < s(|a_n - a| + |b_n - b|) \ .$$

Ist nun $\varepsilon > 0$ vorgegeben, so gibt es natürliche Zahlen n_1 und n_2 mit

$$|a_n - a| < \frac{\varepsilon}{s} \qquad \text{für alle } n \geqq n_1$$

und

$$|b_n - b| < \frac{\varepsilon}{s} \qquad \text{für alle } n \geqq n_2 \ .$$

---

[1] Kann man mit $\leqq$ abschätzen, so geht dies – mit einer gegebenenfalls etwas größeren Schranke – auch mit $<$.

Somit gilt für alle $n \geq n_0 := \max\{n_1, n_2\}$

$$|p_n - (a \cdot b)| < 2\varepsilon \,,$$

und dies beweist (2). □

Die Sätze über das Rechnen mit konvergenten Folgen erleichtern die Arbeit sehr, wie das folgende Beispiel zeigt.

Beispiel 1.11 (Geometrische Reihe)

(a): In jedem Körper gilt

$$\sum_{k=0}^{n} q^k = \frac{1 - q^{n+1}}{1 - q} \qquad \text{für alle } q \neq 1 \text{ und alle } n \in \mathbb{N} \,. \tag{1.17}$$

Beweis: Das folgende Produkt ist eine „Teleskopsumme", bei der sich alle bis auf zwei Summanden gegenseitig wegheben, s. Satz 1.4:

$$(1-q) \sum_{k=0}^{n} q^k = \sum_{k=0}^{n} q^k - \sum_{k=0}^{n} q^{k+1} = \sum_{k=0}^{n} q^k - \sum_{k=1}^{n+1} q^k = 1 - q^{n+1} \,.$$

Da $q \neq 1$ ist, folgt (1.17). □

(b): In jedem archimedisch angeordneten Körper gilt die wichtige Identität

$$\sum_{k=0}^{\infty} q^k = \frac{1}{1 - q} \qquad \text{für alle } q \text{ mit } |q| < 1 \,. \tag{1.18}$$

Dabei ist

$$\sum_{k=0}^{\infty} q^k := \lim_{n \to \infty} \sum_{k=0}^{n} q^k \,.$$

Beweis: Das Resultat folgt aus (1.17), den Grenzwertsätzen sowie der Tatsache, daß $(q^n)_{n \in \mathbb{N}}$ nach Beispiel 1.10 eine Nullfolge ist.

Die Bedeutung von (1.18) ist immens. Wir werden diese *Summenformel der geometrischen Reihe* noch häufig verwenden. △

Satz 1.33 (Grenzwert des Kehrwerts)

Es sei $a \neq 0$ der Grenzwert der Folge $(a_n)_{n \in \mathbb{N}}$, und es sei $a_n \neq 0$ für alle $n \in \mathbb{N}$. Dann konvergiert die Folge $\left(\frac{1}{a_n}\right)_{n \in \mathbb{N}}$ gegen $\frac{1}{a}$.

Beweis: Es gilt stets

$$\Big| |a_n| - |a| \Big| \leq |a_n - a| \, .$$

Wegen $a \neq 0$ ist $\frac{|a|}{2} > 0$.

Somit gibt es eine natürliche Zahl $n_1 \in \mathbb{N}$, so daß für alle $n \geq n_1$

$$|a_n - a| < \frac{|a|}{2}$$

gilt. Daraus folgt mit obiger Abschätzung

$$\Big| |a_n| - |a| \Big| < \frac{|a|}{2}$$

für alle $n \geq n_1$. Also gilt nach Satz 1.10

$$-\frac{|a|}{2} < |a_n| - |a| < \frac{|a|}{2}$$

für alle $n \geq n_1$ und damit

$$|a_n| > \frac{|a|}{2} \qquad \text{für alle } n \geq n_1 \, . \tag{1.19}$$

Nun ist, da $a \neq 0$ sowie $a_n \neq 0$ für alle n,

$$\left| \frac{1}{a_n} - \frac{1}{a} \right| = \frac{|a_n - a|}{|a| \cdot |a_n|} \, .$$

Hieraus folgt mit (1.19)

$$\left| \frac{1}{a_n} - \frac{1}{a} \right| < \frac{2}{|a|^2} \cdot |a_n - a| \qquad \text{für alle } n \geq n_1 \, . \tag{1.20}$$

Sei nun $\varepsilon > 0$ vorgegeben. Dann gibt es eine natürliche Zahl $n_2 \in \mathbb{N}$ mit $|a_n - a| < \frac{|a|^2}{2} \cdot \varepsilon$ für alle $n \geq n_2$.

Damit gilt nach (1.20)

$$\left| \frac{1}{a_n} - \frac{1}{a} \right| < \varepsilon$$

für alle $n \geq n_0 := \max\{n_1, n_2\}$, und dies beweist die Behauptung. $\square$

Satz 1.34 (Grenzwert des Quotienten)

Die Folge $(a_n)_{n \in \mathbb{N}}$ sei konvergent mit Grenzwert a und die Folge $(b_n)_{n \in \mathbb{N}}$ sei konvergent mit Grenzwert $b \neq 0$ und $b_n \neq 0$ für alle n.

Dann ist die Folge $\left(\frac{a_n}{b_n} \right)_{n \in \mathbb{N}}$ konvergent und besitzt den Grenzwert $\frac{a}{b}$.

Beweis: Der Beweis ergibt sich durch Kombination von Satz 1.32 und Satz 1.33.   □

Bemerkung 1.18 (fast alle)

Die Abschätzung (1.20) im Beweis zu Satz 1.33 ergab sich allein aus der Voraussetzung, daß der Grenzwert a der Folge $(a_n)_{n \in \mathbb{N}}$ von Null verschieden ist. Das heißt, daß bei einer derartigen Folge notwendigerweise *fast alle*, d. h. alle bis auf *endlich* viele, Folgenglieder von Null verschieden sind. Demgemäß können wir die Voraussetzungen in Satz 1.33 und Satz 1.34 etwas lockern und betrachten dann die reziproke Folge erst ab einer gewissen Nummer n_0. △

Bemerkung 1.19 (Eigenschaften von Cauchyfolgen)

Ganz analog zu Satz 1.32 zeigt man, daß Summe und Produkt von Cauchyfolgen wieder Cauchyfolgen sind. Um das Analogon von Satz 1.33 (Grenzwert des Kehrwerts) und damit auch von Satz 1.34 (Grenzwert des Quotienten) für Cauchyfolgen zu erhalten, benötigen wir noch einen Hilfssatz, den wir gleich formulieren und beweisen werden. Vorab sei jedoch schon angemerkt, daß die Sätze über Summe, Produkt und Quotient von Cauchyfolgen in Kapitel 2 eine entscheidende Rolle spielen. △

Hilfssatz 1.6

$(a_n)_{n \in \mathbb{N}}$ sei eine Cauchyfolge, die *keine* Nullfolge ist. Dann gibt es ein $r > 0$ aus K und ein $n_0 \in \mathbb{N}$ mit $|a_n| \geq r$ für alle $n \geq n_0$.

Beweis: Da $(a_n)_{n \in \mathbb{N}}$ keine Nullfolge ist, gibt es ein $\varepsilon_0 > 0$, so daß $|a_m| \geq \varepsilon_0$ für unendlich viele $m \in \mathbb{N}$ gilt.

Da $(a_n)_{n \in \mathbb{N}}$ eine Cauchyfolge ist, gibt es ferner ein $n_0 > 0$ mit

$$|a_m - a_n| < \frac{\varepsilon_0}{2} \qquad \text{für alle } m, n \geq n_0 .$$

Natürlich gibt es auch ein $m_1 \geq n_0$ mit $|a_{m_1}| \geq \varepsilon_0$.

Nun ist weiter

$$|a_n| = |a_{m_1} - (a_{m_1} - a_n)| \geq |a_{m_1}| - |a_{m_1} - a_n| > \varepsilon_0 - \frac{\varepsilon_0}{2} = \frac{\varepsilon_0}{2}$$

für alle $n \geq n_0$. Für $r := \frac{\varepsilon_0}{2}$ gilt somit $|a_n| \geq r$ für alle $n \geq n_0$.   □

Es sei noch angemerkt, daß Hilfssatz 1.6 *nach* der Betrachtung über Häufungspunkte, wie wir sehen werden, fast trivial ist. Ferner werden wir Hilfssatz 1.6 „in verfeinerter Form" bei der Cantorkonstruktion im Kapitel 2 nochmals aufgreifen.

Satz 1.35 (Nullfolgen)

Ist $(a_n)_{n\in\mathbb{N}}$ eine Nullfolge und $(b_n)_{n\in\mathbb{N}}$ eine beschränkte Folge, so ist das Produkt $(a_n b_n)_{n\in\mathbb{N}}$ der beiden Folgen eine Nullfolge.

Beweis: Aufgabe 1.27!   □

Satz 1.36 (Konvergenz einer Teilfolge)

Die Folge $(a_n)_{n\in\mathbb{N}}$ sei konvergent mit Grenzwert a und $(a_{j_n})_{n\in\mathbb{N}}$ sei eine ihrer Teilfolgen. Dann konvergiert auch $(a_{j_n})_{n\in\mathbb{N}}$ gegen a.

Beweis: Gemäß Definition 1.29 gilt $j_n < j_{n+1}$ für alle $n \in \mathbb{N}$. Daraus folgert man leicht, daß $j_n \geq n$ für alle $n \in \mathbb{N}$ gilt.

Sei nun $\varepsilon > 0$ beliebig vorgegeben. Dann gibt es nach Voraussetzung ein $n_0 \in \mathbb{N}$, so daß $|a_n - a| < \varepsilon$ für alle $n \geq n_0$ gilt. Wegen $j_n \geq n$ für alle n folgt somit $|a_{j_n} - a| < \varepsilon$ für alle $n \geq n_0$, und dies beweist die Behauptung.   □

Hilfssatz 1.7

Jede nicht leere, durch eine ganze Zahl nach oben (nach unten) beschränkte Menge A ganzer Zahlen enthält eine größte (eine kleinste) Zahl.

Beweis: Beweisskizze: Man unterscheide die drei folgenden Fälle:

(1) A enthält eine natürliche Zahl;

(2) A enthält keine natürliche Zahl, aber die Null;

(3) A enthält nur negative Zahlen.

Nun führen die Sätze 1.15 und 1.5 zum Ziel.   □

Satz 1.37 (Rationale Approximierbarkeit in archimedisch angeordneten Körpern)

Ein angeordneter Körper K ist genau dann archimedisch angeordnet, wenn jedes Element des Körpers K Grenzwert einer Folge rationaler Zahlen ist.

Beweis: Jedes Element von K sei Grenzwert einer Folge rationaler Zahlen.

Sei a ein beliebiges Element von K. Dann gibt es also eine Folge $(a_n)_{n\in\mathbb{N}}$ rationaler Zahlen mit $\lim\limits_{n\to\infty} a_n = a$.

Es ist stets

$$a \leqq |a| \leqq |a - a_n + a_n| \leqq |a - a_n| + |a_n| \, .$$

Ferner existiert eine natürliche Zahl n_1 mit $|a - a_n| < 1$ für alle $n \geqq n_1$. Somit gilt $a < 1 + |a_{n_1}|$.

Da $1 + |a_{n_1}|$ eine rationale Zahl ist und da der Körper der rationalen Zahlen archimedisch angeordnet ist, gibt es eine natürliche Zahl n_2 mit $n_2 > 1 + |a_{n_1}|$.

Folglich ist $n_2 > a$ und somit ist K archimedisch angeordnet.

Sei jetzt umgekehrt vorausgesetzt, daß K archimedisch angeordnet ist. Ist a ein beliebiges Element von K, so ist $a \cdot n$ und $-a \cdot n$ für jedes $n \in \mathbb{N}$ aus K. Mithin gibt es zu jedem $n \in \mathbb{N}$ natürliche Zahlen[1] m_1 und m_2 mit $m_1 > n \cdot a$ und $m_2 > -n \cdot a$, also

$$\frac{1}{n} \cdot m_1 > a \quad \text{und} \quad \frac{1}{n} \cdot (-m_2) < a \, .$$

Wir betrachten jetzt die Menge

$$A_n := \{z \mid z \in \mathbb{Z} \text{ und } z \cdot \frac{1}{n} \leqq a\} \, .$$

A_n ist nicht leer, denn $-m_2 \in A_n$. A_n ist ferner durch die natürliche Zahl m_1 nach oben beschränkt. Folglich existiert nach Satz 1.7 die ganze Zahl $m_3 := \max A_n$.

Dann gilt

$$\frac{1}{n} \cdot m_3 \leqq a < \frac{1}{n} \cdot (m_3 + 1)$$

und somit

$$0 \leqq a - \frac{m_3}{n} < \frac{1}{n} \, .$$

Wir setzen $a_n := \frac{m_3}{n}$. Dann ist a_n rational, und es gilt

$$|a_n - a| < \frac{1}{n} \quad \text{für alle } n \in \mathbb{N} \, .$$

Nach Voraussetzung ist K archimedisch angeordnet. Demnach ist gemäß Satz 1.29 $(\frac{1}{n})_{n \in \mathbb{N}}$ eine Nullfolge in K. Daraus folgt zusammen mit der letzten Ungleichung $\lim_{n \to \infty} a_n = a$, und das war zu zeigen. $\square$

Definition 1.35 (Monotonie)

$(K, +, \cdot, \leqq)$ sei ein angeordneter Körper und $(a_n)_{n \in \mathbb{N}}$ eine Folge in K.

---

[1] Die Zahlen m_1 und m_2 hängen in der Folge immer vom gegebenen $n \in \mathbb{N}$ ab.

Gilt $a_n \leqq a_{n+1}$ bzw. $a_n < a_{n+1}$ für alle $n \in \mathbb{N}$, so heißt die Folge *monoton wachsend* bzw. *streng monoton wachsend.*

Gilt $a_n \geqq a_{n+1}$ bzw. $a_n > a_{n+1}$ für alle $n \in \mathbb{N}$, so heißt die Folge *monoton fallend* bzw. *streng monoton fallend.* $\triangle$

Bemerkung 1.20 (Ungleichungen monotoner Folgen)

Jede monoton wachsende Folge ist durch ihr erstes Glied nach unten beschränkt und jede monoton fallende Folge ist durch ihr erstes Glied nach oben beschränkt.

Mit Induktion folgt: Bei einer monoton wachsenden bzw. streng monoton wachsenden Folge gilt $a_k \leqq a_l$ bzw. $a_k < a_l$ für alle $k < l$.

Bei einer monoton fallenden bzw. streng monoton fallenden Folge gilt $a_k \geqq a_l$ bzw. $a_k > a_l$ für alle $k < l$.

Ist $(a_n)_{n \in \mathbb{N}}$ monoton wachsend, dann ist $a_k \in N_u((a_n)_{n \in \mathbb{N}})$ für jedes $k \in \mathbb{N}$. Ist dagegen $(a_n)_{n \in \mathbb{N}}$ monoton fallend, dann ist $a_k \in N_o((a_n)_{n \in \mathbb{N}})$ für jedes $k \in \mathbb{N}$. $\triangle$

Satz 1.38 (Eigenschaft monoton wachsender Folgen)

Die Folge $(a_n)_{n \in \mathbb{N}}$ sei monoton wachsend. Dann gilt die folgende Äquivalenz:

$\sup\{a_n \mid n \in \mathbb{N}\}$ existiert und $a = \sup\{a_n \mid n \in \mathbb{N}\}$ $\Leftrightarrow$
$\lim\limits_{n \to \infty} a_n$ existiert und $a = \lim\limits_{n \to \infty} a_n$.

Beweis: Es sei $a = \sup\{a_n \mid n \in \mathbb{N}\}$. Für beliebiges positives ε gilt $a - \varepsilon < a < a + \varepsilon$. Also folgt

$a < a + \varepsilon$ und $a = \sup\{a_n \mid n \in \mathbb{N}\}$ $\Rightarrow a_n < a + \varepsilon$ für alle $n \in \mathbb{N}$

und ferner

$a - \varepsilon < a$ und $a = \sup\{a_n \mid n \in \mathbb{N}\}$ $\Rightarrow$ es existiert $n_0 \in \mathbb{N}$ mit $a - \varepsilon < a_{n_0}$.

Da die Folge monoton wächst, ist $a_n \geqq a_{n_0}$ für alle $n \geqq n_0$. Somit gilt $a - \varepsilon < a_n < a + \varepsilon$ und damit $|a_n - a| < \varepsilon$ für alle $n \geqq n_0$. Das bedeutet aber $\lim\limits_{n \to \infty} a_n = a$.

Sei nun $a = \lim\limits_{n \to \infty} a_n$ vorausgesetzt.

Dann folgt aus der Monotonie der Folge, daß $a_n \leqq a$ für alle $n \in \mathbb{N}$ ist; denn gälte für ein $n_0 \in \mathbb{N}$ die Beziehung $a_{n_0} > a$, so wäre $a_n - a \geqq a_{n_0} - a > 0$ für alle $n \geqq n_0$ und damit $|a_n - a| \geqq a_{n_0} - a > 0$ für alle $n \geqq n_0$, im Widerspruch zur Voraussetzung.

Somit ist a eine obere Schranke von $\{a_n \mid n \in \mathbb{N}\}$.

Es bleibt zu zeigen, daß a die *kleinste* obere Schranke des Bildes von $(a_n)_{n \in \mathbb{N}}$ ist. Sei also b mit $b < a$ vorgegeben. Dann ist $\varepsilon := a - b > 0$, und wegen $-\varepsilon < a_n - a < \varepsilon$ für fast alle n folgt also $b < a_n$ für fast alle n. Folglich ist b keine obere Schranke des Bildes von $(a_n)_{n \in \mathbb{N}}$, und daraus folgt, daß a die kleinste obere Schranke ist. $\square$

Völlig analog beweist man

Satz 1.39 (Eigenschaft monoton fallender Folgen)

Die Folge $(a_n)_{n \in \mathbb{N}}$ sei monoton fallend. Dann gilt die folgende Äquivalenz:

$\inf\{a_n \mid n \in \mathbb{N}\}$ existiert und $a = \inf\{a_n \mid n \in \mathbb{N}\}$ $\Leftrightarrow$
$\lim\limits_{n \to \infty} a_n$ existiert und $a = \lim\limits_{n \to \infty} a_n$.

Bemerkung 1.21 (Weitere Ungleichungen monotoner Folgen)

Ist a der Grenzwert der monoton wachsenden Folge $(a_n)_{n \in \mathbb{N}}$, so gilt $a_n \leq a$ für alle $n \in \mathbb{N}$.

Ist a der Grenzwert der monoton fallenden Folge $(a_n)_{n \in \mathbb{N}}$, so gilt $a_n \geq a$ für alle $n \in \mathbb{N}$. $\triangle$

Definition 1.36 (ε-Umgebung)

Es sei $(K, +, \cdot, \leq)$ ein angeordneter Körper, $a \in K$, $\varepsilon \in K$ und ε positiv. Die Menge

$$U_\varepsilon(a) := \{a \mid x \in K \text{ und } |x - a| < \varepsilon\}$$

heißt die ε-Umgebung von a. $\triangle$

Definition 1.37 (Häufungspunkt einer Folge)

Es sei $(K, +, \cdot, \leq)$ ein angeordneter Körper und $(a_n)_{n \in \mathbb{N}}$ eine Folge in K. Ein Element $a \in K$ heißt *Häufungspunkt der Folge* $(a_n)_{n \in \mathbb{N}}$, wenn in jeder ε-Umgebung von a unendlich viele Glieder der Folge liegen, d. h., für jedes $\varepsilon > 0$ gilt die Ungleichung $|a_n - a| < \varepsilon$ für unendlich viele $n \in \mathbb{N}$. $\triangle$

Satz 1.40 (Beschränktheit der Häufungspunkte)

Die Folge $(a_n)_{n \in \mathbb{N}}$ sei beschränkt. Dann ist auch die Menge ihrer Häufungspunkte beschränkt.

Beweis: Da die Folge $(a_n)_{n \in \mathbb{N}}$ beschränkt ist, gibt es ein $r \in K$ mit $|a_n| \leq r$ für alle $n \in \mathbb{N}$.

Ferner gilt für alle $n \in \mathbb{N}$ die Beziehung

$$|a| \leq |a - a_n| + |a_n| .$$

Ist nun a ein Häufungspunkt, so gibt es eine[1] natürliche Zahl n_1 mit $|a - a_{n_1}| < 1$. Also gilt für jeden Häufungspunkt der Folge $|a| < 1 + r$, und dies beweist die Behauptung. $\square$

Sehr übersichtlich sind die Verhältnisse, die die Häufungspunkte betreffen, bei Cauchyfolgen. Dies zeigt der folgende

---

[1] Es gibt sogar unendlich viele!

Hilfssatz 1.8

Sei $(K, +, \cdot, \leqq)$ ein angeordneter Körper und $(a_n)_{n \in \mathbb{N}}$ eine Cauchyfolge in K. Ferner sei $a \in K$. Dann gilt:

a ist Häufungspunkt der Folge $(a_n)_{n \in \mathbb{N}}$ $\Leftrightarrow$ $\lim\limits_{n \to \infty} a_n = a$.

Beweis: „$\Leftarrow$": trivial!

„$\Rightarrow$": Sei $\varepsilon > 0$ beliebig vorgegeben. Da a ein Häufungspunkt der Folge $(a_n)_{n \in \mathbb{N}}$ ist, gilt $|a_m - a| < \frac{\varepsilon}{2}$ für unendlich viele $m \in \mathbb{N}$.

Da $(a_n)_{n \in \mathbb{N}}$ eine Cauchyfolge ist, gibt es ein $n_0 \in \mathbb{N}$ mit

$$|a_n - a_m| < \frac{\varepsilon}{2} \qquad \text{für alle } m, n \geqq n_0 \,.$$

Natürlich existiert auch ein $m_1 \geqq n_0$ mit $|a_{m_1} - a| < \frac{\varepsilon}{2}$. Nun ist aber für alle $n \in \mathbb{N}$

$$|a_n - a| = |a_n - a_{m_1} + a_{m_1} - a| \leqq |a_n - a_{m_1}| + |a_{m_1} - a|$$

und damit

$$|a_n - a| < \frac{\varepsilon}{2} + \frac{\varepsilon}{2} = \varepsilon \qquad \text{für alle } n \geqq n_0 \,,$$

d. h. aber $\lim\limits_{n \to \infty} a_n = a$. $\square$

Wir sehen jetzt, wie angekündigt, daß Hilfssatz 1.6 trivial ist, wenn man Hilfssatz 1.8 hat; denn: Ist $(a_n)_{n \in \mathbb{N}}$ Cauchyfolge und ist $(a_n)_{n \in \mathbb{N}}$ *keine* Nullfolge, so ist 0 kein Häufungspunkt von $(a_n)_{n \in \mathbb{N}}$. Daraus folgt aber unmittelbar: Es gibt ein $r > 0$ mit $|a_n - 0| = |a_n| \geqq r$ für fast alle $n \in \mathbb{N}$.

Definition 1.38 (Häufungspunkt einer Menge)

$(K, +, \cdot, \leqq)$ sei ein angeordneter Körper, $M \subset K$ sei eine Teilmenge von K und $a \in K$. a heißt *Häufungspunkt der Menge M*, wenn in jeder ε-Umgebung von a unendlich viele Elemente der Menge M liegen. $\triangle$

Bemerkung 1.22

Ist a ein Häufungspunkt der Menge M, so braucht a kein Element von M zu sein.

Ist a ein Häufungspunkt der Folge $(a_n)_{n \in \mathbb{N}}$, so braucht a kein Häufungspunkt der Bildmenge $a(\mathbb{N})$ von $(a_n)_{n \in \mathbb{N}}$ zu sein. Dies zeigt etwa das Beispiel $(a_n)_{n \in \mathbb{N}}$ mit $a_n = (-1)^n$. $\triangle$

Definition 1.39 (Intervall)

$(K, +, \cdot, \leqq)$ sei ein angeordneter Körper, $a, b \in K$ mit $a < b$. Dann wird erklärt

$$[a, b] := \{x \mid x \in K \text{ und } a \leqq x \leqq b\} \; ;$$

$$[a, b[\; := \{x \mid x \in K \text{ und } a \leqq x < b\} \; ;$$

$$]a, b] := \{x \mid x \in K \text{ und } a < x \leqq b\} \; ;$$

$$]a, b[\; := \{x \mid x \in K \text{ und } a < x < b\} \; .$$

$[a, b]$ heißt *abgeschlossenes Intervall*, $]a, b[$ heißt *offenes Intervall*, $[a, b[$ und $]a, b]$ heißen *halboffene Intervalle*. $\triangle$

Definition 1.40 (Intervallschachtelung)

$(K, +, \cdot, \leqq)$ sei ein angeordneter Körper, $(a_n)_{n \in \mathbb{N}}$ und $(b_n)_{n \in \mathbb{N}}$ seien Folgen in K.
Die Folge von Intervallen $([a_n, b_n])_{n \in \mathbb{N}}$ heißt *Intervallschachtelung in K*, wenn

I_1: $(a_n)_{n \in \mathbb{N}}$ monoton wächst;

I_2: $(b_n)_{n \in \mathbb{N}}$ monoton fällt;

I_3: $a_n < b_n$ für alle $n \in \mathbb{N}$ gilt;

I_4: und $(b_n - a_n)_{n \in \mathbb{N}}$ eine Nullfolge ist. $\triangle$

Satz 1.41 (Ungleichung von Intervallschachtelungen)

Es sei $([a_n, b_n])_{n \in \mathbb{N}}$ eine Intervallschachtelung. Dann gilt $a_n < b_m$ für alle $n, m \in \mathbb{N}$.

Beweis: Nehmen wir an, es existieren zwei natürliche Zahlen $k, l \in \mathbb{N}$ mit $a_k > b_l$.

Dann ist $a_k - b_l > 0$. Da $(a_n)_{n \in \mathbb{N}}$ monoton wächst, ist $a_n \geqq a_k$ für alle $n \geqq k$. Da $(b_n)_{n \in \mathbb{N}}$ monoton fällt, ist $b_n \leqq b_l$ für alle $n \geqq l$.

Somit ist für alle $n \geqq \max\{k, l\}$

$$|a_n - b_n| \geqq a_k - b_l > 0 \; ,$$

und dies steht im Widerspruch zur Bedingung I_4.

Den Fall $a_k = b_l$ führt man im wesentlichen mit I_3 zum Widerspruch. $\square$

Definition 1.41 (Innere Punkte von Intervallschachtelungen)

Es sei $([a_n, b_n])_{n \in \mathbb{N}}$ eine Intervallschachtelung in K und $p \in K$. p heißt ein *innerer Punkt der Intervallschachtelung*, wenn

$$a_n \leqq p \leqq b_n \qquad \text{für alle } n \in \mathbb{N}$$

gilt. $\triangle$

Satz 1.42 (Eindeutigkeit des inneren Punkts einer Intervallschachtelung)

Jede Intervallschachtelung besitzt höchstens einen inneren Punkt.

Beweis: $([a_n, b_n])_{n \in \mathbb{N}}$ sei eine Intervallschachtelung.

Annahme: Die Schachtelung habe die beiden verschiedenen inneren Punkte p_1 und p_2. Ohne Beschränkung der Allgemeinheit können wir annehmen, daß $p_1 - p_2 > 0$ ist.

Nach Annahme gilt:

$a_n \leqq p_1 \leqq b_n$ und $a_n \leqq p_2 \leqq b_n$ für alle $n \in \mathbb{N}$.

Daraus folgt

$b_n - a_n \geqq p_1 - a_n$ und $p_1 - a_n \geqq p_1 - p_2$ für alle $n \in \mathbb{N}$

und damit $b_n - a_n \geqq p_1 - p_2 > 0$ für alle $n \in \mathbb{N}$. Dies steht im Widerspruch zur Bedingung I_4. $\square$

Satz 1.43 (Existenz einer konvergenten Teilfolge)

Es sei $(K, +, \cdot, \leqq)$ ein archimedisch angeordneter Körper und $(a_n)_{n \in \mathbb{N}}$ eine Folge in K. Ist a ein Häufungspunkt der Folge $(a_n)_{n \in \mathbb{N}}$, so gibt es eine Teilfolge $(a_{j_n})_{n \in \mathbb{N}}$, die gegen a konvergiert.

Beweis: Wir werden beim Beweis wesentlich von der Tatsache Gebrauch machen, daß $(\frac{1}{n})_{n \in \mathbb{N}}$ nach Satz 1.29 eine Nullfolge in K ist.

Wir konstruieren nämlich eine Teilfolge $(a_{j_n})_{n \in \mathbb{N}}$ derart, daß $|a_{j_n} - a| < \frac{1}{n}$ für alle n gilt. Dann ist $\lim_{n \to \infty} a_{j_n} = a$.

Da a ein Häufungspunkt der Folge ist, gilt für jedes $\varepsilon > 0$ die Ungleichung $|a_n - a| < \varepsilon$ für unendlich viele $n \in \mathbb{N}$.

Mithin gibt es eine natürliche Zahl j_1, so daß $|a_{j_1} - a| < 1$ ist.

Es seien nun k natürliche Zahlen $j_1, j_2, \ldots, j_k$ so bestimmt, daß $j_1 < j_2 < \cdots < j_k$ und $|a_{j_l} - a| < \frac{1}{l}$ für $1 \leqq l \leqq k$ gilt.

Die Ungleichung $|a_n - a| < \frac{1}{k+1}$ gilt für unendlich viele $n \in \mathbb{N}$. Also gibt es auch eine natürliche Zahl $j_{k+1} > j_k$ mit $|a_{j_{k+1}} - a| < \frac{1}{k+1}$. Damit ist die Teilfolge induktiv erklärt, und es gilt $\lim_{n \to \infty} a_{j_n} = a$. $\square$

Aufgaben

1.26 Zeigen Sie: Sei $(j_n)_{n \in \mathbb{N}}$ eine Folge natürlicher Zahlen mit $j_n < j_{n+1}$ für alle $n \in \mathbb{N}$. Dann gilt $j_n \geq n$.

1.27 Zeigen Sie: Ist $(a_n)_{n \in \mathbb{N}}$ eine Nullfolge und $(b_n)_{n \in \mathbb{N}}$ eine beschränkte Folge, so ist das Produkt $(a_n b_n)_{n \in \mathbb{N}}$ der beiden Folgen eine Nullfolge.

1.28 Führen Sie den Beweis von Hilfssatz 1.7 auf S. 62 aus!

1.29 Bestimmen Sie, welche der Folgen $(a_n)_{n \in \mathbb{N}}$ konvergent sind, und finden Sie gegebenenfalls den Grenzwert $\lim_{n \to \infty} a_n$.

(a) $\quad a_n = n + \dfrac{1}{n + 2}$,

(b) $\quad a_n = \dfrac{\sum_{k=1}^{n} k^2}{n^3}$,

(c) $\quad a_n = n^2$,

(d) $\quad a_n = \dfrac{(n + 1)^3 - (n - 1)^3}{(n + 1)^2 + (n - 1)^2}$,

(e) $\quad a_n = \dfrac{(n + 1)^k - n^k}{n^{k-1}}$,

(f) $\quad a_n = \dfrac{(n + 1)^k - (n - 1)^k}{(n+1)^{k-1} + (n-1)^{k-1}}$.

Hierbei sei $k \in \mathbb{N}$.

1.30 Zeigen Sie: Ist $N_u((a_n)_{n \in \mathbb{N}}) \neq \emptyset$, so ist $(a_n)_{n \in \mathbb{N}}$ nach unten beschränkt, und ist $N_o((a_n)_{n \in \mathbb{N}}) \neq \emptyset$, so ist $(a_n)_{n \in \mathbb{N}}$ nach oben beschränkt.

1.31 $(K, +, \cdot, \leq)$ sei ein angeordneter Körper, $(a_n)_{n \in \mathbb{N}}$ sei ein Folge in K und $c \in K$. Zeigen Sie: $\lim_{n \to \infty} a_n = c$ genau dann, wenn die folgenden beiden Bedingungen erfüllt sind:

(a) $\quad \{s \in K \mid s < c\} \subset N_u((a_n)_{n \in \mathbb{N}}) \subset \{s \in K \mid s \leq c\}$;

(b) $\quad \{t \in K \mid t > c\} \subset N_o((a_n)_{n \in \mathbb{N}}) \subset \{t \in K \mid t \geq c\}$.

Hinweis: Beachten Sie die Äquivalenz

$$|a_n - c| < \varepsilon \quad \Longleftrightarrow \quad -\varepsilon < a_n - c < \varepsilon.$$

1.32 Beweisen Sie die geometrische Summenformel

$$\sum_{k=0}^{n} q^k = \frac{1 - q^{n+1}}{1 - q} \qquad \text{für alle } q \neq 1 \text{ und alle } n \in \mathbb{N}$$

mit Induktion.

1.33 Zeigen Sie die Konvergenz der Folge $(s_n)_{n \in \mathbb{N}}$, erklärt durch

$$s_n := \sum_{k=1}^{n} \frac{(-1)^{k+1}}{k},$$

durch Angabe einer geeigneten Intervallschachtelung.

1.34 Beweisen Sie die Bernoullische Ungleichung (1.16)

$$(1 + x)^n \geqq 1 + n\,x \qquad \text{für alle } x > -1 \text{ und alle } n \in \mathbb{N}$$

mit Induktion.

1.5 Die vollständigen Körper

Wir hatten bereits angesprochen, daß der angeordnete Körper der rationalen Zahlen verschiedene „Mängel" aufweist, die eine Erweiterung notwendig machen. Dies wird nun durchgeführt.

Definition 1.42 (Vollständiger Körper)

Der angeordnete Körper $(K, +, \cdot, \leqq)$ heißt *vollständig*, wenn jede nichtleere und nach oben beschränkte Teilmenge von K eine kleinste obere Schranke besitzt. $\triangle$

Bemerkung 1.23 (Unvollständigkeit von $\mathbb{Q}$)

Das Beispiel aus Bemerkung 1.10 zeigt, daß der angeordnete Körper $(\mathbb{Q}, +, \cdot, \leqq)$ *nicht* vollständig ist. $\triangle$

Bemerkung 1.24 (Äquivalente Beschreibungen der Vollständigkeit)

Wir werden im Verlauf dieses Buches mehrere äquivalente Eigenschaften vollständiger Körper kennenlernen. $\triangle$

Satz 1.44 (Symmetrie)

Jede nichtleere und nach unten beschränkte Menge eines vollständigen Körpers $(K, +, \cdot, \leqq)$ hat eine größte untere Schranke.

Beweis: Es sei $M \subset K$, $M \neq \emptyset$ und s sei untere Schranke von M. Dann gilt $s \leqq x$ für alle $x \in M$.

Wir betrachten die Menge

$$\widetilde{M} := \{-x \mid x \in M\}\,.$$

Dann ist $\widetilde{M} \subset K$, $\widetilde{M} \neq \emptyset$ und $-s$ eine obere Schranke von $\widetilde{M}$. Da K vollständig ist, existiert $\tilde{s} = \sup \widetilde{M}$. Dann ist zunächst $s := -\tilde{s}$ eine untere Schranke von M.

Ist nun $t \in K$ mit $-\tilde{s} < t$ gegeben, so ist $-t < \tilde{s}$. Folglich existiert nach Satz 1.13 ein $y \in \widetilde{M}$ mit $-t < y$. Dann ist $-y < t$ und $-y \in M$. Daraus folgt aber nach Satz 1.14, daß $-\tilde{s}$ die größte untere Schranke von M ist. $\square$

Satz 1.45 (Archimedische Anordnung vollständiger Körper)

Jeder vollständige Körper ist archimedisch angeordnet.

Beweis: Wir nehmen an, K sei vollständig und nicht archimedisch angeordnet. Dann gibt es ein $x_0 \in K$ mit $n \leqq x_0$ für alle $n \in \mathbb{N}$.

Mithin ist $\mathbb{N}$ eine nichtleere und nach oben beschränkte Teilmenge von K. Da K vollständig ist, existiert $s_0 := \sup \mathbb{N}$.

Wir setzen $s_1 := s_0 - 1$. Dann ist $s_1 < s_0$. Also existiert nach Satz 1.13 ein $n_0 \in \mathbb{N}$ mit $s_1 < n_0$. Da $n_0 \in \mathbb{N}$ liegt, liegt auch $n_0 + 1 \in \mathbb{N}$. Zusammen liefert dies $s_0 < n_0 + 1$ im Widerspruch zu $s_0 = \sup \mathbb{N}$. $\square$

Bemerkung 1.25

Wie das Beispiel $(\mathbb{Q}, +, \cdot, \leqq)$ lehrt, gilt die Umkehrung von Satz 1.45 nicht. Die Klasse der vollständigen Körper ist also echt in der Klasse der archimedisch angeordneten Körper enthalten. $\triangle$

Satz 1.46 (Konvergenz monotoner Folgen)

Jede monoton wachsende und nach oben beschränkte Folge eines vollständigen Körpers ist konvergent.

Jede monoton fallende und nach unten beschränkte Folge eines vollständigen Körpers ist konvergent.

Beweis: Für die im Satz zuerst genannten Folgen existiert das Supremum der Bildmenge der Folge. Daraus folgt mit Satz 1.38 die Konvergenz.

Für die im zweiten Teil des Satzes genannten Folgen existiert das Infimum der Bildmenge der Folge. Daraus folgt mit Satz 1.39 die Konvergenz. $\square$

Nun kommen wir zu einer ersten Konsequenz der Vollständigkeit: der Intervallschachtelungseigenschaft.

Satz 1.47 (Intervallschachtelungseigenschaft)

K sei vollständig und $([a_n, b_n])_{n \in \mathbb{N}}$ sei eine Intervallschachtelung. Dann besitzt die Schachtelung genau einen inneren Punkt.

Beweis: Nach Satz 1.42 haben wir nur noch zu zeigen, daß mindestens ein innerer Punkt der Schachtelung existiert.

Die Folge $(a_n)_{n \in \mathbb{N}}$ ist monoton wachsend und gemäß Satz 1.41 durch b_1 nach oben beschränkt. Somit existiert nach Satz 1.46 $a = \lim\limits_{n \to \infty} a_n$. Ferner gilt (siehe Beweis zu Satz 1.38) $a_n \leqq a$ für alle $n \in \mathbb{N}$.

Die Folge $(b_n)_{n \in \mathbb{N}}$ ist monoton fallend und gemäß Satz 1.41 durch a_1 nach unten beschränkt. Somit existiert nach Satz 1.46 $b = \lim\limits_{n \to \infty} b_n$. Ferner gilt $b \leq b_n$ für alle $n \in \mathbb{N}$.

Aus der Relation $\lim\limits_{n \to \infty} (b_n - a_n) = 0$ folgt $a = b$. Also ist $a_n \leq a \leq b_n$ für alle $n \in \mathbb{N}$, und damit ist a innerer Punkt der Schachtelung. $\square$

Satz 1.48 (Bolzano-Weierstraß)

Jede unendliche und beschränkte Teilmenge eines vollständigen Körpers K besitzt mindestens einen Häufungspunkt.

Beweis: Sei $M \subset K$ eine unendliche und beschränkte Teilmenge des vollständigen Körpers K.

Dann gibt es Elemente $a_0, b_0 \in K$ mit $a_0 < x < b_0$ für alle $x \in M$.

Ausgehend vom Intervall $[a_0, b_0]$ konstruieren wir eine Intervallschachtelung derart, daß in jedem Intervall $I_n = [a_n, b_n]$ unendlich viele Elemente von M liegen. Dabei gelangen wir von I_n zu I_{n+1} auf folgende Weise:

In I_n liegen unendlich viele Elemente von M. Wir zerlegen I_n in zwei gleich große Teilinter-valle[1]

$$I_n = L_n \cup R_n = \left[a_n, \frac{a_n + b_n}{2} \right] \cup \left[\frac{a_n + b_n}{2}, b_n \right] .$$

Nun liegen entweder im Intervall L_n oder im Intervall R_n (oder sogar in beiden) unendlich viele Elemente von M. Dementsprechend setzen wir $I_{n+1} := L_n$, falls L_n unendlich viele Elemente enthält oder $I_{n+1} := R_n$, falls dies nicht zutrifft. So ist gewährleistet, daß auch I_{n+1} unendlich viele Elemente enthält.

Da für $a < b$ stets $a < \frac{a+b}{2} < b$ gilt,[2] ist die Folge $(a_n)_{n \in \mathbb{N}}$ monoton wachsend und die Folge $(b_n)_{n \in \mathbb{N}}$ monoton fallend.

Schließlich zeigt man durch Induktion (in jedem Schritt wird die Intervallänge halbiert), daß

$$d_n := b_n - a_n = \frac{1}{2^n}(b_0 - a_0) .$$

Es bleibt zu zeigen, daß dies eine Nullfolge ist. Dies folgt aber daraus, daß d_n eine Teilfolge der Folge $\frac{1}{n}(b_0 - a_0)$ und K vollständig und somit gemäß Satz 1.45 archimedisch angeordnet ist. Damit ist nach Satz 1.29 d_n eine Nullfolge.

Also ist $([a_n, b_n])_{n \in \mathbb{N}}$ eine Intervallschachtelung in K und besitzt somit nach Satz 1.47 einen inneren Punkt a.

---

[1] Man nennt dieses Verfahren *Bisektion* oder *Halbierungsverfahren*.
[2] Die Zahl $\frac{a+b}{2}$ heißt *arithmetischer Mittelwert* von a und b.

Wir zeigen nun, daß a ein Häufungspunkt der Menge M ist. Aus dem Beweis zu Satz 1.47 wissen wir, daß

$$\lim_{n \to \infty} a_n = \lim_{n \to \infty} b_n = a$$

gilt.

Ist nun $\varepsilon > 0$ vorgegeben, so gilt $-\varepsilon < a_n - a < \varepsilon$ und $-\varepsilon < b_n - a < \varepsilon$ für fast alle $n \in \mathbb{N}$.

Sei n_0 ein Index, für den diese beiden Beziehungen gelten. Dann gilt außerdem nach Konstruktion der Schachtelung $a_{n_0} < x < b_{n_0}$ für unendlich viele $x \in M$. Alles zusammen liefert $a - \varepsilon < x < a + \varepsilon$ für unendlich viele $x \in M$ und dies beweist die Behauptung. $\square$

Satz 1.49 (Häufungspunkte von Folgen)

K sei ein vollständiger Körper und $(a_n)_{n \in \mathbb{N}}$ eine beschränkte Folge in K. Dann besitzt $(a_n)_{n \in \mathbb{N}}$ mindestens einen Häufungspunkt.

Beweis: Die Bildmenge der Folge ist nach Voraussetzung beschränkt. Ferner ist sie entweder endlich oder unendlich.

Ist sie endlich, so existiert ein $a \in K$ mit $a_n = a$ für unendlich viele $n \in \mathbb{N}$. Der Punkt a ist dann trivialerweise ein Häufungspunkt der Folge $(a_n)_{n \in \mathbb{N}}$.

Ist die Bildmenge aber unendlich, so besitzt sie nach Satz 1.48 mindestens einen Häufungspunkt a. Dieser ist auch Häufungspunkt der Folge $(a_n)_{n \in \mathbb{N}}$. $\square$

Satz 1.50 (Existenz einer konvergenten Teilfolge)

K sei ein vollständiger Körper und $(a_n)_{n \in \mathbb{N}}$ eine beschränkte Folge in K. Dann enthält $(a_n)_{n \in \mathbb{N}}$ eine konvergente Teilfolge.

Beweis: Nach Satz 1.49 besitzt $(a_n)_{n \in \mathbb{N}}$ einen Häufungspunkt a. Daraus folgt nach Satz 1.43, daß eine Teilfolge existiert, die gegen a konvergiert. $\square$

Satz 1.51 (Größter und kleinster Häufungspunkt)

K sei ein vollständiger Körper und $(a_n)_{n \in \mathbb{N}}$ eine beschränkte Folge in K. Dann besitzt $(a_n)_{n \in \mathbb{N}}$ einen größten und einen kleinsten Häufungspunkt.

Beweis: Es sei M die Menge aller Häufungspunkte der Folge $(a_n)_{n \in \mathbb{N}}$. Nach Satz 1.49 ist M nichtleer und nach Satz 1.40 ist M beschränkt. Somit existieren $t := \sup M$ und $s := \inf M$.

Gemäß Bemerkung 1.10 haben wir nur noch zu zeigen, daß t und s in M liegen. Wir müssen also zeigen, daß t und s selbst Häufungspunkte der Folge $(a_n)_{n \in \mathbb{N}}$ sind. Wir führen den Beweis exemplarisch für t.

Sei $\varepsilon > 0$ beliebig vorgegeben. Dann ist $t - \frac{\varepsilon}{2} < t$. Somit existiert nach Satz 1.13 ein $a \in M$ mit $t - \frac{\varepsilon}{2} < a$.

$a \in M$ bedeutet, daß a ein Häufungspunkte der Folge $(a_n)_{n \in \mathbb{N}}$ ist. Somit gilt $a_n > a - \frac{\varepsilon}{2}$ für unendlich viele $n \in \mathbb{N}$. Hieraus folgt zusammen mit der ersten Ungleichung $a_n > t - \varepsilon$ für unendlich viele $n \in \mathbb{N}$.

Da t das Supremum der Häufungspunkte ist, gibt es keinen Häufungspunkt, der größer als t ist. Daraus folgt zusammen mir der Beschränktheit der Folge, daß $a_n < t + \varepsilon$ für fast alle $n \in \mathbb{N}$ gilt.

Somit ist $t - \varepsilon < a_n < t + \varepsilon$ für unendlich viele $n \in \mathbb{N}$. Daraus folgt aber, daß t ein Häufungspunkt der Folge ist. Mithin ist $t \in M$ und $t = \sup M$, also $t = \max M$.

Analog verläuft der Nachweis der Beziehung $s = \min M$. $\square$

Definition 1.43 (Limes superior und limes inferior)

Besitzt eine Folge $(a_n)_{n \in \mathbb{N}}$ eines angeordneten Körpers K einen größten (kleinsten) Häufungspunkt, so wird dieser als *limes superior* (*limes inferior*) der Folge bezeichnet; in Zeichen: $\limsup\limits_{n \to \infty} a_n$ ($\liminf\limits_{n \to \infty} a_n$). $\triangle$

Bemerkung 1.26 (Eigenschaften von limes superior und limes inferior)

Weitere Ausführungen zu limes superior und limes inferior findet man in Aufgaben 1.37 und 1.38. $\triangle$

Nun kommen wir zu einer zweiten Konsequenz der Vollständigkeit:

Satz 1.52 (Cauchyfolgen konvergieren)

K sei ein vollständiger Körper und $(a_n)_{n \in \mathbb{N}}$ eine Cauchyfolge in K. Dann ist die Folge $(a_n)_{n \in \mathbb{N}}$ konvergent.

Beweis: Da $(a_n)_{n \in \mathbb{N}}$ Cauchyfolge ist, ist $(a_n)_{n \in \mathbb{N}}$ gemäß Satz 1.31 beschränkt. Hieraus folgt, da K vollständig ist, daß $(a_n)_{n \in \mathbb{N}}$ einen Häufungspunkt a besitzt. Dann gilt aber $\lim\limits_{n \to \infty} a_n = a$ nach Hilfssatz 1.8. $\square$

Satz 1.53 (Konvergenzkriterium von Cauchy)

K sei ein vollständiger Körper und $(a_n)_{n \in \mathbb{N}}$ eine Folge in K. Dann gilt die folgende Äquivalenz:

$(a_n)_{n \in \mathbb{N}}$ konvergent $\Leftrightarrow$ $(a_n)_{n \in \mathbb{N}}$ Cauchyfolge.

Beweis: Dies ist eine Zusammenfassung von Satz 1.30 und Satz 1.52. $\square$

Satz 1.54 (Eindeutigkeit des vollständigen Körpers)

$(K, +, \cdot, \leqq)$ und $(\widetilde{K}, +, \cdot, \leqq)$ seien zwei vollständige Körper. Dann sind K und $\widetilde{K}$ ordnungstreu isomorph.

Beweis: Es sei $\mathbb{Q}_K$ der kleinste Unterkörper von K und $\mathbb{Q}_{\widetilde{K}}$ der kleinste Unterkörper von $\widetilde{K}$. Dann sind nach Satz 1.25 $\mathbb{Q}_K$ und $\mathbb{Q}_{\widetilde{K}}$ ordnungstreu isomorph. Mithin können wir o. B. d. A.[1] auf Grund der isomorphen Ersetzung (vorgeführt in Satz 1.26 am Beispiel der natürlichen Zahlen) $\mathbb{Q}_K = \mathbb{Q}_{\widetilde{K}} = \mathbb{Q}$ annehmen.

Ist $(a_n)_{n \in \mathbb{N}}$ eine Folge rationaler Zahlen, so können wir sie demnach sowohl als Folge in K als auch als Folge in $\widetilde{K}$ auffassen. Besitzt sie einen Grenzwert in K, so schreiben wir diesen als $K\text{-}\lim\limits_{n \to \infty} a_n$. Die entsprechende Bedeutung hat $\widetilde{K}\text{-}\lim\limits_{n \to \infty} a_n$.

Wir konstruieren jetzt einen Isomorphismus $f : K \to \widetilde{K}$. Sei $x \in K$ beliebig gegeben. Dann gibt es gemäß Satz 1.37 eine Folge $(a_n)_{n \in \mathbb{N}}$ rationaler Zahlen mit $K\text{-}\lim\limits_{n \to \infty} a_n = x$. Also ist nach Satz 1.53 $(a_n)_{n \in \mathbb{N}}$ auch eine Cauchyfolge in K. Dann ist sie trivialerweise auch Cauchyfolge in $\mathbb{Q}$. Nun ist $\mathbb{Q} \subset \widetilde{K}$ und $\widetilde{K}$ ist archimedisch angeordnet. Also ist die Folge $(a_n)_{n \in \mathbb{N}}$ auch eine Cauchyfolge in $\widetilde{K}$ (s. Aufgabe 1.41). Somit existiert nach Satz 1.53, da $\widetilde{K}$ vollständig ist, $\widetilde{K}\text{-}\lim\limits_{n \to \infty} a_n$. Wir setzen $f(x) := \widetilde{K}\text{-}\lim\limits_{n \to \infty} a_n$ gemäß dieser Konstruktion.

Wir zeigen zunächst, daß f wohldefiniert ist: Ist nämlich eine weitere Folge rationaler Zahlen $(b_n)_{n \in \mathbb{N}}$ mit $\widetilde{K}\text{-}\lim\limits_{n \to \infty} b_n = x$ gegeben, so ist $(a_n - b_n)_{n \in \mathbb{N}}$ eine Nullfolge in K. Dann ist $(a_n - b_n)_{n \in \mathbb{N}}$ trivialerweise auch Nullfolge in $\mathbb{Q}$. Nun ist $\mathbb{Q} \subset \widetilde{K}$ und $\widetilde{K}$ archimedisch angeordnet. Also ist die Folge $(a_n - b_n)_{n \in \mathbb{N}}$ auch eine Nullfolge in $\widetilde{K}$ (gemäß Satz 1.29 ist $(\frac{1}{n})_{n \in \mathbb{N}}$ eine Nullfolge). Andererseits existiert auch $\widetilde{K}\text{-}\lim\limits_{n \to \infty} b_n$ (mit derselben Begründung wie bei $(a_n)_{n \in \mathbb{N}}$). Dies liefert zusammen

$$\widetilde{K}\text{-}\lim_{n \to \infty} b_n = \widetilde{K}\text{-}\lim_{n \to \infty} a_n = f(x) \, .$$

Also ist $f(x)$ unabhängig von der Wahl der rationalen Approximation von x. Aus der Konstruktion der Abbildung f ergibt sich sofort, daß die Einschränkung von f auf $\mathbb{Q}$ die Identität ist. Wir zeigen jetzt, daß f bijektiv ist.

Es seien x, y Elemente aus K mit $f(x) = f(y)$. Dann gibt es Folgen rationaler Zahlen $(a_n)_{n \in \mathbb{N}}$ und $(b_n)_{n \in \mathbb{N}}$ mit

$$K\text{-}\lim_{n \to \infty} a_n = x \, , \quad K\text{-}\lim_{n \to \infty} b_n = y \, ,$$

$$\widetilde{K}\text{-}\lim_{n \to \infty} a_n = f(x) \quad \text{und} \quad \widetilde{K}\text{-}\lim_{n \to \infty} b_n = f(y) \, .$$

Aus $f(x) = f(y)$ folgt, daß $(a_n - b_n)_{n \in \mathbb{N}}$ eine Nullfolge in $\widetilde{K}$ ist. Daraus schließt man wie oben, daß $(a_n - b_n)_{n \in \mathbb{N}}$ auch Nullfolge in K ist. Somit gilt $x = y$, also ist f injektiv.

---

[1] Dies bedeutet: ohne Beschränkung der Allgemeinheit.

Sei nun z ein beliebiges Element aus $\widetilde{K}$. Dann existiert nach Satz 1.37 eine Folge rationaler Zahlen mit $\widetilde{K}\text{-}\lim\limits_{n\to\infty} a_n = z$. Wie oben erschließt man daraus, daß ein $x \in K$ existiert mit $K\text{-}\lim\limits_{n\to\infty} a_n = x$. Daraus folgt aber $\widetilde{K}\text{-}\lim\limits_{n\to\infty} a_n = f(x)$. Folglich gilt $f(x) = z$ und somit ist f surjektiv.

Wir zeigen schließlich die Verträglichkeit von f mit den inneren Verknüpfungen und der Ordnung. Die Beziehungen

$$f(x + y) = \widetilde{K}\text{-}\lim_{n\to\infty} (a_n + b_n) = \widetilde{K}\text{-}\lim_{n\to\infty} a_n + \widetilde{K}\text{-}\lim_{n\to\infty} b_n = f(x) + f(y)$$

und

$$f(x \cdot y) = \widetilde{K}\text{-}\lim_{n\to\infty} (a_n \cdot b_n) = \widetilde{K}\text{-}\lim_{n\to\infty} a_n \cdot \widetilde{K}\text{-}\lim_{n\to\infty} b_n = f(x) \cdot f(y)$$

folgen aus den Grenzwertsätzen (Satz 1.32).

Aus $x < y$ folgt für die zugehörigen Folgen $a_n < b_n$ für fast alle $n \in \mathbb{N}$ (s. Aufgabe 1.42). Daraus folgt $\widetilde{K}\text{-}\lim\limits_{n\to\infty} a_n \leqq \widetilde{K}\text{-}\lim\limits_{n\to\infty} b_n$, also $f(x) \leqq f(y)$ und somit, da $x \neq y$ und f injektiv ist, $f(x) < f(y)$.

Damit haben wir nachgewiesen, daß f ein ordnungserhaltender Isomorphismus ist. □

Definition 1.44 (Körper der reellen Zahlen)

Jeden vollständigen Körper nennen wir einen *Körper der reellen Zahlen*. Nach Satz 1.54 können wir von *dem* Körper der reellen Zahlen sprechen. Wir benutzen für ihn das Symbol $\mathbb{R}$. $\triangle$

Als Folgerung aus dem Beweis von Satz 1.54 erhalten wir

Folgerung 1.1 (Maximalität von $\mathbb{R}$)

Jeder archimedisch angeordnete Körper kann ordnungstreu isomorph eingebettet werden in $\mathbb{R}$. □

Unsere Darstellung über die angeordneten Körper wurde inspiriert durch [27].

Aufgaben

1.35 Zeigen Sie: Für $a < b$ gilt stets $a < \frac{a+b}{2} < b$.

1.36 Sei $(a_n)_{n\in\mathbb{N}}$ eine Folge, die gegen a konvergiert. Zeigen Sie, daß dann auch die Folge $(b_n)_{n\in\mathbb{N}}$ der arithmetischen Mittelwerte

$$b_n := \frac{1}{n}(a_1 + \cdots + a_n)$$

gegen a konvergiert.

1.37 (Harmonische Reihe) Verwenden Sie das Cauchykriterium, um nachzuweisen, daß die Folge $(s_n)_{n\in\mathbb{N}}$ mit

$$s_n := \sum_{k=1}^{n} \frac{1}{k}$$

divergiert.

1.38 $(K, +, \cdot, \leq)$ sei ein vollständiger Körper und $(a_n)_{n\in\mathbb{N}}$ sei eine *beschränkte* Folge in K. Dann gilt:

   (a) $x_1 = \sup N_u((a_n)_{n\in\mathbb{N}})$ existiert, und es ist $x_1 = \limsup a_n$;

   (b) $x_2 = \inf N_o((a_n)_{n\in\mathbb{N}})$ existiert, und es ist $x_2 = \liminf a_n$.

1.39 $(K, +, \cdot, \leq)$ sei ein vollständiger Körper, $(a_n)_{n\in\mathbb{N}}$ sei eine *beschränkte* Folge in K, und es seien $a = \liminf_{n\to\infty} a_n$ und $b = \limsup_{n\to\infty} a_n$. Zeigen Sie

   (a) $\{s \in K \mid s < a\} \subset N_u((a_n)_{n\in\mathbb{N}}) \subset \{s \in K \mid s \leq a\}$;

   (b) $\{t \in K \mid t > b\} \subset N_o((a_n)_{n\in\mathbb{N}}) \subset \{t \in K \mid t \geq b\}$.

Hinweis: Für die erste Teilmengenbeziehung beachte man jeweils Bolzano-Weierstraß; für die zweite Teilmengenbeziehung beachte man, daß a und b Häufungspunkte der Folge $(a_n)_{n\in\mathbb{N}}$ sind.

Die Bearbeitung dieser Aufgabe wird das Verständnis für die Vorgehensweise bei den Konstruktionen von Capelli (Abschnitt 2.2) bzw. P. Bachmann (Abschnitt 2.3) sehr erleichtern.

1.40 Zeigen Sie indirekt: Eine Cauchyfolge hat höchstens einen Häufungspunkt.

1.41 Sei $\widetilde{K}$ ein archimedisch angeordneter Körper. Ist die Folge $(a_n)_{n\in\mathbb{N}}$ eine Cauchyfolge in $\mathbb{Q} \subset \widetilde{K}$, so ist $(a_n)_{n\in\mathbb{N}}$ auch eine Cauchyfolge in $\widetilde{K}$. *Hinweis:* Verwende Satz 1.29.

1.42 Zeigen Sie: Die beiden Folgen $(a_n)_{n\in\mathbb{N}}$ und $(b_n)_{n\in\mathbb{N}}$ seien konvergent mit $\lim_{n\to\infty} a_n = a$ und $\lim_{n\to\infty} b_n = b$ und sei $a < b$. Dann gilt $a_n < b_n$ für fast alle $n \in \mathbb{N}$.

1.43 Gegeben sei eine Menge M mit folgenden Eigenschaften:

   (1) $\emptyset \neq M \subset \mathbb{R}$.

   (2) M ist beschränkt;

   (3) M besitzt weder ein Minimum noch ein Maximum.

Es sei $t = \inf M$ und $s = \sup M$. Zeigen Sie: t und s sind Häufungspunkte von M. *Hinweis:* Eine indirekte Beweisführung gestaltet sich besonders einfach!

2 Konstruktion der reellen Zahlen

Bisher wurde eine axiomatische Charakterisierung der reellen Zahlen erarbeitet. Das nächste Ziel ist es, einen derartigen Körper explizit zu konstruieren. Wesentliches Hilfsmittel der klassischen Konstruktionen sind die rationalen Zahlen. Zwei Mathematiker sind in diesem Zusammenhang ganz besonders hervorgetreten: Richard Dedekind und Georg Cantor. Eindrucksvolle und wichtige Einzelheiten zur Historie der reellen Zahlen findet der/die Interessierte in [12].

Wir beginnen mit der Konstruktion von Georg Cantor. Dies hat gute Gründe; denn bei keiner anderen Konstruktion lassen sich z. B. die Addition und besonders die Multiplikation so mühelos fortsetzen wie bei der Cantorschen. Ferner wird sich die Cantorsche Konzeption, wie wir zeigen werden, auch bei metrischen Räumen sehr bewähren.

2.1 Klassische Konstruktion von Cantor

Eine sehr tragfähige Anregung für das Fundament der Konstruktion von Cantor erhält man aus den bereits behandelten Eigenschaften eines vollständigen Körpers – unter der Annahme der Existenz eines solchen. Wie wir sahen, läßt sich jedes Element x eines vollständigen Körpers K rational approximieren, und jede Cauchyfolge, insbesondere jede rationale Cauchyfolge, konvergiert in K.

Es sei jetzt $\mathcal{F}^C$ (genauer $\mathcal{F}_{\mathbb{Q}}^C$) der Ring der rationalen Cauchyfolgen mit der punktweisen Addition und Multiplikation. Dann betrachten wir die Abbildung $L : \mathcal{F}^C \to K$ mit $(a_n)_{n \in \mathbb{N}} \mapsto L((a_n)_{n \in \mathbb{N}}) = K\text{-}\lim_{n \to \infty} a_n$.

Da sich jedes $x \in K$ rational approximieren läßt, ist die Abbildung L surjektiv. Da in K die Grenzwertsätze gelten, ist L sogar ein Ring-Homomorphismus. Sicher ist L nicht injektiv. Aber wenn wir in $\mathcal{F}^C$ diejenigen Folgen „identifizieren", die unter L das gleiche Bild liefern, erhalten wir eine Bijektion (Abbildungssatz, Satz 1.1 auf S. 7). Damit gelangen wir zu der folgenden, grundlegenden

Definition 2.1 (Äquivalente Cauchyfolgen)

Seien die Folgen $(a_n)_{n \in \mathbb{N}}$ und $(b_n)_{n \in \mathbb{N}}$ aus $\mathcal{F}^C$. Dann setzen wir

$$(a_n)_{n \in \mathbb{N}} \sim (b_n)_{n \in \mathbb{N}} :\Leftrightarrow (a_n - b_n)_{n \in \mathbb{N}} \text{ ist eine Nullfolge} . \quad \triangle$$

Bemerkung 2.1 (Äquivalente Cauchyfolgen in $\mathbb{Q}$)

Wir betrachten die Situation zunächst einmal in $\mathbb{Q}$. Hier ist ein Indikator für ein Körperelement, das eigentlich da sein sollte, es aber nicht ist, eine rationale Cauchyfolge, die *nicht* konvergiert. Zwei rationale Cauchyfolgen, die nicht konvergieren, sich aber nur um eine Nullfolge unterscheiden, weisen offenbar auf „die gleiche Lücke" hin. Die Cantorsche Konstruktion läuft nun grob gesprochen darauf hinaus, die „Lücken" durch die auf sie hinweisenden Cauchyfolgen zu repräsentieren und sie somit zu beseitigen. $\triangle$

Wir erhalten den folgenden

Satz 2.1

$\sim$ aus Definition 2.1 ist eine Äquivalenzrelation.

Beweis: Den wirklich einfachen Beweis überlassen wir den Leserinnen und Lesern, s. Aufgabe 2.1. $\square$

Interessanter als der ausgelassene Beweis ist eine erste Inspektion der Äquivalenzklassen $[(a_n)_{n\in\mathbb{N}}]_\sim$. Wir betrachten eine konvergente Folge $(a_n)_{n\in\mathbb{N}}$ rationaler Zahlen, die ja insbesondere auch eine Cauchyfolge ist. Sei also $r \in \mathbb{Q}$ mit $\lim\limits_{n\to\infty} a_n = r$. Dann erhalten wir unmittelbar aus der Definition

$$(a_n)_{n\in\mathbb{N}} \sim (b_n)_{n\in\mathbb{N}} \Leftrightarrow \lim_{n\to\infty} b_n = r \; ;$$

d. h., in der Äquivalenzklasse $[(a_n)_{n\in\mathbb{N}}]_\sim$ liegen genau diejenigen rationalen Cauchyfolgen, die gegen r konvergieren. Dies berechtigt uns zu der folgenden Bezeichnungsweise:

$$\tilde{r} := [(a_n)_{n\in\mathbb{N}}]_\sim \Leftrightarrow \lim_{n\to\infty} a_n = r \; .$$

Diese Äquivalenzklassen liefern offenbar nichts Neues, sondern sie reproduzieren nur die Elemente von $\mathbb{Q}$ in komplizierterer Bezeichnungsweise.

Wirklich über $\mathbb{Q}$ hinaus führen diejenigen Äquivalenzklassen, die von *nicht* konvergenten Cauchyfolgen erzeugt werden.

Wir wollen jetzt die Verträglichkeit zwischen Addition bzw. Multiplikation und der Äquivalenzrelation untersuchen. Es gilt der folgende

Satz 2.2 (Verträglichkeit von Addition und Multiplikation)

Seien die Folgen $(a_n)_{n\in\mathbb{N}}$, $(b_n)_{n\in\mathbb{N}}$, $(a'_n)_{n\in\mathbb{N}}$ und $(b'_n)_{n\in\mathbb{N}}$ aus $\mathcal{F}^C$ und sei ferner $(a_n)_{n\in\mathbb{N}} \sim (a'_n)_{n\in\mathbb{N}}$, $(b_n)_{n\in\mathbb{N}} \sim (b'_n)_{n\in\mathbb{N}}$. Dann gilt:

(1) $(a_n + b_n)_{n \in \mathbb{N}} \sim (a'_n + b'_n)_{n \in \mathbb{N}}$;

(2) $(a_n \cdot b_n)_{n \in \mathbb{N}} \sim (a'_n \cdot b'_n)_{n \in \mathbb{N}}$.

Beweis: Eigenschaft (1) wird in Aufgabe 2.2 bewiesen. Wir zeigen (2).

Es gilt für alle $n \in \mathbb{N}$

$$a_n \cdot b_n - a'_n \cdot b'_n = a_n \cdot (b_n - b'_n) + b'_n \cdot (a_n - a'_n) \, ,$$

also

$$|a_n \cdot b_n - a'_n \cdot b'_n| \leqq |a_n| \cdot |b_n - b'_n| + |b'_n| \cdot |a_n - a'_n| \, . \tag{2.1}$$

Sowohl $(a_n - a'_n)_{n \in \mathbb{N}}$ als auch $(b_n - b'_n)_{n \in \mathbb{N}}$ sind nach Voraussetzung Nullfolgen, und $(a_n)_{n \in \mathbb{N}}$, $(b'_n)_{n \in \mathbb{N}}$ sind als Cauchyfolgen insbesondere beschränkt. Somit folgt aus (2.1) unmittelbar, daß $(a_n \cdot b_n - a'_n \cdot b'_n)_{n \in \mathbb{N}}$ eine Nullfolge ist, also in der Tat $(a_n \cdot b_n)_{n \in \mathbb{N}} \sim (a'_n \cdot b'_n)_{n \in \mathbb{N}}$. $\quad\square$

Der vorausgegangene Satz rechtfertigt die folgende

Definition 2.2 (Cantorkonstruktion von $\mathbb{R}$)

Seien die Folgen $(a_n)_{n \in \mathbb{N}}$ und $(b_n)_{n \in \mathbb{N}}$ aus $\mathcal{F}^C$. Dann setzen wir

$$[(a_n)_{n \in \mathbb{N}}]_\sim + [(b_n)_{n \in \mathbb{N}}]_\sim := [(a_n + b_n)_{n \in \mathbb{N}}]_\sim \; ;$$
$$[(a_n)_{n \in \mathbb{N}}]_\sim \cdot [(b_n)_{n \in \mathbb{N}}]_\sim := [(a_n \cdot b_n)_{n \in \mathbb{N}}]_\sim \; .$$

Ferner setzen wir abkürzend $\mathcal{R} := \mathcal{F}^C_{/\sim}$ und wir nennen $\mathcal{R}$ die *Cantorkonstruktion von* $\mathbb{R}$. $\triangle$

Man beachte, daß wir in $\mathcal{R}$ dieselben Zeichen $+$ und $\cdot$ für Addition und Multiplikation verwenden wie in $\mathbb{Q}$ und in $\mathcal{F}^C$.

Unser nächstes Ziel ist es darzulegen, daß $(\mathcal{R}, +, \cdot)$ ein Körper ist, der einen zu $\mathbb{Q}$ isomorphen Unterkörper enthält (Satz 2.5).

Zunächst stellen wir im folgenden Hilfssatz vier nützliche „Rechenregeln" zusammen.

Hilfssatz 2.1 (Rechenregeln)

Seien $r, s \in \mathbb{Q}$, $(c_n)_{n \in \mathbb{N}} \in \mathcal{F}^C$, dann gilt:

(1) $\tilde{r} + \tilde{s} = \widetilde{r + s}$;

(2) $\tilde{r} \cdot \tilde{s} = \widetilde{r \cdot s}$;

(3) $\tilde{r} + [(c_n)_{n \in \mathbb{N}}]_\sim = [(r + c_n)_{n \in \mathbb{N}}]_\sim$;

(4) $\tilde{r} \cdot [(c_n)_{n \in \mathbb{N}}]_\sim = [(r \cdot c_n)_{n \in \mathbb{N}}]_\sim$.

Beweis: Es sind $\tilde{r} = [(a_n)_{n \in \mathbb{N}}]_\sim$ mit $\lim\limits_{n \to \infty} a_n = r$ und $\tilde{s} = [(b_n)_{n \in \mathbb{N}}]_\sim$ mit $\lim\limits_{n \to \infty} b_n = s$. Damit sind (1) und (2) direkte Konsequenzen aus den *Grenzwertsätzen* in $\mathbb{Q}$ und der Definition von Addition bzw. Multiplikation in $\mathcal{R}$.

Die Beziehungen (3) und (4) sind ebenfalls ganz einfach zu beweisen; denn

$$(r + c_n)_{n \in \mathbb{N}} \sim (a_n + c_n)_{n \in \mathbb{N}} \ ,$$

da $(a_n + c_n) - (r + c_n) = a_n - r$ und $(a_n - r)_{n \in \mathbb{N}}$ eine Nullfolge ist. Ferner ist

$$(r \cdot c_n)_{n \in \mathbb{N}} \sim (a_n \cdot c_n)_{n \in \mathbb{N}} \ ,$$

da $a_n \cdot c_n - r \cdot c_n = (a_n - r) \cdot c_n$, da weiter $(a_n - r)_{n \in \mathbb{N}}$ eine Nullfolge ist und da $(c_n)_{n \in \mathbb{N}}$ als Cauchyfolge beschränkt ist. $\qquad\square$

Bemerkung 2.2

Aus den Eigenschaften (3) und (4) des Hilfssatzes 2.1 folgt unmittelbar:

$\tilde{0}$ ist ein neutrales Element bzgl. der Addition in $\mathcal{R}$;

$\tilde{1}$ ist ein neutrales Element bzgl. der Multiplikation in $\mathcal{R}$. $\triangle$

Beachten wir die Definition von Addition und Multiplikation in $\mathcal{R}$ zusammen mit den Eigenschaften der Addition und Multiplikation rationaler Zahlen und die Tatsache, daß

$$(a_n)_{n \in \mathbb{N}} \in \mathcal{F}^C \quad \Rightarrow \quad (-a_n)_{n \in \mathbb{N}} \in \mathcal{F}^C \ ,$$

erhalten wir unmittelbar den

Satz 2.3 (Ringeigenschaft von $\mathcal{R}$)

$(\mathcal{R}, +, \cdot)$ ist ein kommutativer Ring mit Einselement.

Nun können wir bequem eine wichtige Folgerung der Eigenschaften (1) und (2) aus Hilfssatz 2.1 formulieren.

Satz 2.4 (Einbettung von $\mathbb{Q}$)

Die Abbildung $\varphi : \mathbb{Q} \to \mathcal{R}$ mit $r \mapsto \varphi(r) := \tilde{r}$ ist ein injektiver Ring-Homomorphismus, und damit ist $\tilde{\mathbb{Q}} := \varphi(\mathbb{Q})$ ein zu $\mathbb{Q}$ isomorpher Körper.

Beweis: (1) und (2) aus Hilfssatz 2.1 zeigen, daß φ ein Ring-Homomorphismus ist. Sind $r, s \in \mathbb{Q}$ mit $r \neq s$, dann ist nach Konstruktion $\tilde{r} \neq \tilde{s}$, und das zeigt die Injektivität. $\qquad\square$

Wenn wir jetzt noch zeigen können, daß es zu jedem Element aus $\mathcal{R}$, das von $\tilde{0}$

verschieden ist, ein multiplikatives Inverses in $\mathcal{R}$ gibt, dann sind wir an unserem Zwischenziel angelangt.

Für diesen Nachweis haben wir aber schon einiges bereitgestellt. Sei also $[(a_n)_{n\in\mathbb{N}}]_\sim \in \mathcal{R}$ mit $[(a_n)_{n\in\mathbb{N}}]_\sim \neq \widetilde{0}$, d. h., die Cauchyfolge $(a_n)_{n\in\mathbb{N}}$ sei keine Nullfolge. Dann gibt es ein $r > 0$ aus $\mathbb{Q}$ und ein $n_0 \in \mathbb{N}$ mit $|a_n| \geqq r$ für alle $n > n_0$. Wir betrachten die Folge $(b_n)_{n\in\mathbb{N}}$ mit

$$b_n = \begin{cases} r & \text{für } n = 1, 2, \ldots, n_0 \\ a_n & \text{für alle } n > n_0 \end{cases} .$$

Dann ist $(b_n)_{n\in\mathbb{N}}$ eine Cauchyfolge mit $|b_n| \geqq r$ für alle $n \in \mathbb{N}$. Daraus folgt, daß auch $\left(\frac{1}{b_n}\right)_{n\in\mathbb{N}}$ eine Cauchyfolge ist. Ferner gilt $a_n - b_n = 0$ für alle $n > n_0$, also ist $(a_n)_{n\in\mathbb{N}} \sim (b_n)_{n\in\mathbb{N}}$, d. h. aber $[(a_n)_{n\in\mathbb{N}}]_\sim = [(b_n)_{n\in\mathbb{N}}]_\sim$.

Somit ist

$$[(a_n)_{n\in\mathbb{N}}]_\sim \cdot \left[\left(\frac{1}{b_n}\right)_{n\in\mathbb{N}}\right]_\sim = [(b_n)_{n\in\mathbb{N}}]_\sim \cdot \left[\left(\frac{1}{b_n}\right)_{n\in\mathbb{N}}\right]_\sim = [(b_n \cdot \frac{1}{b_n})_{n\in\mathbb{N}}]_\sim = \widetilde{1} .$$

Zusammenfassend erhalten wir den folgenden

Satz 2.5 (Körpereigenschaft von $\mathcal{R}$)

$(\mathcal{R}, +, \cdot)$ ist ein Körper. $\widetilde{\mathbb{Q}}$ ist ein Unterkörper von $\mathcal{R}$, welcher isomorph zu $\mathbb{Q}$ ist. $\quad\square$

Nachdem wir gezeigt haben, daß $(\mathcal{R}, +, \cdot)$ ein Körper ist, benötigen wir nun eine Kleiner-Relation $<$, so daß $(\mathcal{R}, +, \cdot, <)$ ein angeordneter Körper wird. Um einerseits die Verzahnung mit den rationalen Zahlen stärker zu akzentuieren und um andererseits das Verständnis für die Ordnungsrelation sowohl zu erleichtern als auch zu vertiefen, erklären und untersuchen wir die Ordnungsrelation zunächst im Ring $\mathcal{F}^C$ der rationalen Cauchyfolgen. Wir werden später an einigen Stellen bemerken, daß sich auch beweistechnisch gewisse Vorteile ergeben, wenn man die Kleiner-Relation schon auf der Ebene der Cauchyfolgen zur Verfügung hat.

Die Möglichkeit eines Größenvergleichs zwischen Cauchyfolgen, die es jetzt zu etablieren gilt, soll natürlich die Möglichkeit des Größenvergleichs zwischen rationalen Zahlen, die bereits gegeben ist, in naheliegender Weise fortsetzen.

Man gelangt wohl am einfachsten zu einer tragfähigen Vorstellung bzgl. der Möglichkeit einer derartigen Definition, wenn man zunächst _konvergente_ Folgen rationaler Zahlen betrachtet. Sind $(a_n)_{n\in\mathbb{N}}$ und $(b_n)_{n\in\mathbb{N}}$ konvergente Folgen rationaler Zahlen, so wird man wohl die folgende Äquivalenz erwarten:

$$(a_n)_{n\in\mathbb{N}} < (b_n)_{n\in\mathbb{N}} \quad \Leftrightarrow \quad \lim_{n\to\infty} a_n < \lim_{n\to\infty} b_n .$$

Für konvergente Folgen $(a_n)_{n \in \mathbb{N}}$ und $(b_n)_{n \in \mathbb{N}}$ ist $\lim\limits_{n \to \infty} a_n < \lim\limits_{n \to \infty} b_n$ genau dann, wenn gilt: Es gibt ein $d > 0$ mit $a_n + d \leqq b_n$ für fast alle $n \in \mathbb{N}$.

In der letzten Bedingung treten die Grenzwerte nicht mehr explizit auf, und sie liefert uns damit die Möglichkeit einer sinnvollen Definition für beliebige – nunmehr nicht mehr notwendig konvergente – Cauchyfolgen.

Definition 2.3 (Kleiner-Relation für Cauchyfolgen)

$(a_n)_{n \in \mathbb{N}}$ und $(b_n)_{n \in \mathbb{N}}$ seien rationale Cauchyfolgen. Dann setzen wir

$(a_n)_{n \in \mathbb{N}} < (b_n)_{n \in \mathbb{N}} :\Leftrightarrow$ Es gibt ein $d > 0$ mit $a_n + d \leqq b_n$ für fast alle $n \in \mathbb{N}$. $\triangle$

Wir müssen jetzt zeigen, daß das so definierte $<$ eine antireflexive Ordnungsrelation in der Menge $\mathcal{F}^C$ definiert.

Satz 2.6 (Antireflexivität der Ordnungsrelation)

$(a_n)_{n \in \mathbb{N}}$, $(b_n)_{n \in \mathbb{N}}$ und $(c_n)_{n \in \mathbb{N}}$ seien aus $\mathcal{F}^C$. Dann gilt:

(1) **Asymmetrie:** $(a_n)_{n \in \mathbb{N}} < (b_n)_{n \in \mathbb{N}} \Rightarrow \neg \left((a_n)_{n \in \mathbb{N}} \overset{>}{<} (b_n)_{n \in \mathbb{N}} \right)$

(2) **Transitivität:** $(a_n)_{n \in \mathbb{N}} < (b_n)_{n \in \mathbb{N}}$ und $(b_n)_{n \in \mathbb{N}} < (c_n)_{n \in \mathbb{N}} \Rightarrow (a_n)_{n \in \mathbb{N}} < (c_n)_{n \in \mathbb{N}}$.

Beweis: Den wirklich sehr einfachen Beweis überlassen wir als Aufgabe 2.3. $\square$

Etwas anspruchsvoller ist der Beweis des folgenden Satzes, welcher als Aufgabe 2.4 zu bearbeiten ist, und in welchem der Zusammenhang mit der Kleiner-Relation in $\mathbb{Q}$ auch sehr prägnant zum Ausdruck kommt.

Satz 2.7 (Charakterisierung durch untere und obere Nachbarn)

$(a_n)_{n \in \mathbb{N}}$ und $(b_n)_{n \in \mathbb{N}}$ seien rationale Cauchyfolgen. Dann ist $(a_n)_{n \in \mathbb{N}} < (b_n)_{n \in \mathbb{N}}$ genau dann, wenn es einen oberen Nachbarn a der Folge $(a_n)_{n \in \mathbb{N}}$ und einen unteren Nachbarn b der Folge $(b_n)_{n \in \mathbb{N}}$ gibt, für die $a < b$ gilt. $\square$

Wir werden jetzt Zusammenhänge zwischen der Äquivalenzrelation $\sim$ auf $\mathcal{F}^C$ und der Kleiner-Relation $<$ auf $\mathcal{F}^C$ betrachten. Dabei werden wir unter anderem sehen, daß $\mathcal{F}^C$ durch $<$ nur *teilweise* geordnet wird.

Hilfssatz 2.2

Sind $(a_n)_{n \in \mathbb{N}}$ und $(b_n)_{n \in \mathbb{N}}$ äquivalente Cauchyfolgen, so gilt weder $(a_n)_{n \in \mathbb{N}} < (b_n)_{n \in \mathbb{N}}$ noch $(b_n)_{n \in \mathbb{N}} < (a_n)_{n \in \mathbb{N}}$.

Beweis: Sei $(a_n)_{n \in \mathbb{N}} \sim (b_n)_{n \in \mathbb{N}}$, d. h., $(b_n - a_n)_{n \in \mathbb{N}}$ ist eine Nullfolge. Wir nehmen nun an, es gelte $(a_n)_{n \in \mathbb{N}} < (b_n)_{n \in \mathbb{N}}$. Dann gibt es ein $d > 0$ mit $a_n + d \leqq b_n$ für fast alle $n \in \mathbb{N}$.

Also gilt $b_n - a_n \geq d > 0$ für fast alle $n \in \mathbb{N}$, und folglich ist $(b_n - a_n)_{n \in \mathbb{N}}$ keine Nullfolge. Dies ist ein Widerspruch, also kann $(a_n)_{n \in \mathbb{N}} < (b_n)_{n \in \mathbb{N}}$ nicht gelten. Völlig analog wird die Annahme $(b_n)_{n \in \mathbb{N}} < (a_n)_{n \in \mathbb{N}}$ zum Widerspruch geführt. $\square$

Bevor wir zeigen, daß der vorangegangene Hilfssatz in gewissem Sinne „erschöpfend" ist, wollen wir noch eine Verträglichkeit zwischen der Äquivalenz und der Kleiner-Relation aufzeigen.

Hilfssatz 2.3

(1) $(a_n)_{n \in \mathbb{N}} \sim (b_n)_{n \in \mathbb{N}}$ und $(a_n)_{n \in \mathbb{N}} < (c_n)_{n \in \mathbb{N}} \Rightarrow (b_n)_{n \in \mathbb{N}} < (c_n)_{n \in \mathbb{N}}$;

(2) $(a_n)_{n \in \mathbb{N}} \sim (b_n)_{n \in \mathbb{N}}$ und $(c_n)_{n \in \mathbb{N}} < (a_n)_{n \in \mathbb{N}} \Rightarrow (c_n)_{n \in \mathbb{N}} < (b_n)_{n \in \mathbb{N}}$.

Beweis: Wir beweisen (1): Wegen $(a_n)_{n \in \mathbb{N}} < (c_n)_{n \in \mathbb{N}}$ gibt es ein $d > 0$ mit $a_n + d \leq c_n$ für fast alle $n \in \mathbb{N}$. Ferner ist wegen $(a_n)_{n \in \mathbb{N}} \sim (b_n)_{n \in \mathbb{N}}$ die Folge $(b_n - a_n)_{n \in \mathbb{N}}$ eine Nullfolge. Also ist u. a. $b_n - a_n \leq \frac{d}{2}$ für fast alle $n \in \mathbb{N}$.

Hieraus folgt $b_n + \frac{d}{2} \leq a_n + d \leq c_n$ für fast alle $n \in \mathbb{N}$ bzw. $(b_n)_{n \in \mathbb{N}} < (c_n)_{n \in \mathbb{N}}$.

Analog wird (2) bewiesen. $\square$

Unser nächstes Ziel ist, wie bereits angekündigt, der Nachweis der folgenden „Vorform" der Trichotomie:
Ist $(a_n)_{n \in \mathbb{N}} \not\sim (b_n)_{n \in \mathbb{N}}$, so gilt entweder $(a_n)_{n \in \mathbb{N}} < (b_n)_{n \in \mathbb{N}}$ oder $(b_n)_{n \in \mathbb{N}} < (a_n)_{n \in \mathbb{N}}$.
Sowohl für die weiteren Untersuchungen zur Kleiner-Relation als auch für andere notwendige Betrachtungen ist der folgende Satz sehr wesentlich.

Satz 2.8 (Abstand von Null)

$(a_n)_{n \in \mathbb{N}}$ sei eine Cauchyfolge, die *keine Nullfolge* ist. Dann gibt es ein $r > 0$, so daß entweder

$$a_n \geq r \quad \text{für fast alle } n \in \mathbb{N}$$

oder

$$a_n \leq -r \quad \text{für fast alle } n \in \mathbb{N}$$

gilt.

Beweis: Da $(a_n)_{n \in \mathbb{N}}$ *keine* Nullfolge ist, gibt es zunächst ein $\varepsilon_0 > 0$, so daß zu jedem $n \in \mathbb{N}$ ein $n_1 \in \mathbb{N}$ existiert mit $n_1 > n$ und $|a_{n_1}| \geq \varepsilon_0$.

Da $(a_n)_{n \in \mathbb{N}}$ eine Cauchyfolge ist, gibt es ferner ein n_0 mit $|a_n - a_m| < \frac{\varepsilon_0}{2}$ für alle $m, n \geq n_0$.

Zu diesem n_0 gibt es nun nach obigen Ausführungen ein $n_1 > n_0$ mit

$$|a_{n_1}| \geq \varepsilon_0 . \tag{2.2}$$

Dann ist außerdem

$$-\frac{\varepsilon_0}{2} < a_n - a_{n_1} < \frac{\varepsilon_0}{2}$$

für alle $n \geq n_0$ und damit

$$a_{n_1} - \frac{\varepsilon_0}{2} < a_n < a_{n_1} + \frac{\varepsilon_0}{2} \quad \text{für alle } n \geq n_0. \tag{2.3}$$

Für ein $a_{n_1} > 0$ folgt nun hieraus wegen (2.2)

$$a_{n_1} \geq \varepsilon_0 \overset{(2.3)}{\implies} \varepsilon_0 - \frac{\varepsilon_0}{2} < a_n \quad \text{für alle } n \geq n_0,$$

also $a_n > \frac{\varepsilon_0}{2}$ für alle $n \geq n_0$.

Ist hingegen $a_{n_1} < 0$, so liefert eine analoge Rechnung $a_n < -\frac{\varepsilon_0}{2}$ für alle $n \geq n_0$. $\square$

Bemerkung 2.3

Für eine Cauchyfolge $(a_n)_{n \in \mathbb{N}}$, die keine Nullfolge ist, gilt also die folgende *Alternative*: Entweder besitzt $(a_n)_{n \in \mathbb{N}}$ einen *positiven unteren Nachbarn* oder $(a_n)_{n \in \mathbb{N}}$ besitzt einen *negativen oberen Nachbarn*. $\triangle$

In den meisten Darstellungen der Cantorschen Konstruktion wird die in Satz 2.8 festgehaltene Strukturaussage über Cauchyfolgen, die nicht zugleich Nullfolgen sind, benutzt, um in $\mathcal{R}$ einen Positivbereich zu erklären. Uns erschien es bei dem bisher eingeschlagenen Weg natürlicher zu sein, die Eigenschaft *positiv* bzw. *negativ* aus dem Vergleich mit den Nullfolgen zu gewinnen, der jetzt sehr einfach ist.

Satz 2.9 (Vergleich mit Nullfolgen)

Es sei $(a_n)_{n \in \mathbb{N}}$ eine Cauchyfolge, die nicht zugleich Nullfolge ist. Ferner sei $(b_n)_{n \in \mathbb{N}}$ eine beliebige Nullfolge.

Dann gilt entweder $(a_n)_{n \in \mathbb{N}} < (b_n)_{n \in \mathbb{N}}$ oder $(b_n)_{n \in \mathbb{N}} < (a_n)_{n \in \mathbb{N}}$.

Beweis: Wir wenden Satz 2.8 an.
Fall 1: Es gibt ein $r > 0$ mit $a_n \geq r$ für fast alle $n \in \mathbb{N}$. Da $(b_n)_{n \in \mathbb{N}}$ eine Nullfolge ist, gilt $b_n \leq \frac{r}{2}$ für fast alle $n \in \mathbb{N}$ und damit $b_n + \frac{r}{2} \leq r \leq a_n$ für fast alle $n \in \mathbb{N}$, also in der Tat $(b_n)_{n \in \mathbb{N}} < (a_n)_{n \in \mathbb{N}}$.
Fall 2: Es gibt ein $r > 0$ mit $a_n \leq -r$ für fast alle $n \in \mathbb{N}$. Dies führt mit analogen Überlegungen zu $(a_n)_{n \in \mathbb{N}} < (b_n)_{n \in \mathbb{N}}$. $\square$

Der folgende Satz liefert die bereits erwähnte „Vorform" der Trichotomie und schließt den vorangehenden Satz mit ein, ohne daß dieser im Beweis benötigt wird. Obwohl

Satz 2.9 also prinzipiell überflüssig ist, haben wir ihn aus didaktischen Gründen aufgenommen, um den Vergleich mit den Nullfolgen besonders hervorzuheben.

Satz 2.10 („Vorform" Trichotomie)

Es seien $(a_n)_{n\in\mathbb{N}}$ und $(b_n)_{n\in\mathbb{N}}$ Cauchyfolgen mit $(a_n)_{n\in\mathbb{N}} \not\sim (b_n)_{n\in\mathbb{N}}$. Dann gilt entweder $(a_n)_{n\in\mathbb{N}} < (b_n)_{n\in\mathbb{N}}$ oder $(b_n)_{n\in\mathbb{N}} < (a_n)_{n\in\mathbb{N}}$.

Beweis: Da $(a_n)_{n\in\mathbb{N}} \not\sim (b_n)_{n\in\mathbb{N}}$, ist $(a_n - b_n)_{n\in\mathbb{N}}$ keine Nullfolge; wohl aber ist $(a_n - b_n)_{n\in\mathbb{N}}$ eine Cauchyfolge. Auf diese wenden wir nun Satz 2.8 an. Somit gibt es ein $r > 0$, so daß

entweder $a_n - b_n \geqq r$ für fast alle $n \in \mathbb{N}$

oder $a_n - b_n \leqq -r$ für fast alle $n \in \mathbb{N}$

gilt. Das führt entweder auf $(b_n)_{n\in\mathbb{N}} < (a_n)_{n\in\mathbb{N}}$ oder auf $(a_n)_{n\in\mathbb{N}} < (b_n)_{n\in\mathbb{N}}$.   □

Definition 2.4 (Positivität und Negativität)

$(a_n)_{n\in\mathbb{N}}$ sei eine Cauchyfolge. Gilt dann für eine Nullfolge $(c_n)_{n\in\mathbb{N}}$ (und damit für *jede* Nullfolge, s. Hilfssatz 2.3) $(c_n)_{n\in\mathbb{N}} < (a_n)_{n\in\mathbb{N}}$, so heißt $(a_n)_{n\in\mathbb{N}}$ *positiv*. Gilt hingegen $(a_n)_{n\in\mathbb{N}} < (c_n)_{n\in\mathbb{N}}$, so heißt $(a_n)_{n\in\mathbb{N}}$ *negativ*. △

Aus unseren Überlegungen ergibt sich unmittelbar die

Folgerung 2.1 (Charakterisierung des Positivitätsbereichs)

Die Cauchyfolge $(a_n)_{n\in\mathbb{N}}$ ist genau dann positiv, wenn sie einen positiven unteren Nachbarn besitzt. Die Cauchyfolge $(a_n)_{n\in\mathbb{N}}$ ist genau dann negativ, wenn sie einen negativen oberen Nachbarn besitzt.   □

Wir haben bereits die Verträglichkeit der Kleiner-Relation mit der Äquivalenzrelation besprochen. Wir wollen abschließend die Verträglichkeit der Kleiner-Relation mit der Addition bzw. Multiplikation erörtern.

Hilfssatz 2.4 (Verträglichkeit der Kleiner-Relation mit der Addition)

$(a_n)_{n\in\mathbb{N}}$, $(b_n)_{n\in\mathbb{N}}$ und $(c_n)_{n\in\mathbb{N}}$ seien Cauchyfolgen, und es gelte $(a_n)_{n\in\mathbb{N}} < (b_n)_{n\in\mathbb{N}}$. Dann gilt auch $(a_n)_{n\in\mathbb{N}} + (c_n)_{n\in\mathbb{N}} < (b_n)_{n\in\mathbb{N}} + (c_n)_{n\in\mathbb{N}}$.

Beweis: Dies ist eine unmittelbare Folgerung aus der Definition der Kleiner-Relation.   □

Hilfssatz 2.5 (Verträglichkeit der Kleiner-Relation mit der Multiplikation)

$(a_n)_{n\in\mathbb{N}}$ und $(b_n)_{n\in\mathbb{N}}$ seien zwei positive Cauchyfolgen. Dann ist auch die Cauchyfolge $(a_n \cdot b_n)_{n \in \mathbb{N}}$ positiv.

Beweis: Es gibt positive $r, r' \in \mathbb{R}$ mit

$$a_n \geqq r \text{ für fast alle } n \in \mathbb{N} \quad \text{und} \quad b_n \geqq r' \text{ für fast alle } n \in \mathbb{N} \, .$$

Daraus folgt, daß $a_n \cdot b_n \geqq r \cdot r' > 0$ für fast alle $n \in \mathbb{N}$. Also ist $(a_n \cdot b_n)_{n \in \mathbb{N}}$ positiv. $\square$

Nunmehr ist es sehr einfach, die Kleiner-Relation von den Cauchyfolgen auf die zugehörigen Äquivalenzklassen, also auf die Elemente von $\mathcal{R}$, zu übertragen.

Definition 2.5 (Kleiner-Relation in $\mathcal{R}$)

Es seien $[(a_n)_{n \in \mathbb{N}}]_\sim$ und $[(b_n)_{n \in \mathbb{N}}]_\sim$ aus $\mathcal{R}$. Dann setzen wir:

$$[(a_n)_{n \in \mathbb{N}}]_\sim < [(b_n)_{n \in \mathbb{N}}]_\sim \; :\Longleftrightarrow \; (a_n)_{n \in \mathbb{N}} < (b_n)_{n \in \mathbb{N}} \quad \triangle \, .$$

Gemäß Hilfssatz 2.3 ist die Relation $<$ in $\mathcal{R}$ wohldefiniert. Darüberhinaus gilt für sie der folgende

Satz 2.11 (Eigenschaften der Kleiner-Relation in $\mathcal{R}$)

(1) $<$ ist eine antireflexive Ordnungsrelation, durch welche $\mathcal{R}$ total geordnet wird.

Es seien $[(a_n)_{n \in \mathbb{N}}]_\sim, [(b_n)_{n \in \mathbb{N}}]_\sim, [(c_n)_{n \in \mathbb{N}}]_\sim \in \mathcal{R}$. Dann gilt

(2) $[(a_n)_{n \in \mathbb{N}}]_\sim < [(b_n)_{n \in \mathbb{N}}]_\sim \Rightarrow [(a_n)_{n \in \mathbb{N}}]_\sim + [(c_n)_{n \in \mathbb{N}}]_\sim < [(b_n)_{n \in \mathbb{N}}]_\sim + [(c_n)_{n \in \mathbb{N}}]_\sim$;

(3) $\tilde{0} < [(a_n)_{n \in \mathbb{N}}]_\sim$ und $\tilde{0} < [(b_n)_{n \in \mathbb{N}}]_\sim \Longrightarrow \tilde{0} < [(a_n)_{n \in \mathbb{N}}]_\sim \cdot [(b_n)_{n \in \mathbb{N}}]_\sim$;

(4) Es gibt ein $k \in \mathbb{N}$, so daß $[(a_n)_{n \in \mathbb{N}}]_\sim < \tilde{k}$ gilt;

(5) Für $r, s \in \mathbb{Q}$ gilt $r < s \iff \tilde{r} < \tilde{s}$.

Beweis: (1) folgt aus Satz 2.6 und aus Satz 2.10.
(2) folgt aus Hilfssatz 2.4.
(3) folgt aus Hilfssatz 2.5.
(4) folgt aus Aufgabe 2.7, soll aber der Vollständigkeit halber hier gezeigt werden.

$(a_n)_{n \in \mathbb{N}}$ ist eine Cauchyfolge, ist also insbesondere beschränkt. Somit gibt es ein $r > 0$ mit $a_n < r$ für alle $n \in \mathbb{N}$, also ist $a_n + r < 2r$ für alle $n \in \mathbb{N}$. Da nun $\mathbb{Q}$ archimedisch angeordnet ist, gibt es ein $k \in \mathbb{N}$ mit $2r < k$. Somit gilt mit einem $r > 0$

$$a_n + r < 2r < k \quad \text{für alle } n \in \mathbb{N} \, ,$$

also $(a_n)_{n \in \mathbb{N}} < (k)_{n \in \mathbb{N}}$ bzw. $[(a_n)_{n \in \mathbb{N}}]_\sim < \tilde{k}$.
(5) folgt unmittelbar aus der Definition der Kleiner-Relation. $\square$

Der letzte Satz liefert uns zusammen mit Satz 2.5 das nächste wichtige Zwischenresultat.

Satz 2.12 ($\mathcal{R}$ als archimedisch angeordneter Körper)

$(\mathcal{R}, +, \cdot, <)$ ist ein archimedisch angeordneter Körper.   □

Bemerkung 2.4

Man beachte, daß wir in Kapitel 1 angeordnete Körper urspünglich mit der $\leqq$-Relation eingeführt hatten. In diesem Sinne ist $(\mathcal{R}, +, \cdot, \leqq)$ der archimedisch angeordnete Körper, bei dem dann $\leqq$ entweder $<$ oder $=$ bedeutet.

Im Rahmen der Cantorkonstruktion von $\mathcal{R}$ ist es bequemer und übersichtlicher, die Kleiner-Relation zu behandeln. $\triangle$

Das endgültige Ziel unserer Konstruktion besteht in dem Nachweis, daß $(\mathcal{R}, +, \cdot, <)$ vollständig ist. Diesen Nachweis wollen wir in mehreren Etappen erbringen. Damit keine Irritation entsteht, wollen wir folgende (eigentlich triviale!) Anmerkung machen: Wir haben für den angeordneten Körper $(\mathcal{R}, +, \cdot, <)$ den gesamten Begriffsapparat zur Verfügung, den wir in Kapitel 1 entwickelt hatten. So, können wir z. B. Folgen in $\mathcal{R}$ auf Konvergenz untersuchen, ferner können wir in $\mathcal{R}$ Cauchyfolgen betrachten usw.

Da wir außerdem bereits gezeigt haben, daß $\mathcal{R}$ archimedisch angeordnet ist, haben wir aufgrund unserer Konstruktion folgenden Sachverhalt zur Verfügung:

Folgerung 2.2

Ist $[(a_n)_{n \in \mathbb{N}}]_\sim \in \mathcal{R}$ beliebig mit $\widetilde{0} < [(a_n)_{n \in \mathbb{N}}]_\sim$, so gibt es stets ein $\varepsilon > 0$ aus $\mathbb{Q}$ mit $\widetilde{0} < \widetilde{\varepsilon} < [(a_n)_{n \in \mathbb{N}}]_\sim$.   □

Dies hat z. B. zur Konsequenz, daß wir in der Cauchybedingung für Folgen in $\mathcal{R}$ stets nur $\widetilde{\varepsilon} > \widetilde{0}$ mit $\varepsilon \in \mathbb{Q}$ zu betrachten brauchen.

Der nächste Satz ist die erste wichtige Etappe auf dem Weg zu dem genannten Ziel. Durch ihn kommt zum Ausdruck, daß unsere Konstruktion so durchgeführt wurde, wie wir es in der Bemerkung 2.1 angesprochen hatten.

Satz 2.13 (Rationale Approximierbarkeit in $\mathcal{R}$)

Es sei $[(a_k)_{k \in \mathbb{N}}]_\sim \in \mathcal{R}$ beliebig. Dann gilt

$$\mathcal{R}\text{-}\lim_{n \to \infty} \widetilde{a}_n = [(a_k)_{k \in \mathbb{N}}]_\sim \ .$$

Beweis: Es sei $\varepsilon > 0$ aus $\mathbb{Q}$ beliebig gegeben. Da $(a_k)_{k \in \mathbb{N}}$ eine rationale Cauchyfolge ist, existiert ein $n_0 \in \mathbb{N}$ mit

$$-\frac{\varepsilon}{2} < a_m - a_n < \frac{\varepsilon}{2} \quad \text{für alle } m, n \geqq n_0 \ . \tag{2.4}$$

Aus der rechten Ungleichung folgt insbesondere $a_m + \frac{\varepsilon}{2} < a_n + \varepsilon$ für alle $m, n \geqq n_0$.

Es sei jetzt $n \geq n_0$ beliebig, aber fest. Dann gilt $a_k + \frac{\varepsilon}{2} < c_k^n + \varepsilon$ für fast alle $k \in \mathbb{N}$, wobei $c_k^n := a_n$ für alle $k \in \mathbb{N}$ konstant ist. Daraus folgt $(a_k)_{k \in \mathbb{N}} < (c_k^n + \varepsilon)_{k \in \mathbb{N}}$, also $[(a_k)_{k \in \mathbb{N}}]_\sim < [(c_k^n + \varepsilon)_{k \in \mathbb{N}}]_\sim = \tilde{a}_n + \tilde{\varepsilon}$. Damit haben wir bewiesen:

$$[(a_k)_{k \in \mathbb{N}}]_\sim < \tilde{a}_n + \tilde{\varepsilon} \quad \text{für alle } n \geq n_0 \ .$$

Nehmen wir nun die linke Ungleichung von (2.4), so gelangen wir mit der gleichen Schlußweise wie eben zu der Ungleichung

$$\tilde{a}_n < [(a_k)_{k \in \mathbb{N}}]_\sim + \tilde{\varepsilon} \quad \text{für alle } n \geq n_0 \ .$$

Insgesamt haben wir folglich gezeigt

$$-\tilde{\varepsilon} < [(a_k)_{k \in \mathbb{N}}]_\sim - \tilde{a}_n < \tilde{\varepsilon} \quad \text{für alle } n \geq n_0 \ ,$$

und dies ist äquivalent zu

$$\left| [(a_k)_{k \in \mathbb{N}}]_\sim - \tilde{a}_n \right| < \tilde{\varepsilon} \quad \text{für alle } n \geq n_0 \ .$$

Nun war $\varepsilon > 0$ beliebig aus $\mathbb{Q}$, so daß wir in der Tat

$$\mathcal{R}\text{-}\lim_{n \to \infty} \tilde{a}_n = [(a_k)_{k \in \mathbb{N}}]_\sim$$

erhalten. $\qquad\qquad\qquad\qquad\qquad\qquad\qquad\qquad\qquad\qquad\qquad\qquad\qquad\qquad\qquad$ $\square$

Mit diesem Satz haben wir jetzt alle Hilfsmittel bereitgestellt, um zu zeigen, daß in $\mathcal{R}$ jede Cauchyfolge konvergiert.

Satz 2.14 (Cauchysches Konvergenzkriterium in $\mathcal{R}$)

$(\alpha_n)_{n \in \mathbb{N}}$ sei eine Cauchyfolge in $(\mathcal{R}, +, \cdot, <)$. Dann ist $(\alpha_n)_{n \in \mathbb{N}}$ in $(\mathcal{R}, +, \cdot, <)$ konvergent.

Beweis: Zunächst möchten wir kurz die Beweisidee skizzieren: Um den Nachweis der Konvergenz zu führen, benötigen wir den Grenzwert. Diesen konstruieren wir uns mit Hilfe der darstellenden rationalen Cauchyfolgen. Sobald man den Grenzwert dingfest gemacht hat, ist der Nachweis der Konvergenz problemlos.

Für $n \in \mathbb{N}$ setzen wir $\varepsilon_n := \frac{1}{n}$, da $\tilde{\varepsilon}_n$ unmißverständlicher ist als $\widetilde{\frac{1}{n}}$.

Da $\alpha_n \in \mathcal{R}$ ist, gibt es nach Konstruktion rationale Cauchyfolgen $(a_k^n)_{k \in \mathbb{N}}$ mit $\alpha_n = [(a_k^n)_{k \in \mathbb{N}}]_\sim$ und daher gemäß Satz 2.13 $\mathcal{R}\text{-}\lim\limits_{k \to \infty} \widetilde{a_k^n} = \alpha_n$.

Aus dieser Grenzwertrelation folgt aber unmittelbar, daß es zu jedem $n \in \mathbb{N}$ ein $k(n) \in \mathbb{N}$ gibt, welches i. a. von n abhängt, mit

$$\left| \alpha_n - \widetilde{a_{k(n)}^n} \right| < \tilde{\varepsilon}_n \ . \tag{2.5}$$

Die folgende Ungleichung folgt aus der Dreiecksungleichung

$$|a_q^n - a_p^m| \leq |a_q^n - a_k^n| + |a_k^n - a_k^m| + |a_k^m - a_p^m| \tag{2.6}$$

und gilt für alle $k, p, q, m, n \in \mathbb{N}$.

Aus (2.6) folgt mit Satz 2.13 für $k \to \infty$

$$|\widetilde{a_q^n} - \widetilde{a_p^m}| \leqq |\widetilde{a_q^n} - \alpha_n| + |\alpha_n - \alpha_m| + |\alpha_m - \widetilde{a_p^m}| \,.$$

In der letzten Ungleichung verfügen wir nun über p und q und wählen $p = k(m)$ und $q = k(n)$. Dann gelangen wir zu

$$|\widetilde{a_{k(n)}^n} - \widetilde{a_{k(m)}^m}| \leqq |\widetilde{a_{k(n)}^n} - \alpha_n| + |\alpha_n - \alpha_m| + |\alpha_m - \widetilde{a_{k(m)}^m}| \,.$$

Daraus folgt mit (2.5) die Abschätzung

$$|\widetilde{a_{k(n)}^n} - \widetilde{a_{k(m)}^m}| < \widetilde{\varepsilon}_n + |\alpha_n - \alpha_m| + \widetilde{\varepsilon}_m \,. \tag{2.7}$$

Es sei jetzt $\varepsilon > 0$ aus $\mathbb{Q}$ beliebig vorgegeben. Da $(\alpha_n)_{n \in \mathbb{N}}$ eine Cauchyfolge in $\mathcal{R}$ ist, gibt es ein $n_1 \in \mathbb{N}$ mit $|\alpha_n - \alpha_m| < \widetilde{\varepsilon}$ für alle $m, n \geqq n_1$. Da $(\widetilde{\varepsilon}_l)_{l \in \mathbb{N}}$ eine Nullfolge in $\mathcal{R}$ ist, gibt es ein $n_2 \in \mathbb{N}$ mit $\widetilde{\varepsilon}_l < \widetilde{\varepsilon}$ für alle $l \geqq n_2$.

Wir wählen $n_0 := \max\{n_1, n_2\}$. Dann folgt aus (2.7)

$$|\widetilde{a_{k(n)}^n} - \widetilde{a_{k(m)}^m}| < \widetilde{\varepsilon} + \widetilde{\varepsilon} + \widetilde{\varepsilon} = 3\,\widetilde{\varepsilon} \quad \text{für alle } m, n \geqq n_0 \,.$$

Daraus folgt unmittelbar

$$|a_{k(n)}^n - a_{k(m)}^m| < 3\,\varepsilon \quad \text{für alle } m, n \geqq n_0 \,,$$

und dies bedeutet, daß $(c_m)_{m \in \mathbb{N}}$ mit $c_m := a_{k(m)}^m$ eine *rationale Cauchyfolge* ist. Somit ist $\alpha := [(c_m)_{m \in \mathbb{N}}]_{\sim}$ ein Element aus $\mathcal{R}$.

Wir zeigen abschließend, daß $\mathcal{R}\text{-}\lim\limits_{n \to \infty} \alpha_n = \alpha$ ist. Dazu verwenden wir die Dreiecksungleichung in der Form

$$|\widetilde{a_k^n} - \widetilde{c}_k| \leqq |\widetilde{a_k^n} - \widetilde{c}_n| + |\widetilde{c}_n - \widetilde{c}_k| \,, \tag{2.8}$$

die für alle $k, n \in \mathbb{N}$ gilt. Benutzen wir (2.8) sowie die Grenzwertrelationen $\mathcal{R}\text{-}\lim\limits_{k \to \infty} \widetilde{a_k^n} = \alpha_n$ und $\mathcal{R}\text{-}\lim\limits_{k \to \infty} \widetilde{c}_k = \alpha$, ergibt sich für $k \to \infty$

$$|\alpha_n - \alpha| \leqq |\alpha_n - \widetilde{c}_n| + |\widetilde{c}_n - \alpha| = |\alpha_n - \widetilde{a_{k(n)}^n}| + |\widetilde{c}_n - \alpha| \,.$$

Nach (2.5) ist $|\alpha_n - \widetilde{a_{k(n)}^n}| < \widetilde{\varepsilon}_n$, so daß

$$|\alpha_n - \alpha| < \widetilde{\varepsilon}_n + |\widetilde{c}_n - \alpha| \quad \text{für alle } n \in \mathbb{N}. \tag{2.9}$$

Es ist $(\widetilde{\varepsilon}_n)_{n \in \mathbb{N}}$ eine Nullfolge in $\mathcal{R}$, und beachten wir nochmals die Grenzwertrelation $\mathcal{R}\text{-}\lim_{n \to \infty} \widetilde{c}_n = \alpha$, so sehen wir, daß auch $(\widetilde{c}_n - \alpha)_{n \in \mathbb{N}}$ eine Nullfolge in $\mathcal{R}$ ist. Damit folgt aber unmittelbar aus (2.9) $\mathcal{R}\text{-}\lim_{n \to \infty} \alpha_n = \alpha$, womit die Konvergenz der Cauchyfolge $(\alpha_n)_{n \in \mathbb{N}}$ bewiesen ist. $\qquad\square$

Bemerkung 2.5 (Abgeschlossenheit der Cantorkonstruktion)

Der letzte Satz ist nicht nur eine wichtige Aussage über den Körper $(\mathcal{R}, +, \cdot, <)$, sondern er ist gewissermaßen auch ein *Abgeschlossenheitssatz für die Konstruktion von Cantor*. Denn als Konsequenz erhalten wir aus ihm sofort: Wendet man die Cantorkonstruktion nochmals auf $\mathcal{R}$ an, so erhält man als Resultat lediglich eine isomorphe Kopie $\widetilde{\mathcal{R}}$ von $\mathcal{R}$, so wie die konvergenten rationalen Folgen eine isomorphe Kopie von $\mathbb{Q}$ erzeugten. $\triangle$

Wir haben in Kapitel 1 gezeigt: Ist der angeordnete Körper $(K, +, \cdot, \leqq)$ vollständig, so ist er archimedisch angeordnet (Satz 1.45), und jede Cauchyfolge in K ist in K konvergent (Satz 1.52).

Wir zielen jetzt auf die Umkehrung ab, d. h., wir wollen zeigen: Ist $(K, +, \cdot, \leqq)$ ein angeordneter Körper mit den Eigenschaften

(a) K ist archimedisch angeordnet und

(b) jede Cauchyfolge in K ist konvergent.

Dann ist K vollständig.

Wenn wir dies bewiesen haben, wissen wir, daß das Resultat der Cantorkonstruktion $(\mathcal{R}, +, \cdot, <)$ ein Modell der reellen Zahlen ist; darüberhinaus gewinnen wir eine äquivalente Möglichkeit für die axiomatische Charakterisierung der reellen Zahlen.

Wir werden die genannte Behauptung in mehreren Schritten beweisen.

Hilfssatz 2.6

$(K, +, \cdot, \leqq)$ sei ein angeordneter Körper und $([a_n, b_n])_{n \in \mathbb{N}}$ sei eine Intervallschachtelung in K. Dann ist sowohl $(a_n)_{n \in \mathbb{N}}$ als auch $(b_n)_{n \in \mathbb{N}}$ eine Cauchyfolge in K.

Beweis: Sei $\varepsilon > 0$ beliebig vorgegeben, dann existiert ein n_0 mit $0 < b_{n_0} - a_{n_0} < \varepsilon$. Ferner gilt für alle $m, n \geqq n_0$

$$a_m, a_n, b_m, b_n \in [a_{n_0}, b_{n_0}].$$

Daraus folgt unmittelbar

$$|a_m - a_n| \leqq |b_{n_0} - a_{n_0}| < \varepsilon \quad \text{und} \quad |b_m - b_n| \leqq |b_{n_0} - a_{n_0}| < \varepsilon$$

für alle $m, n \geqq n_0$, und dies beweist die Behauptung.   □

Hilfssatz 2.7

$(K, +, \cdot, \leqq)$ sei ein archimedisch angeordneter Körper. Ferner sei A eine nichtleere Teilmenge von K, die nach oben beschränkt ist. Dann gibt es in K eine Intervallschachtelung $([a_n, b_n])_{n \in \mathbb{N}}$ mit den Eigenschaften

(a) a_n ist für alle $n \in \mathbb{N}$ *keine* obere Schranke von A, und

(b) b_n *ist* für alle $n \in \mathbb{N}$ eine obere Schranke von A.

Besitzt die Intervallschachtelung einen inneren Punkt $c \in K$, so ist $\sup_K A = c$.

Beweis: Da nach Voraussetzung K archimedisch angeordnet ist, ist insbesondere $(\frac{1}{2^n})_{n \in \mathbb{N}}$ eine Nullfolge in K, s. Beispiel 1.10. Das hat folgende Konsequenz: Konstruieren wir in K ausgehend von einem Intervall $[a_1, b_1]$ durch fortgesetztes Halbieren eine Intervallfolge, so ist diese Intervallfolge eine Intervallschachtelung.

Nach Voraussetzung ist $A \neq \emptyset$. Daher existiert ein $a \in A$ und ein $a_1 \in K$ mit $a_1 < a$. Ferner ist A nach oben beschränkt. Somit existiert ein $b_1 \in K$ mit $y < b_1$ für alle $y \in A$. Also gilt $a_1 < a < b_1$; damit ist $[a_1, b_1]$ ein Intervall, das zudem die Eigenschaften hat

a_1 ist keine obere Schranke von A, und b_1 ist eine obere Schranke von A.

Wie bereits angekündigt, betrachten wir den arithmetischen Mittelwert

$$x_1 := \frac{a_1 + b_1}{2}$$

und unterscheiden die folgenden beiden Fälle: Falls x_1 eine obere Schranke von A ist, setzen wir

$$a_2 := a_1 , \qquad b_2 := x_1 ,$$

andernfalls

$$a_2 := x_1 , \qquad b_2 := b_1 .$$

In jedem Fall hat das resultierende Intervall $[a_2, b_2]$ die Eigenschaften

a_2 ist keine obere Schranke von A, und b_2 ist eine obere Schranke von A.

So fortfahrend konstruieren wir durch fortgesetzte Halbierung eine Intervallschachtelung $([a_n, b_n])_{n \in \mathbb{N}}$ mit den gewünschten Eigenschaften.

Liegt der Punkt $c \in K$ in allen Intervallen $c \in [a_n, b_n]$, $(n \in \mathbb{N})$, so wissen wir bereits, daß $c = \lim_{n \to \infty} a_n = \lim_{n \to \infty} b_n$. Wir zeigen als nächstes, daß c eine obere Schranke von A ist.

Hierzu nehmen wir an, c sei keine obere Schranke von A. Dann gibt es ein $d \in A$ mit $c < d$. Wegen $c = \lim_{n \to \infty} b_n$ gibt es ein $n_1 \in \mathbb{N}$ mit $b_{n_1} < d$. Wegen $d \in A$ ist b_{n_1} *keine* obere Schranke von A. Dies ist ein Widerspruch.

Als nächstes zeigen wir, daß c sogar die *kleinste* obere Schranke von A ist. Wäre dies nicht der Fall, gäbe es eine obere Schranke $c' \in K$ von A mit $c' < c$. Wegen $\lim_{n \to \infty} a_n = c$ gibt es ein $n_2 \in \mathbb{N}$ mit $c' < a_{n_2}$. Dann aber wäre a_{n_2} ein obere Schranke von A im Widerspruch zur Konstruktion. □

Nun ist es sehr einfach, den anvisierten Satz zu beweisen:

Satz 2.15 (Charakterisierung der Vollständigkeit)

$(K, +, \cdot, \leq)$ sei ein archimedisch angeordneter Körper, in dem jede Cauchyfolge konvergiert. Dann ist $(K, +, \cdot, \leq)$ vollständig.

Beweis: Sei A eine nichtleere und nach oben beschränkte Teilmenge von K. Dann gibt es nach Hilfssatz 2.7 in K eine Intervallschachtelung $([a_n, b_n])_{n \in \mathbb{N}}$ mit den Eigenschaften

(a) a_n ist für alle $n \in \mathbb{N}$ keine obere Schranke von A, und

(b) b_n ist für alle $n \in \mathbb{N}$ eine obere Schranke von A.

Nach Hilfssatz 2.6 sind sowohl $(a_n)_{n \in \mathbb{N}}$ als auch $(b_n)_{n \in \mathbb{N}}$ Cauchyfolgen in K. Damit sind nach Voraussetzung $(a_n)_{n \in \mathbb{N}}$ und $(b_n)_{n \in \mathbb{N}}$ konvergent. Da $(b_n - a_n)_{n \in \mathbb{N}}$ eine Nullfolge ist, gibt es also ein $c \in K$ mit $c = \lim_{n \to \infty} a_n = \lim_{n \to \infty} b_n$. Also liegt $c \in [a_n, b_n]$ für alle $n \in \mathbb{N}$. Nun folgt aus der letzten Aussage des Hilfssatzes 2.7, daß in der Tat $\sup_K A = c$ gilt, und dies war zu zeigen. □

Für das Resultat der Cantorkonstruktion erhalten wir nun unmittelbar den folgenden

Satz 2.16 (Cantorkonstruktion als Modell von $\mathbb{R}$)

Der angeordnete Körper $(\mathcal{R}, +, \cdot, <)$ ist vollständig; also hat die Konstruktion von Cantor ein Modell der reellen Zahlen geliefert. □

Abschließend wollen wir das Modell $(\mathcal{R}, +, \cdot, <)$ benutzen, um zu zeigen, daß *die reellen Zahlen überabzählbar sind.*[1]

Unsere Beweisführung folgt der Arbeit von Wenner [33]. Entscheidend für den

---

[1] Das bedeutet, daß man die reellen Zahlen *nicht* durchnumerieren kann.

Nachweis der Überabzählbarkeit von $\mathcal{R}$ ist der folgende

Hilfssatz 2.8

$((a_n^k)_{n\in\mathbb{N}})_{k\in\mathbb{N}}$ sei eine Folge rationaler Cauchyfolgen. Dann existiert eine rationale Cauchyfolge $(b_n)_{n\in\mathbb{N}}$ mit der Eigenschaft

$$(b_n)_{n\in\mathbb{N}} \not\sim (a_n^k)_{n\in\mathbb{N}} \quad \text{für alle } k \in \mathbb{N}\,.$$

Beweis: Da für jedes $k \in \mathbb{N}$ die Folge $(a_n^k)_{n\in\mathbb{N}}$ eine rationale Cauchyfolge ist, können wir rekursiv eine streng monoton wachsende Folge $(N_k)_{k\in\mathbb{N}}$ natürlicher Zahlen konstruieren mit der Eigenschaft

$$|a_m^k - a_n^k| < \frac{1}{2^{3k+2}} \quad \text{für alle } m, n \geq N_k\,.$$

Denn sicher finden wir ein $N_1 \in \mathbb{N}$ mit

$$|a_m^1 - a_n^1| < \frac{1}{2^5} \quad \text{für alle } m, n \geq N_1\,,$$

und haben wir $N_1 < N_2 < \cdots < N_{k-1}$ mit der gewünschten Eigenschaft bereits bestimmt, so existiert zunächst ein $n_0 \in \mathbb{N}$ mit

$$|a_m^k - a_n^k| < \frac{1}{2^{3k+2}} \quad \text{für alle } m, n \geq n_0\,.$$

Dann besitzt aber $N_k := \max\{N_{k-1}, n_0\} + 1$ sicher die gewünschte Eigenschaft. Wir merken noch an, daß $N_k \geq k$ für alle $k \in \mathbb{N}$ gilt.

Zu dieser Folge $(N_k)_{k\in\mathbb{N}}$ natürlicher Zahlen konstruieren wir wie folgt rekursiv eine Folge $(b_k)_{k\in\mathbb{N}}$ rationaler Zahlen: Zunächst wählen wir ein $b_1 \in \mathbb{Q}$ mit

$$|b_1 - a_{N_1}^1| \geq \frac{1}{2^{3+1}}\,.$$

Sodann definieren wir b_k für $k \geq 2$ rekursiv durch

$$b_k := \begin{cases} b_{k-1} + \frac{1}{2^{3k+1}} & \text{für } a_{N_k}^k \leq b_{k-1} \\ b_{k-1} - \frac{1}{2^{3k+1}} & \text{sonst} \end{cases}\,.$$

Dann ist

$$|b_k - b_{k-1}| = \frac{1}{2^{3k+1}} < \frac{1}{2^{3k}} = \frac{1}{8^k} \quad \text{und} \quad |b_k - a_{N_k}^k| \geq \frac{1}{2^{3k+1}}\,,$$

wie man leicht nachrechnet.

Wir zeigen jetzt, daß $(b_k)_{k\in\mathbb{N}}$ eine Cauchyfolge ist. Seien nämlich $m, n \in \mathbb{N}$ mit $n > m$, dann ist zunächst

$$b_n - b_m = \sum_{j=m+1}^{n} (b_j - b_{j-1}) \, ,$$

also

$$
\begin{aligned}
|b_n - b_m| &\leqq \sum_{j=m+1}^{n} |b_j - b_{j-1}| < \sum_{j=m+1}^{n} \frac{1}{8^j} \\
&< \frac{1}{8^{m+1}} \cdot \left(1 + \frac{1}{8} + \frac{1}{8^2} +, \cdots\right) = \frac{1}{8^{m+1}} \cdot \frac{1}{1-\frac{1}{8}} = \frac{1}{8^m} \cdot \frac{1}{7} \\
&= \frac{1}{7} \cdot \frac{1}{2^{3m}} \, ,
\end{aligned}
\tag{2.10}
$$

wobei wir die Summenformel der geometrischen Reihe verwendet haben (s. Beispiel 1.11):

$$\sum_{j=0}^{\infty} q^j = \frac{1}{1-q} \qquad (|q| < 1) \, .$$

Aus dieser Rechnung folgt leicht, daß $(b_k)_{k\in\mathbb{N}}$ eine Cauchyfolge ist.

Abschließend zeigen wir, daß für beliebiges $k \in \mathbb{N}$ gilt: $(b_n)_{n\in\mathbb{N}} \not\sim (a_n^k)_{n\in\mathbb{N}}$. Es ist $b_n - a_n^k = (b_n - b_k) + (b_k - a_{N_k}^k) + (a_{N_k}^k - a_n^k)$ und damit

$$|b_n - a_n^k| \geqq |b_k - a_{N_k}^k| - |b_n - b_k| - |a_{N_k}^k - a_n^k| \, . \tag{2.11}$$

Sei jetzt $n > N_k$, dann haben wir $n > N_k \geqq k$ (s. Aufgabe 1.24) und damit

$$|a_{N_k}^k - a_n^k| < \frac{1}{2^{3k+2}} \quad \text{und} \quad |b_k - a_{N_k}^k| \geqq \frac{1}{2^{3k+1}}$$

und ferner mit (2.10)

$$|b_n - b_k| < \frac{1}{7} \cdot \frac{1}{2^{3k}} \, .$$

Für $n > N_k$ ist also

$$|b_n - a_n^k| > \frac{1}{2^{3k+1}} - \frac{1}{7} \cdot \frac{1}{2^{3k}} - \frac{1}{2^{3k+2}} = \frac{3}{28} \cdot \frac{1}{2^{3k}} \, .$$

Das heißt aber, $(b_n - a_n^k)_{n\in\mathbb{N}}$ ist *keine* Nullfolge, also ist $(b_n)_{n\in\mathbb{N}} \not\sim (a_n^k)_{n\in\mathbb{N}}$ für beliebiges $k \in \mathbb{N}$. $\qquad\square$

Satz 2.17 (Überabzählbarkeit von $\mathcal{R}$)

$\mathcal{R}$ ist überabzählbar.

Beweis: Nehmen wir an, $\mathcal{R}$ sei abzählbar. Dann ist $\mathcal{R} = \{\alpha_k \mid k \in \mathbb{N}\}$, wobei $\alpha_k = [(a_n^k)_{n\in\mathbb{N}}]_\sim$. Zu der Folge $((a_n^k)_{n\in\mathbb{N}})_{k\in\mathbb{N}}$ rationaler Cauchyfolgen konstruieren wir gemäß Hilfssatz 2.8 die rationale Cauchyfolge $(b_n)_{n\in\mathbb{N}}$, für die $(b_n)_{n\in\mathbb{N}} \not\sim (a_n^k)_{n\in\mathbb{N}}$ für alle $k \in \mathbb{N}$ gilt. Dann ist einerseits $\beta := [(b_n)_{n\in\mathbb{N}}]_\sim \in \mathcal{R}$ und andererseits $\beta \neq \alpha_k$ für alle $k \in \mathbb{N}$, also $\beta \notin \mathcal{R}$. Dies ist ein Widerspruch; also ist $\mathcal{R}$ nicht abzählbar.   □

Zum Abschluß geben wir noch eine weitere äquivalente Beschreibung der Vollständigkeit der reellen Zahlen.

Wir haben uns bereits in Kapitel 1 wiederholt mit monotonen Folgen beschäftigt, z. B. bei den Konvergenzaussagen in den Sätzen 1.38 und 1.39. In den Aufgaben 2.8–2.10, welche durch die Hilfssätze 2.6 und 2.7 gut vorbereitet sind, sollen die monotonen Folgen in dem Umfang mit einbezogen werden, der für unsere weiteren Betrachtungen nützlich ist.

Ziehen wir nun die genannten Sätze 1.38 und 1.39 aus Kapitel 1 mit heran, so erhalten wir bei zusätzlicher Berücksichtigung von Aufgabe 2.10 den folgenden

Satz 2.18 (Charakterisierung der Vollständigkeit)

$(K, +, \cdot, \leqq)$ sei ein angeordneter Körper. $(K, +, \cdot, \leqq)$ ist genau dann vollständig, wenn jede monotone, beschränkte Folge aus $(K, +, \cdot, \leqq)$ konvergiert.   □

Beispiel 2.1 (Berechnung von Quadratwurzeln)

Es sei r eine beliebige positive rationale Zahl. Unser Ziel ist es, eine positive Lösung x der Gleichung $x^2 = r$ zu finden. Solch eine Zahl nennt man ja bekanntlich die *Quadratwurzel* aus r und schreibt $x = \sqrt{r}$. Wir geben Iterationsverfahren an, mit welchen man $\sqrt{r}$ beliebig genau durch rationale Zahlen approximieren kann.

Zunächst betrachten wir ein Verfahren, welches nach Perron [26] auf H. Tietze zurückgeht. Hier gehen wir davon aus, daß wir bereits eine (möglicherweise schlechte) rationale Näherung $\frac{p}{q}$ von $\sqrt{r}$ haben. Wir setzen dann[1] $x_0 = \frac{p}{q}$ und

$$x_{n+1} = T(x_n) \qquad (n \in \mathbb{N}) \,,$$

wobei

$$T(x) := \frac{p\,x + q\,r}{q\,x + p} = \frac{\frac{p}{q}\,x + r}{x + \frac{p}{q}} \,.$$

---

[1] Der Anfangswert x_0 könnte auch anders gewählt werden, ohne das Verfahren wesentlich zu beeinflussen. Den angegebenen Anfangswert haben wir der Einfachheit halber ausgewählt.

Für die Approximation von $\sqrt{99}$ ist beispielsweise $r = 99$, und wegen $\sqrt{100} = 10$ wählen wir die Näherung $\frac{p}{q} = 10$, also $p = 10$ und $q = 1$. Mit diesen Daten erhält man[1]

$$
\begin{aligned}
x_0 &= 10 &&= 10.0000... \\
x_1 &= \tfrac{199}{20} &&= 9.95000... \\
x_2 &= \tfrac{3970}{399} &&= 9.94987... \\
x_3 &= \tfrac{79201}{7960} &&= 9.94987... \\
x_4 &= \tfrac{1580050}{158801} &&= 9.94987...
\end{aligned}
$$

Wählt man dagegen den schlechten Schätzwert $\frac{p}{q} = 100$, also $p = 100$ und $q = 1$, so erhält man die Iterationsfolge

$x_0 = 100.000$	$x_1 = 50.4950$	$x_2 = 34.2104$	$x_3 = 26.2278$	$x_4 = 21.5624$
$x_5 = 18.5521$	$x_6 = 16.4840$	$x_7 = 15.0012$	$x_8 = 13.9053$	$x_9 = 13.0769$
$x_{10} = 12.4401$	$x_{11} = 11.9442$	$x_{12} = 11.5542$	$x_{13} = 11.2449$	$x_{14} = 10.9982$
$x_{15} = 10.8003$	$x_{16} = 10.6411$	$x_{17} = 10.5124$	$x_{18} = 10.4083$	$x_{19} = 10.3237$
$x_{20} = 10.2550$	$x_{21} = 10.1991$	$x_{22} = 10.1535$	$x_{23} = 10.1164$	$x_{24} = 10.0860$
$x_{25} = 10.0613$	$x_{26} = 10.0410$	$x_{27} = 10.0244$	$x_{28} = 10.0109$	$x_{29} = 9.99983$
$x_{30} = 9.99077$	$x_{31} = 9.98336$	$x_{32} = 9.97729$	$x_{33} = 9.97232$	$x_{34} = 9.96826$
$x_{35} = 9.96493$	$x_{36} = 9.96220$	$x_{37} = 9.95997$	$x_{38} = 9.95814$	$x_{39} = 9.95664$
$x_{40} = 9.95542$	$x_{41} = 9.95441$	$x_{42} = 9.95359$	$x_{43} = 9.95292$	$x_{44} = 9.95237$
$x_{45} = 9.95192$	$x_{46} = 9.95155$	$x_{47} = 9.95124$	$x_{48} = 9.95100$	$x_{49} = 9.95079$
$x_{50} = 9.95063$	$x_{51} = 9.95049$	$x_{52} = 9.95038$	$x_{53} = 9.95029$	$x_{54} = 9.95021$
$x_{55} = 9.95015$	$x_{56} = 9.95010$	$x_{57} = 9.95006$	$x_{58} = 9.95003$	$x_{59} = 9.95000$
$x_{60} = 9.94998$	$x_{61} = 9.94996$	$x_{62} = 9.94994$	$x_{63} = 9.94993$	$x_{64} = 9.94992$
$x_{65} = 9.94991$	$x_{66} = 9.94991$	$x_{67} = 9.94990$	$x_{68} = 9.94990$	$x_{69} = 9.94989$
$x_{70} = 9.94989$	$x_{71} = 9.94989$	$x_{72} = 9.94988$	$x_{73} = 9.94988$	$x_{74} = 9.94988$
$x_{75} = 9.94988$	$x_{76} = 9.94988$	$x_{77} = 9.94988$	$x_{78} = 9.94988$	$x_{79} = 9.94988$
$x_{80} = 9.94988$	$x_{81} = 9.94988$	$x_{82} = 9.94988$	$x_{83} = 9.94988$	$x_{84} = 9.94988$
$x_{85} = 9.94988$	$x_{86} = 9.94987$	$x_{87} = 9.94987$	$x_{88} = 9.94987$	$x_{89} = 9.94987$

Wir wollen nun genauer untersuchen, warum das Verfahren konvergiert und wie effizient es zur Berechnung von Quadratwurzeln im allgemeinen ist.

Eine völlig elementare Rechnung zeigt, daß

$$
T(x) - x = \frac{q\,(r - x^2)}{q\,x + p} \tag{2.12}
$$

---

[1] Die Darstellung reeller Zahlen durch Dezimalzahlen wird ausführlich in Kapitel 4 behandelt.

und

$$T^2(x) - r = \frac{p^2 - r\,q^2}{(q\,x + p)^2} \cdot (x^2 - r)\,. \tag{2.13}$$

Wegen $x_{n+1} = T(x_n)$ folgt aus (2.12)

$$x_{n+1} - x_n = \frac{q\,(r - x_n^2)}{q\,x_n + p}\,, \tag{2.14}$$

und aus (2.13)

$$x_{n+1}^2 - r = \frac{p^2 - r\,q^2}{(q\,x_n + p)^2} \cdot (x_n^2 - r)\,. \tag{2.15}$$

Existiert nun $x := \lim\limits_{n\to\infty} x_n$, so ist auch $\lim\limits_{n\to\infty} x_{n+1} = x$, und durch Grenzübergang $n \to \infty$ folgt aus (2.14) die Gleichung

$$0 = r - x^2\,, \tag{2.16}$$

der Grenzwert muß also eine Quadratwurzel von r sein. Noch wissen wir allerdings nicht, ob $(x_n)_{n\in\mathbb{N}}$ konvergiert. Als nächstes wollen wir dies nun nachweisen.

Wir nehmen hierfür an, daß $p^2 - r\,q^2 > 0$ ist, daß also die Näherung $\frac{p}{q}$ größer als $\sqrt{r}$ ist.[1]

Dann folgt aus (2.14) und (2.15) mittels Induktion, daß

$$x_{n+1} - x_n < 0 \qquad \text{und} \qquad x_n^2 > r$$

ist: Der Induktionsanfang ($n = 1$) folgt aus (2.14) und (2.15) wegen $x_0^2 = \frac{p^2}{q^2} > r$, und der Induktionsschluß folgt aus (2.14) und (2.15) zusammen mit $p^2 - r\,q^2 > 0$.

Folglich ist $(x_n)_{n\in\mathbb{N}}$ monoton fallend und beispielsweise durch 0 nach unten beschränkt. Daher folgt, daß $(x_n)_{n\in\mathbb{N}}$ in $\mathbb{R}$ konvergiert.[2] Wir bemerken, daß dies zusammen mit (2.16) die Existenz von $\sqrt{r} \in \mathbb{R}$ für alle positiven $r \in \mathbb{Q}$ beweist.[3] Es wird sich allerdings herausstellen, daß die Quadratwurzel der allermeisten $r \in \mathbb{Q}$ *nicht* rational ist, s. Aufgaben 2.15–2.17.

---

[1] Für $p^2 - r\,q^2 < 0$ erhält man ähnliche Resultate, aber andere Vorzeichen. Für $p^2 - r\,q^2 = 0$ ist $T(x) = \sqrt{r}$ konstant. Dies ist natürlich nur möglich, falls $\sqrt{r} \in \mathbb{Q}$ ist, dieser Fall ist aber ohnehin völlig uninteressant.

[2] Unter Verwendung von (2.15) läßt sich auch direkt zeigen, daß $(x_n)_{n\in\mathbb{N}}$ eine Cauchyfolge ist, s. Aufgabe 2.12.

[3] Da dieselben Betrachtungen auch in $\mathbb{R}$ durchgeführt werden können, folgt hieraus sogar allgemein die Existenz von $\sqrt{r} \in \mathbb{R}$ für alle positiven $r \in \mathbb{R}$.

Wir wollen nun die *Konvergenzgeschwindigkeit* von $(x_n)_{n \in \mathbb{N}}$ untersuchen. Eine Aussage hierüber erhält man wieder mit (2.15). Wir bekommen

$$|x_{n+1}^2 - r| = \left| \frac{p^2 - r\,q^2}{(q\,x_n + p)^2} \right| \cdot |x_n^2 - r| \leqq \frac{p^2 - r\,q^2}{p^2} \cdot |x_n^2 - r|$$

$$= \left(1 - r \cdot \frac{q^2}{p^2} \right) \cdot |x_n^2 - r| = \lambda \cdot |x_n^2 - r| \qquad (2.17)$$

mit $\lambda := 1 - r \cdot \frac{q^2}{p^2}$. Dies liefert mit Induktion

$$|x_n^2 - r| \leqq \lambda^n \cdot |x_0^2 - r|$$

oder wegen $a^2 - b^2 = (a + b)(a - b)$[1]

$$|x_n - \sqrt{r}| \leqq \lambda^n \cdot \left| \frac{x_0 + \sqrt{r}}{x_n + \sqrt{r}} \right| \cdot |x_0 - \sqrt{r}| \approx \lambda^n \cdot |x_0 - \sqrt{r}| \,. \qquad (2.18)$$

Man sagt, daß die Folge $(x_n)_{n \in \mathbb{N}}$ *linear gegen* $\sqrt{r}$ *konvergiert*, da der Abstand zwischen x_{n+1} und $\sqrt{r}$ (linke Seite von (2.17)) höchstens ein Vielfaches des Abstands zwischen x_n und $\sqrt{r}$ (rechte Seite von (2.17)) ist. Hierbei sollte die Vielfachheit λ natürlich kleiner als 1 sein. Dann bedeutet lineare Konvergenz, daß man dem Grenzwert in jedem Schritt um den konstanten Faktor λ näherkommt. Mit anderen Worten bedeutet dies, daß man in jedem Schritt eine konstante Anzahl von Dezimalstellen dazugewinnt (für $\lambda = \frac{1}{10}$ beispielsweise eine Dezimale pro Iterationsschritt).

Dies ist eigentlich weniger als man möchte, und wir werden uns sofort ein anderes Verfahren ansehen, welches schneller konvergiert. Aber dennoch ist das behandelte Verfahren recht gut, da die Konvergenzordnung zwar nur linear ist, aber die Konstante λ durch geeignete Wahl von p und q beliebig klein gewählt werden kann. Ist nämlich der Näherungswert $\frac{p}{q}$ von $\sqrt{r}$ bereits recht gut, so ist $\frac{p^2}{q^2} \approx r$ und somit $\lambda \approx 0$. In unserem Beispielfall waren $p = 10$, $q = 1$ und $r = 99$, und somit $\lambda = \frac{1}{100}$. In jedem Rechenschritt gewinnen wir also ca. 2 Dezimalstellen. Das Verfahren konvergiert allerdings sehr langsam, wenn die Schätzung $\frac{p}{q}$ schlecht ist, wie wir oben ja gesehen haben.

Wir widmen uns nun einem weiteren Iterationsverfahren zur Berechnung von $\sqrt{r}$, welches von Dedekind angegeben wurde [9] und das *immer* schnell konvergiert. Hierfür betrachten wir wiederum ein beliebiges positives $r \in \mathbb{Q}$. Für positives

---

[1] Für einen guten Anfangswert $x_0 \approx \sqrt{r}$ gilt $\lim\limits_{n \to \infty} \frac{x_0 + \sqrt{r}}{x_n + \sqrt{r}} \approx 1$. Bei einem Anfangswert x_0, für den die Ungleichungen $\sqrt{r} < x_0 < 2\sqrt{r}$ gelten, gilt ferner $1 < \frac{x_0 + \sqrt{r}}{x_n + \sqrt{r}} < \frac{3}{2}$, s. Aufgabe 2.13.

rationales $x_0 \in \mathbb{Q}$ setzen wir diesmal $x_{n+1} = D(x_n)$ mit

$$D(x) = \frac{x\,(x^2 + 3r)}{3x^2 + r}\,.$$

Wieder liefert eine elementare Rechnung

$$D(x) - x = \frac{2x\,(r - x^2)}{3x^2 + r} \tag{2.19}$$

und

$$D^2(x) - r = \frac{(x^2 - r)^3}{(3x^2 + r)^2}\,. \tag{2.20}$$

Aus (2.19) folgt erneut die Monotonie der Folge $(x_n)_{n\in\mathbb{N}}$, während aus (2.20) die *kubische Konvergenz* von $(x_n)_{n\in\mathbb{N}}$ folgt.[1] Bei der kubischen Konvergenz wird die Anzahl der gültigen Dezimalstellen bei jedem Iterationsschritt ungefähr verdreifacht. Daher konvergiert dieses Verfahren immer sehr schnell, auch ohne eine gute Schätzung von $\sqrt{r}$. Wir bekommen beispielsweise

$$
\begin{aligned}
x_0 &= 100 &&= 100.000\ldots \\
x_1 &= \tfrac{1029700}{30099} &&= 34.2104\ldots \\
x_2 &= \tfrac{1368830851569640900}{98439842003699601} &&= 13.9053\ldots \\
x_3 &= \tfrac{6504338495891247585109702758472982060042506413022507300}{4777782313058046992671773649803098256136065 61 76731299} &&= 10.0410\ldots \\
x_4 &= \tfrac{\vdots}{\vdots} &&= 9.94988\ldots \\
x_5 &= \tfrac{\vdots}{\vdots} &&= 9.94987\ldots
\end{aligned}
$$

Hierbei haben die durch $\cdots$ angedeuteten Zähler und Nenner zu viele Stellen, um hier dargestellt werden zu können.

Man beachte, daß für verschiedene Wahl von p und q die von $T(x)$ erzeugten iterierenden Cauchyfolgen alle verschieden sind, aber derselben Äquivalenzklasse angehören. Dasselbe gilt für die von $D(x)$ und verschiedenen Anfangswerten erzeugten iterierenden Cauchyfolgen. $\triangle$

Zur Abrundung der Betrachtungen zu Cantors Konstruktion sei noch angemerkt, daß der Zugang zu dem Körper $(\mathcal{R}, +, \cdot)$ auch rein algebraisch gestaltet werden kann, so wie es z. B. Oberschelp [25] durchführt. Diese Vorgehensweise ist sehr interessant, aber sie erfordert einen größeren begrifflichen Aufwand, den wir vermeiden wollten.

---

[1] Das Newton-Verfahren (s. [17], Abschnitt 3.2) liefert eine quadratisch konvergente Iteration, das *Heron-Verfahren*, s. Aufgabe 2.11. Das von Dedekind betrachtete kubisch konvergente Verfahren ist ein Newton-Verfahren zweiter Ordnung, s. [17], Abschnitt 3.5, für eine Herleitung.

Unsere Darstellung ähnelt z. B. der in dem sehr lesenswerten Buch von Cohen und Ehrlich [7]. Hier findet man auch weitere äquivalente Charakterisierungen der Vollständigkeit.

Eine besonders vielschichtige Diskussion dieses Themas findet der/die Interessierte in dem Artikel von Steiner [31]. Man beachte dazu unsere Folgerung 1.1 (Maximalität von $\mathbb{R}$, s. S. 76) aus dem Beweis zu Satz 1.54.

Aufgaben

2.1 Zeigen Sie, daß die Relation $\sim$ aus Definition 2.1 eine Äquivalenzrelation ist.

2.2 Seien die Folgen $(a_n)_{n\in\mathbb{N}}$, $(b_n)_{n\in\mathbb{N}}$, $(a'_n)_{n\in\mathbb{N}}$ und $(b'_n)_{n\in\mathbb{N}}$ aus $\mathcal{F}^C$ und sei ferner $(a_n)_{n\in\mathbb{N}} \sim (a'_n)_{n\in\mathbb{N}}$, $(b_n)_{n\in\mathbb{N}} \sim (b'_n)_{n\in\mathbb{N}}$. Dann gilt: $(a_n+b_n)_{n\in\mathbb{N}} \sim (a'_n+b'_n)_{n\in\mathbb{N}}$.

2.3 Zeigen Sie Satz 2.6.

2.4 Zeigen Sie Satz 2.7.

2.5 Zeigen Sie: Eine Nullfolge besitzt weder einen positiven unteren Nachbarn noch einen negativen oberen Nachbarn, vgl. Bemerkung 2.3.

2.6 Zeigen Sie ohne Benutzung von Satz 2.8: Eine Cauchyfolge, die weder einen positiven unteren Nachbarn noch einen negativen oberen Nachbarn besitzt, ist eine Nullfolge. *Hinweis:* Zeigen Sie, daß eine derartige Folge die Null als Häufungspunkt hat.

2.7 „Vorform" der Archimedischen Eigenschaft: $(a_n)_{n\in\mathbb{N}}$ sei eine Cauchyfolge. Zeigen Sie: Es gibt ein $k \in \mathbb{N}$ mit $(a_n)_{n\in\mathbb{N}} < (k)_{n\in\mathbb{N}}$.

2.8 $(K, +, \cdot, \leq)$ sei ein archimedisch angeordneter Körper und $(c_n)_{n\in\mathbb{N}}$ sei eine monotone und beschränkte Folge aus K. Zeigen Sie: Es gibt in K eine Intervallschachtelung $([a_n, b_n])_{n\in\mathbb{N}}$, so daß für jedes $n \in \mathbb{N}$ gilt: $c_k \in [a_n, b_n]$ für fast alle $k \in \mathbb{N}$. *Hinweis:* Untersuchen Sie die Fälle *monoton wachsend* bzw. *monoton fallend* und benutzen Sie die Konstruktion aus dem Beweis von Hilfssatz 2.7.

2.9 $(K, +, \cdot, \leq)$ sei ein archimedisch angeordneter Körper und $(c_n)_{n\in\mathbb{N}}$ sei eine monotone und beschränkte Folge aus K. Zeigen Sie: $(c_n)_{n\in\mathbb{N}}$ ist eine Cauchyfolge in K.

2.10 $(K, +, \cdot, \leq)$ sei ein angeordneter Körper, in dem jede monotone, beschränkte Folge konvergiert. Zeigen Sie: $(K, +, \cdot, \leq)$ ist vollständig. *Hinweis:* Zeigen Sie zunächst, daß $(K, +, \cdot, \leq)$ archimedisch angeordnet ist. Inspizieren Sie hierzu den Beweis von Satz 1.45.

2.11 Beweisen Sie, daß das *Heronverfahren*

$$x_{n+1} = H(x_n) = \frac{1}{2}\left(x_n + \frac{r}{x_n}\right)$$

zur Berechnung der Quadratwurzel aus r quadratisch konvergiert. Bei der quadratischen Konvergenz wird die Anzahl der gültigen Dezimalstellen bei jedem Iterationsschritt ungefähr verdoppelt. Berechnen Sie $\sqrt{2}$ und $\sqrt{10}$ mit diesem Verfahren auf sechs gültige Dezimalstellen.

2.12 Zeigen Sie unter Verwendung von (2.15), daß die Iterationsfolge $(x_n)_{n \in \mathbb{N}}$ mit $x_{n+1} = T(x_n)$ eine Cauchyfolge ist.

2.13 Zeigen Sie, daß bei einem Anfangswert x_0 mit $\sqrt{r} < x_0 < 2\sqrt{r}$ die Ungleichungen $1 < \frac{x_0 + \sqrt{r}}{x_n + \sqrt{r}} < \frac{3}{2}$ gelten.

2.2 Die Konstruktion von Capelli

Bevor wir die notwendigen Einzelheiten für die Capellikonstruktion erarbeiten, scheinen uns noch einige Erläuterungen sinnvoll zu sein. Zunächst wird sich der Leser vielleicht fragen, warum denn nun noch ein zweites Modell für den Körper $\mathbb{R}$ der reellen Zahlen konstruiert werden soll.

Dafür gibt es mehrere gute Gründe, von denen zwei hier ausgeführt werden sollen.

Eine alte pädagogische Überzeugung, die sich immer wieder bewahrheitet hat und die auch wir teilen, ist die folgende: Ein Gegenstand (hier die reellen Zahlen) wird sich den Lernenden nachhaltiger und wirkungsvoller erschließen, wenn er von den unterschiedlichsten Standpunkten aus betrachtet wird.

Ferner soll unser Hauptsatz (Satz 1.54, s. S. 74) aus Kapitel 1, der aussagt, daß je zwei vollständige Körper ordnungstreu isomorph sind, „mit Leben gefüllt" werden. Will man diese im besagten Satz betrachtete Situation konkretisieren, so braucht man eben (mindestens) zwei Modelle.

Schließlich soll noch kurz begründet werden, warum wir uns für die Capellikonstruktion und z. B. nicht für die klassische Konstruktion von Dedekind entschieden haben.

Die Capellikonstruktion, obwohl z. B. in einem sehr informativen Enzyklopädieartikel von F. Bachmann [3] skizziert, scheint uns zu unrecht etwas in Vergessenheit geraten zu sein, während die Anzahl der Arbeiten zur und über die Dedekindkonstruktion sehr beachtlich ist.

Dies allein wäre noch kein hinreichender Grund. Aber ein Ziel unseres Buches ist es, die Leserinnen und Leser von der Stichhaltigkeit der folgenden Beschreibung (nicht Definition!) zu überzeugen: Auf der Ebene der „abstrakten Anschauung" (Emmy Noether) kann eine reelle Zahl aufgefaßt werden als der Inbegriff äquivalenter rationaler Approximationen.

Nun wird unseres Erachtens der wichtige Gesichtspunkt der rationalen Approximation bei der Capellikonstruktion in besonders naheliegender, nämlich in ordnungstheoretischer, Weise betont. Bei der Capellikonstruktion werden reelle Zahlen durch rationale Zahlen von beiden Seiten angenähert. Dies ist, auch in bezug auf Fragestellungen der numerischen Approximation, ein besonders überzeugender Ansatz.

Definition 2.6 (Capellipaar)

$(K, +, \cdot, \leq)$ sei ein archimedisch angeordneter Körper. Ein geordnetes Paar (A, B) mit $A, B \subset K$ heißt *Capellipaar* (in K), wenn

C_1: $A \neq \emptyset$ und $B \neq \emptyset$;

C_2: $x \leq y$ für alle $x \in A$ und alle $y \in B$;

C_3: Es gibt höchstens ein $c \in K$ mit $x \leq c \leq y$ für alle $x \in A$ und alle $y \in B$

gilt.

Existiert in K ein derartiges Element c, so heißt es die *Schnittzahl* von (A, B) und (A, B) heißt dann ein *c-Paar* bzw. wir sagen, das Paar (A, B) repräsentiert c. A heißt hierbei die *Unterklasse* und B die *Oberklasse* des Capellipaars.

Gelten für das Capellipaar (A, B) außerdem

C_4: $A \cap B = \emptyset$;

C_5: $A \cup B = K$;

so nennen wir (A, B) einen *Dedekindschen Schnitt*. $\triangle$

Bemerkung 2.6 (Nichtarchimedische Anordnung)

Ist $(K, +, \cdot, \leq)$ ein beliebiger angeordneter Körper, so haben wir uns früher überlegt, daß wir ohne wesentliche Beschränkung der Allgemeinheit annehmen dürfen, daß $\mathbb{Q} \subset K$ gilt. Ist jetzt (A, B) ein Capellipaar in $\mathbb{Q}$, so können wir das Mengenpaar (A, B) auch in K betrachten. Soll jetzt sichergestellt werden, daß für (A, B) auch in K die Eigenschaft C_3 gilt, so müssen wir fordern, daß die Anordnung von K archimedisch ist. Denn betrachten wir z. B. in $\mathbb{Q}$ das Capellipaar (A, B) mit $A = \{-\frac{1}{n} \mid n \in \mathbb{N}\}$ und $B = \{\frac{1}{n} \mid n \in \mathbb{N}\}$, so ist in $\mathbb{Q}$ die Schnittzahl die Null.

Ist jetzt K ein angeordneter Körper, dessen Anordnung nicht archimedisch ist, so existiert in K ein d mit $n < d$ für alle $n \in \mathbb{N}$. Damit gilt:

$$-\frac{1}{n} < 0 < \frac{1}{d} < \frac{1}{n} \qquad \text{(und auch} \quad -\frac{1}{n} < 0 < \frac{1}{2d} < \frac{1}{d} < \frac{1}{n} \quad \text{etc.)}$$

für alle $n \in \mathbb{N}$, und wir sehen, daß das Paar (A, B) in K *kein* Capellipaar ist. $\triangle$

Bemerkung 2.7 (Archimedische Anordnung)

Ist jetzt (A, B) ein beliebiges Capellipaar in $\mathbb{Q}$ und K ein archimedisch angeordneter Körper mit $\mathbb{Q} \subset K$, so ist (A, B) auch in K ein Capellipaar. Denn nehmen wir an, es gäbe $c_1, c_2 \in K$ mit $a \leqq c_1 < c_2 \leqq b$ für alle $a \in A$ und $b \in B$, so betrachten wir eine Drittelung des Intervalls $[c_1, c_2]$, also $c_3 := c_1 + \frac{1}{3}(c_2 - c_1)$ und $c_4 := c_1 + \frac{2}{3}(c_2 - c_1)$. Dann gilt einerseits

$$a \leqq c_1 < c_3 < c_4 < c_2 \leqq b \qquad \text{für alle } a \in A \text{ und alle } b \in B .$$

Andererseits gibt es nach Satz 1.37 *rationale* Folgen $(r_n)_{n \in \mathbb{N}}$ und $(s_n)_{n \in \mathbb{N}}$ mit $K\text{-}\lim_{n \to \infty} r_n = c_3$ und $K\text{-}\lim_{n \to \infty} s_n = c_4$. Somit gibt es natürliche Zahlen n_1 und n_2, so daß

$$a \leqq c_1 < r_{n_1} < s_{n_2} < c_2 \leqq b \qquad \text{für alle } a \in A \text{ und alle } b \in B$$

mit $r_{n_1}, s_{n_2} \in \mathbb{Q}$. Das steht aber im Widerspruch zur Voraussetzung, daß (A, B) ein Capellipaar in $\mathbb{Q}$ ist. $\triangle$

Bemerkung 2.8 (Kleiner-gleich- und Kleiner-Relation für Mengen)

Für die Eigenschaft C_2 von Definition 2.6 schreiben wir abkürzend $A \leqq B$; wir können dies auch charakterisieren durch die Eigenschaften: $A \subset S_u(B)$ bzw. $B \subset S_o(A)$ (s. Definition 1.20).

Haben ferner A und B keinen gemeinsamen Punkt, so schreiben wir $A < B$. $\triangle$

Wir haben diese Form der Definition für Capellipaare gewählt, um den ordnungstheoretischen Charakter der Begriffsbildung zu betonen. Um allerdings mit Capellipaaren bequem arbeiten zu können, ist die folgende Charakterisierung, für welche außer der Anordnung die Addition benötigt wird, sehr nützlich.

Satz 2.19 (Rationale Approximation durch Capellipaare)

$(K, +, \cdot, \leqq)$ sei ein archimedisch angeordneter Körper. Dann sind die Eigenschaften C_1, C_2 und C_3 äquivalent zu C_1, C_2 und C_3', wobei

C_3': Zu jedem $\varepsilon > 0$ aus K gibt es ein $a \in A$ und ein $b \in B$ mit $b - a < \varepsilon$.

Beweis: Daß aus den Eigenschaften C_1, C_2 und C_3' die Eigenschaft C_3 folgt, ist sehr einfach zu beweisen und wird als Aufgabe 2.14 gestellt.

Weit informativer ist die umgekehrte Richtung. Sei also (A, B) ein Capellipaar in K. Der Fall $A \cap B \neq \emptyset$ ist trivial. Folglich setzen wir jetzt $A \cap B = \emptyset$ voraus.

Dann existiert ein $a_0 \in A$ und ein $b_0 \in B$ mit $a_0 < b_0$. Ausgehend vom Intervall $I_0 := [a_0, b_0]$ werden wir diesmal durch fortgesetztes Dritteln eine Intervallschachtelung konstruieren, die dann den Beweis erbringt. Sei also zunächst $c := a_0 + \frac{1}{3}(b_0 - a_0)$ und $d := a_0 + \frac{2}{3}(b_0 - a_0)$. Natürlich ist $c < d$. Wegen C_3 kann die Ungleichungskette $a \leqq c < d \leqq b$ nicht für alle $a \in A$ und $b \in B$ erfüllt sein. Somit haben wir folgende Fälle zu unterscheiden:

(a) $d \leq b$ für alle $b \in B$. Dann gibt es ein $a_1 \in A$ mit $c < a_1 < d \leq b_0$. Wir setzen $b_1 := b_0$. Dann ist $0 < b_1 - a_1 < \frac{2}{3}(b_0 - a_0)$.

(b) $a \leq c$ für alle $a \in A$. Dann gibt es ein $b_1 \in B$ mit $a_0 \leq c < b_1 < d$. Wir setzen $a_1 := a_0$. Dann ist $0 < b_1 - a_1 < \frac{2}{3}(b_0 - a_0)$.

(c) Es gibt ein $a_1 \in A$ mit $c < a_1$ und ein $b_1 \in B$ mit $b_1 < d$. Dann ist $0 < b_1 - a_1 < d - c = \frac{1}{3}(b_0 - a_0) < \frac{2}{3}(b_0 - a_0)$.

In jedem Fall gelangen wir zu einem Intervall $I_1 := [a_1, b_1]$ mit $a_1 \in A$, $b_1 \in B$ und $b_1 - a_1 < \frac{2}{3}(b_0 - a_0)$.

Dieselbe Konstruktion angewandt auf das Intervall I_1 liefert uns ein Intervall $I_2 = [a_2, b_2]$ mit $a_2 \in A$, $b_2 \in B$ und $b_2 - a_2 < \left(\frac{2}{3}\right)^2 (b_0 - a_0)$. Rekursiv erhalten wir $I_k = [a_k, b_k]$ mit $a_k \in A$, $b_k \in B$ und $b_k - a_k < \left(\frac{2}{3}\right)^k (b_0 - a_0)$.

Da nach Voraussetzung der Körper K archimedisch angeordnet ist, ist $\left(\left(\frac{2}{3}\right)^k\right)_{k \in \mathbb{N}}$ in K eine Nullfolge, s. Beispiel 1.10. Ist jetzt $\varepsilon > 0$ beliebig vorgegeben, so existiert ein $l \in \mathbb{N}$ mit $\left(\frac{2}{3}\right)^l (b_0 - a_0) < \varepsilon$ und damit

$$0 < b_l - a_l < \varepsilon \quad \text{mit} \quad a_l \in A \quad \text{und} \quad b_l \in B .$$

Somit folgt in der Tat C_3' aus C_1, C_2 und C_3. $\qquad\qquad\square$

Wir wollen anmerken, daß Capelli seiner Arbeit [5] die Charakterisierung durch C_1, C_2 und C_3' zugrundegelegt hat.

Bevor wir beginnen, die Konstruktion der reellen Zahlen mit Hilfe der Capellipaare in $\mathbb{Q}$ durchzuführen, sollen verschiedene Dinge angesprochen werden.

Beispiel 2.2 (Capellipaare der Quadratwurzeln)

Es gibt Capellipaare (A, B) in $\mathbb{Q}$, die in $\mathbb{Q}$ keine Schnittzahl besitzen. Dies wollen wir nun etwas genauer untersuchen.

Es sei r eine beliebige positive rationale Zahl. Es ist ganz natürlich, im Zusammenhang mit der Quadratwurzel aus r (s. Beispiel 2.1) die Mengen

$$A := \{a \in \mathbb{Q} \mid a > 0 \text{ und } a^2 < r\} \quad \text{sowie} \quad B := \{b \in \mathbb{Q} \mid b > 0 \text{ und } b^2 > r\} \quad (2.21)$$

zu betrachten. Es ist offenbar $A < B$, und wir wollen zeigen, daß (A, B) ein Capellipaar ist, welches $\sqrt{r}$ repräsentiert. Hierzu bleibt C_3 zu zeigen, d. h., daß es keine Zahlen $c, d \in \mathbb{Q}$ gibt mit

$$a \leqq c < d \leqq b \quad \text{für alle } a \in A \text{ und alle } b \in B . \quad (2.22)$$

Um dies zu beweisen, verwenden wir die Transformation $T(x)$ (oder auch $D(x)$), die wir in Beispiel 2.1 betrachtet hatten. Die Zahlen p und q seien hierbei wieder so gewählt, daß $p^2 - r\,q^2 > 0$ ist.

Wir nehmen nun an, es gäbe solche Zahlen c und d, daß (2.22) erfüllt ist. Zunächst stellen wir fest, daß dann gemäß Definition von A und B folgt, daß $c \notin B$ und $d \notin A$ liegt. Wegen $c < d$ kann ferner nicht gleichzeitig $c^2 = r$ sowie $d^2 = r$ gelten. Also muß $d^2 > r$ gelten, also $d \in B$ liegen, oder es gilt $c^2 < r$, und es ist $c \in A$.

Wäre nun beispielsweise $d \in B$, so wäre $d^2 > r$, also gemäß (2.12) $T(d) < d$ sowie gemäß (2.13) $T(d)^2 > r$, also $T(d) \in B$. Diese beiden Aussagen widersprechen sich aber. Einen ähnlichen Widerspruch erhalten wir, wenn wir annehmen, daß $c \in A$ liegt. Also ist (A, B) ein Capellipaar.

Gibt es jetzt ein $r_0 \in \mathbb{Q}$ mit

$$\sup A = r_0 = \inf B \,,$$

so folgt wegen $r_0^2 \leqq r$ sowie $r_0^2 \geqq r$ automatisch $r_0^2 = r$, r_0 ist also eine Quadratwurzel aus r. Also ist schließlich (A, B) ein Capellipaar, welches $\sqrt{r}$ repräsentiert.

Wählen wir aber z. B. eine Primzahl $r \in \mathbb{N}$, so kann man leicht zeigen, daß kein $r_0 \in \mathbb{Q}$ existiert mit $r_0^2 = r$, s. Aufgabe 2.15. Somit ist dann (A, B) ein Capellipaar in $\mathbb{Q}$, für das in $\mathbb{Q}$ *keine* Schnittzahl existiert. Weitere Beispiele natürlicher Zahlen, welche keine rationale Quadratwurzel besitzen, werden in Aufgabe 2.16 behandelt. $\triangle$

Bemerkung 2.9 (Capellipaare und Dedekindsche Schnitte)

Georg Cantor hat an der Dedekindschen Konzeption bemängelt, „daß die Zahlen in der Analysis sich niemals in der Form von ‚Schnitten' darbieten, in welche sie erst mit großer Kunst und Umständlichkeit gebracht werden müssen." (zitiert nach [12]).

Wir wollen im nächsten Beispiel kurz die Überlegungen aus der Analysis referieren, die zum bestimmten Riemannschen Integral führen, und zeigen, daß die Konstruktion des Riemannintegrals als Konstruktion eines geeigneten Capellipaares aufgefaßt werden kann. Das Konzept der Capellipaare erweist sich also als schmiegsamer als das Konzept der Dedekindschen Schnitte, welche ja definitionsgemäß spezielle Capellipaare sind.

Die im folgenden Beispiel übergangenen Beweise finden sich in fast jedem einführenden Lehrbuch der Analysis, z. B. in [13] oder (in einem etwas allgemeineren Zusammenhang) in [30]. $\triangle$

Beispiel 2.3 (Definition des bestimmten Integrals als Capellipaar)

Im Rahmen dieses Beispiels arbeiten wir im Körper $\mathbb{R}$ der reellen Zahlen.

Sei $[a, b]$ ein abgeschlossenes Intervall in $\mathbb{R}$ und $f : [a, b] \to \mathbb{R}$ sei eine auf $[a, b]$ beschränkte Funktion. Ist $\mathcal{Z} : a = x_0 < x_1 < x_2 < \cdots < x_{n-1} < x_n = b$ eine

Zerlegung von $[a, b]$, so betrachten wir

$$m_k(f) := \inf_{x_{k-1} \leqq x \leqq x_k} f(x) \quad \text{sowie} \quad M_k(f) := \sup_{x_{k-1} \leqq x \leqq x_k} f(x)$$

und die Summen

$$U(f, \mathcal{Z}) := \sum_{k=1}^{n} m_k(f)\,(x_k - x_{k-1})\,, \text{ Untersumme von } f \text{ zur Zerlegung } \mathcal{Z}$$

sowie

$$O(f, \mathcal{Z}) := \sum_{k=1}^{n} M_k(f)\,(x_k - x_{k-1})\,, \text{ Obersumme von } f \text{ zur Zerlegung } \mathcal{Z}\,.$$

Schließlich bezeichne $U(f)$ die Menge aller Untersummen von f auf $[a, b]$ und $O(f)$ die Menge aller Obersummen von f auf $[a, b]$.

Als erstes zeigt man, daß $U(f) \leqq O(f)$ gilt. Da $\sup U(f)$ und $\inf O(f)$ in $\mathbb{R}$ existieren, gilt dann auch $\sup U(f) \leqq \inf O(f)$. Die Funktion f heißt nun auf $[a, b]$ *(Riemann)-integrierbar*, wenn $\sup U(f) = \inf O(f)$ ist.

In unserer Terminologie ist also f genau dann Riemann-integrierbar auf $[a, b]$, wenn $(U(f), O(f))$ ein Capellipaar in $\mathbb{R}$ ist.

Aus unserer äquivalenten Beschreibung der Capellipaare (Eigenschaft C_3') erhalten wir fast unmittelbar[1] das wichtige

Integrabilitätskriterium
f ist auf $[a, b]$ genau dann Riemann-integrierbar, wenn es zu jedem $\varepsilon > 0$ eine Zerlegung $\mathcal{Z}$ des Intervalls $[a, b]$ gibt, für welche

$$O(f, \mathcal{Z}) - U(f, \mathcal{Z}) < \varepsilon$$

gilt.

Die Aussage dieses Kriteriums ist in der Integrationstheorie das entscheidende Hilfsmittel, um z. B. zu zeigen, daß auf $[a, b]$ monotone bzw. stetige Funktionen dort auch Riemann-integrierbar sind. Es ist interessant, daß sich mit einfachen Hilfsmitteln aus der Analysis die Struktur der Zahlenmengen $U(f)$ und $O(f)$ vollständig aufklären läßt. So haben A. Mrose und W. Ripka [22] folgendes gezeigt:

---

[1] Man benötigt noch das Monotonieverhalten von Ober- und Untersummen bei Verfeinerungen der Zerlegung.

Ist $f : [a, b] \to \mathbb{R}$ auf $[a, b]$ nach unten beschränkt, so ist $U(f)$ ein Intervall; und ist $f : [a, b] \to \mathbb{R}$ auf $[a, b]$ nach oben beschränkt, so ist $O(f)$ ein Intervall.

Hierbei werden einpunktige Mengen (z. B. für konstantes f!) zu den Intervallen gezählt. $\triangle$

Es sei jetzt $\mathcal{P}^C$ (genauer $\mathcal{P}^C_\mathbb{Q}$) die Menge der rationalen Capellipaare. Ein rationales Capellipaar (A, B), das in $\mathbb{Q}$ keine Schnittzahl besitzt, kann gleichfalls (man vergleiche die Bemerkung 2.1 über äquivalente Cauchyfolgen) aufgefaßt werden als ein Indikator für ein Körperelement, das eigentlich da sein sollte, es aber nicht ist. Zugleich kann dieses Capellipaar (A, B) auch zur rationalen Beschreibung (wegen der Eigenschaft C'_3 kann man sogar von *rationaler Approximation* sprechen) der „Lücke" in $\mathbb{Q}$ herangezogen werden. Wie wir sahen – man denke an die Transformationen T und D –, kann „die gleiche Lücke" durch verschiedene rationale Capellipaare beschrieben werden, die als äquivalent zu betrachten sind. Heuristische Überlegungen dieser Art führen zu der folgenden, von Capelli stammenden, Definition der Äquivalenz.

Definition 2.7 (Äquivalenz von Capellipaaren)

Seien die Paare (A, B) und (A', B') aus $\mathcal{P}^C$. Dann setzen wir

$$(A, B) \sim (A', B') :\Leftrightarrow A \leqq B' \text{ und } A' \leqq B \, . \quad \triangle$$

Bemerkenswert ist die begriffliche Einfachheit dieser Definition.

Satz 2.20 (Äquivalenzrelation)

$\sim$ aus Definition 2.7 ist eine Äquivalenzrelation.

Beweis: Die Reflexivität und die Symmetrie der Relation liegen auf der Hand. Einen kleinen Beweis benötigt die Transitivität. Seien also (A, B), (A', B') und (A'', B'') aus $\mathcal{P}^C$ mit $(A, B) \sim (A', B')$ und $(A', B') \sim (A'', B'')$. Wir haben also $A \leqq B'$ und $A' \leqq B$ sowie $A' \leqq B''$ und $A'' \leqq B'$. Zu zeigen ist: $A \leqq B''$ und $A'' \leqq B$.

Wir führen den Beweis indirekt und nehmen an, daß es ein $a_0 \in A$ und ein $b''_0 \in B''$ gibt mit $a_0 > b''_0$. Damit haben wir dann

$$a' \leqq b''_0 < a_0 \leqq b' \quad \text{für alle } a' \in A' \text{ und alle } b' \in B' \, .$$

Dies steht aber im Widerspruch dazu, daß (A', B') ein Capellipaar ist. Völlig analog beweist man $A'' \leqq B$. $\square$

Bemerkung 2.10 (Äquivalente Beschreibung der Äquivalenzrelation)

Wir wollen die eben eingeführte Äquivalenzrelation etwas eingehender betrachten.

Zunächst überlegt man sich leicht[1] folgendes:

$$(A, B) \sim (A', B') \quad \Leftrightarrow \quad S_o(A) = S_o(A') \quad \Leftrightarrow \quad S_u(B) = S_u(B') .$$

Insbesondere zeigt dies, daß für die Definition eines Capellipaares prinzipiell eine der beiden Mengen A oder B ausreicht. Capellipaare approximieren die fehlenden Stellen in $\mathbb{Q}$ aber nicht von unten *oder* von oben, sondern von unten *und* von oben.

Hätten wir die $\sim$-Relation z. B. durch die Gleichung $S_o(A) = S_o(A')$ definiert, so wäre sofort klar, daß die $\sim$-Relation eine Äquivalenzrelation ist. Der Vorteil der Capellischen Definition liegt darin, daß zur Formulierung und damit auch zum Nachweis der Äquivalenz nur die Mengen herangezogen werden, die tatsächlich in den zu vergleichenden Paaren auftreten. $\triangle$

Ist jetzt r eine beliebige rationale Zahl. So ist das einfachste Paar in $\mathcal{P}^C$ offenbar das Paar $(\{r\}, \{r\})$. Diese Capellipaare werden die Rolle der konstanten Cauchyfolgen übernehmen.

Ferner erhält man fast unmittelbar die

Folgerung 2.3

Es seien $(A, B) \in \mathcal{P}^C$ und $r \in \mathbb{Q}$, dann gilt:

$$(A, B) \sim (\{r\}, \{r\}) \quad \Leftrightarrow \quad \sup A = r = \inf B .$$

Beweis: $(A, B) \sim (\{r\}, \{r\})$ heißt $A \leqq \{r\}$ und $\{r\} \leqq B$. Da (A, B) ein Capellipaar ist, ist somit r die Schnittzahl von (A, B) und damit gilt $\sup A = r = \inf B$.

Gilt aber $\sup A = r = \inf B$, so ist $A \leqq \{r\}$ und $\{r\} \leqq B$, also $(A, B) \sim (\{r\}, \{r\})$. $\quad \square$

Die Capellipaare mit der rationalen Schnittzahl r und nur diese Paare liegen also in der von $(\{r\}, \{r\})$ erzeugten Klasse.

Wir setzen deshalb für $r \in \mathbb{Q}$

$$\hat{r} := [(\{r\}, \{r\})]_\sim .$$

Ein Capellipaar aus der Äquivalenzklasse $\hat{0}$ von Null nennen wir ein *Nullpaar*.

Die Capellipaare aus $\hat{r}$ werden die Rolle der gegen r konvergierenden rationalen Folgen übernehmen. Bevor wir uns weiter ausführlich mit den Äquivalenzklassen beschäftigen, wollen wir für die Capellipaare selbst eine Kleiner-Relation erklären, die sich fast von selbst aufdrängt, wenn man an das geometrische Bild der rationalen Zahlen auf einer Geraden denkt.

---

[1] mit Überlegungen wie beim Nachweis der Transitivität

Definition 2.8 (Kleiner-Relation für Capellipaare)

(A, B) und (C, D) seien aus $\mathcal{P}^C$. Dann setzen wir

$$(A, B) < (C, D) :\Leftrightarrow \text{Es gibt ein } b \in B \text{ und ein } c \in C \text{ mit } b < c . \quad \triangle$$

Die Unterklasse A und die Oberklasse D sind also „deutlich voneinander getrennt". Ebenso naheliegend ist die Definition für positiv bzw. negativ.

Definition 2.9 (Positivität und Negativität in $\mathcal{P}^C$)

(A, B) und (C, D) seien aus $\mathcal{P}^C$. (A, B) heißt *positiv*, wenn es ein $a > 0$ aus A gibt. (C, D) heißt *negativ*, wenn es ein $d < 0$ aus D gibt. $\triangle$

Ist (A, B) positiv und (C, D) negativ, so ist ersichtlich $(C, D) < (A, B)$. Mehr noch: Ist (E, F) ein *beliebiges* Nullpaar und (A, B) positiv, so gilt $(E, F) < (A, B)$. Ist hingegen (C, D) negativ, so gilt $(C, D) < (E, F)$, s. Aufgabe 2.18.

Wir müssen jetzt zeigen, daß das so definierte $<$ eine antireflexive Ordnungsrelation in der Menge $\mathcal{P}^C$ ist.

Satz 2.21 (Eigenschaften der Kleiner-Relation in $\mathcal{P}^C$)

(A, B), (C, D) und (E, F) seien aus $\mathcal{P}^C$. Dann gilt:

(1) **Asymmetrie:** $(A, B) < (C, D) \quad \Rightarrow \quad \neg\big((C, D) < (A, B)\big)$

(2) **Transitivität:** $(A, B) < (C, D)$ und $(C, D) < (E, F) \quad \Rightarrow \quad (A, B) < (E, F)$.

Beweis: Asymmetrie: Sei $(A, B) < (C, D)$. Dann gibt es ein $b \in B$ und ein $c \in C$ mit $b < c$. Wir nehmen nun an, es wäre $(C, D) < (A, B)$. Dann gibt es ein $d \in D$ und ein $a \in A$ mit $d < a$. Für $a \in A$ und $b \in B$ gilt $a \leqq b$, und mit den erzielten Ungleichungen $b < c$ und $d < a$ gelangen wir zu

$$d < a \leqq b < c ,$$

also $d < c$ im Widerspruch dazu, daß (C, D) ein Capellipaar ist.

Den noch einfacheren Beweis der Transitivität überlassen wir den Leserinnen und Lesern. $\square$

Unmittelbar aus der Definition der Kleiner-Relation erhalten wir die

Folgerung 2.4

Seien $r, s \in \mathbb{Q}$ beliebig, so gilt:

$$(\{r\}, \{r\}) < (\{s\}, \{s\}) \quad \Leftrightarrow \quad r < s . \quad \square$$

Die nächsten Sätze (man vergleiche die Analoga in der Menge $\mathcal{F}^C$!) bringen zum Ausdruck, daß die Kleiner-Relation mit der Äquivalenz verträglich ist.

Hilfssatz 2.9

Es seien (A, B) und (C, D) aus $\mathcal{P}^C$ mit $(A, B) \sim (C, D)$. Dann gilt weder $(A, B) < (C, D)$ noch $(C, D) < (A, B)$.

Beweis: Nach Voraussetzung haben wir $A \leqq D$ und $C \leqq B$; aus $A \leqq D$ folgt unmittelbar $\neg\big((A, B) < (C, D)\big)$; aus $C \leqq B$ folgt unmittelbar $\neg\big((C, D) < (A, B)\big)$. $\qquad\square$

Damit ist gezeigt, daß die Menge $\mathcal{P}^C$ durch $<$ nur teilweise geordnet ist. Aber wir erhalten auch hier wieder, wie in der Menge $\mathcal{F}^C$, eine „Vorform" der Trichotomie.

Satz 2.22 („Vorform" der Trichotomie)

(A, B) und (C, D) seien aus $\mathcal{P}^C$, und es sei $(A, B) \not\sim (C, D)$. Dann gilt entweder $(A, B) < (C, D)$ oder $(C, D) < (A, B)$.

Beweis: Aus $(A, B) \not\sim (C, D)$ folgt $\neg(A \leqq D)$ oder $\neg(C \leqq B)$. Im ersten Fall gibt es ein $a \in A$ und ein $d \in D$ mit

$$d < a \quad \Rightarrow \quad (C, D) < (A, B) \,.$$

Im zweiten Fall gibt es ein $c \in C$ und ein $b \in B$ mit

$$b < c \quad \Rightarrow \quad (A, B) < (C, D) \,.$$

Dies war zu zeigen. $\qquad\square$

Wie bei den rationalen Cauchyfolgen erhalten wir auch hier den folgenden

Hilfssatz 2.10

Seien $(A, B), (C, D), (E, F) \in \mathcal{P}^C$. Dann gilt:

(1) $(A, B) \sim (C, D)$ und $(A, B) < (E, F) \Rightarrow (C, D) < (E, F)$;

(2) $(A, B) \sim (C, D)$ und $(E, F) < (A, B) \Rightarrow (E, F) < (C, D)$.

Beweis: Zu (1): nach Voraussetzung gilt $A \leqq D$ und $C \leqq B$ und es gibt ein $b \in B$ und ein $e \in E$ mit $b < e$. Wir nehmen nun an, es gelte $E \leqq D$. Dann erhalten wir $b < e \leqq d$ für alle $d \in D$. Ferner folgt aus $C \leqq B$ für alle $c \in C$ die Ungleichung $c \leqq b$. Aus den letzten zwei Eigenschaften folgt nun $c \leqq b < e \leqq d$ für alle $c \in C$ und alle $d \in D$ im Widerspruch dazu, daß (C, D) ein Capellipaar ist. Also gilt $\neg(E \leqq D)$, und somit gibt es ein $d \in D$ und ein $e \in E$ mit $d < e$. Hieraus erhalten wir $(C, D) < (E, F)$. Analog wird (2) bewiesen. $\qquad\square$

Aus dem letzten Hilfssatz wollen wir eine Folgerung ziehen, die ein weiterer Beleg dafür ist, daß sowohl die Äquivalenz als auch die Kleiner-Relation „passend" definiert wurden.

Folgerung 2.5

Es seien $r, s \in \mathbb{Q}$, (A, B) sei ein r-Paar und (C, D) sei ein s-Paar. Dann gilt

$$(A, B) < (C, D) \Leftrightarrow \sup A = \inf B = r < s = \sup C = \inf D \ .$$

Beweis: Da (A, B) ein r-Paar ist, gilt $(A, B) \sim (\{r\}, \{r\})$ und da (C, D) ein s-Paar ist, gilt $(C, D) \sim (\{s\}, \{s\})$.

Nun ist $(\{r\}, \{r\}) < (\{s\}, \{s\})$ gleichwertig mit $r < s$, also in der Tat $(A, B) < (C, D) \Leftrightarrow r < s$.   □

Wir setzen nun $\mathcal{R}^\star := \mathcal{P}^C_{/\sim}$, und wir nennen $\mathcal{R}^\star$ die *Capellikonstruktion von* $\mathbb{R}$. Aufgrund der bisherigen Ergebnisse können wir die Kleiner-Relation sofort auf die Äquivalenzklassen, also die Elemente von $\mathcal{R}^\star$ übertragen.

Definition 2.10 (Kleiner-Relation in $\mathcal{R}^\star$)

Es seien $[(A, B)]_\sim$ und $[(E, F)]_\sim$ aus $\mathcal{R}^\star$. Dann setzen wir

$$[(A, B)]_\sim < [(E, F)]_\sim :\Leftrightarrow (A, B) < (E, F) \quad \triangle \ .$$

Gemäß Hilfssatz 2.10 ist die Relation $<$ in $\mathcal{R}^\star$ wohldefiniert. Darüberhinaus gilt für sie der folgende

Satz 2.23 (Ordnungsrelation in $\mathcal{R}^\star$)

(1) $<$ ist eine antireflexive Ordnungsrelation, durch die $\mathcal{R}^\star$ total geordnet wird.

(2) Seien $r, s \in \mathbb{Q}$. Dann gilt: $r < s \Leftrightarrow \hat{r} < \hat{s}$.

Beweis: Dies sind unmittelbare Folgerungen aus den vorhergehenden Sätzen.   □

Bemerkung 2.11

Ist $(K, +, \cdot, \leq)$ ein beliebiger archimedisch angeordneter Körper und betrachten wir die Menge $\mathcal{P}^C_K$ der Capellipaare in K, so können wir alle in $\mathcal{P}^C$ durchgeführten Überlegungen zu Äquivalenz und Kleiner-Relation auch in $\mathcal{P}^C_K$ anstellen und gelangen zu den gleichen Resultaten. Das gleiche gilt für die Menge $\mathcal{F}^C_K$ der Cauchyfolgen in K. $\triangle$

Bisher haben wir nur die Ordnungsstruktur $(\mathcal{R}^\star, <)$. Unser Ziel ist ein vollständiger Körper, also ein Modell für $\mathbb{R}$, mit der Trägermenge $\mathcal{R}^\star$.

Somit benötigen wir in $\mathcal{R}^\star$ noch eine geeignete Addition und Multiplikation. Die Addition wäre kein Problem; denn mit Hilfe unserer äquivalenten Charakterisierung der Capellipaare (Satz 2.19) sieht man sofort: Sind $(A, B), (C, D) \in \mathcal{P}^C$, dann ist auch $(A + C, B + D) \in \mathcal{P}^C$. Dabei ist, wie üblich,

$$A + C := \{a + c \mid a \in A, c \in C\} \, ,$$

und analog ist $B + D$ zu bilden. Man könnte also setzen

$$(A, B) + (C, D) := (A + C, B + D) \, .$$

Diese Addition läßt sich problemlos auf $\mathcal{R}^\star$ übertragen, und man kann zeigen, daß $(\mathcal{R}^\star, +, <)$ ein Modell für die angeordnete additive Gruppe der reellen Zahlen ist.

Eine gruppentheoretische axiomatische Charakterisierung der reellen Zahlen findet die interessierte Leserin (und der interessierte Leser) z. B. in [20].

Die Multiplikation läßt sich nicht so problemlos durch die Komplexmultiplikation erklären. Schon einfachste Beispiele zeigen, daß für (A, B) und (C, D) aus $\mathcal{P}^C$ das Mengenpaar $(A \cdot B, C \cdot D)$ i. a. nicht aus $\mathcal{P}^C$ ist. Um dieses Programm durchzuführen, muß man sich zunächst auf positive Capellipaare beschränken und für die Unterklassen zusätzlich $\{0\} \leq A$ und $\{0\} \leq C$ fordern. Auf diesem Wege die Multiplikation einzuführen und die benötigten Eigenschaften nachzuweisen, ist recht langwierig und auch ein wenig tüftelig. Capelli und auch L. Neder [23] führen in der skizzierten Art die Addition und die Multiplikation ein.

Wir wollen die genannten Operationen anders begründen. Angeregt zu unserer Vorgehensweise wurden wir durch den von G. Kowalewski gewählten Weg bei der Dedekindkonstruktion [18]. Man vergleiche hierzu auch die Arbeit von H. Coers [6].

Wir wollen nämlich in $\mathcal{R}^\star$ die Addition und die Multiplikation über das Rechnen mir rationalen Cauchyfolgen erklären. Dazu benötigen wir einen gut handhabbaren Zusammenhang zwischen rationalen Cauchyfolgen und rationalen Capellipaaren, der, wie uns scheint, auch an sich von Interesse ist. Um diesen Zusammenhang herzuleiten, brauchen wir zunächst eine *ordnungstheoretische* Charakterisierung der rationalen Cauchyfolgen, die jetzt erarbeitet werden soll.

Wir beginnen mit einem Hilfssatz über Cauchyfolgen, in dem untere und obere Nachbarn der Folge herangezogen werden.

Hilfssatz 2.11

$(K, +, \cdot, \leq)$ sei ein angeordneter Körper, und $(a_n)_{n \in \mathbb{N}}$ sei eine Cauchyfolge in K. Dann gilt: Zu jedem $\varepsilon > 0$ existiert ein $n_0 \in \mathbb{N}$ mit $a_n - \varepsilon \in N_u((a_m)_{m \in \mathbb{N}})$ und $a_n + \varepsilon \in N_o((a_m)_{m \in \mathbb{N}})$ für alle $n \geq n_0$.

Beweis: Sei $\varepsilon > 0$ beliebig vorgegeben. Dann existiert ein n_0 mit $|a_m - a_n| < \varepsilon$ für alle

$m, n \geq n_0$, also $a_n - \varepsilon < a_m < a_n + \varepsilon$ für alle $m, n \geq n_0$. Daraus folgt unmittelbar

$$a_n - \varepsilon \in N_u((a_m)_{m \in \mathbb{N}}) \qquad \text{und} \qquad a_n + \varepsilon \in N_o((a_m)_{m \in \mathbb{N}})$$

für alle $n \geq n_0$. $\square$

Aus dem einfachen Hilfssatz erhalten wir sofort einen ersten Zusammenhang zwischen Cauchyfolgen und Capellipaaren.

Hilfssatz 2.12

$(K, +, \cdot, \leq)$ sei ein archimedisch angeordneter Körper, und $(a_n)_{n \in \mathbb{N}}$ sei eine Cauchy-folge in K. Dann ist $(N_u((a_n)_{n \in \mathbb{N}}), N_o((a_n)_{n \in \mathbb{N}}))$ ein Capellipaar in K.

Beweis: Da jede Cauchyfolge beschränkt ist, sind $N_u((a_n)_{n \in \mathbb{N}})$ und $N_o((a_n)_{n \in \mathbb{N}})$ nicht-leer. Ferner gilt $N_u((a_n)_{n \in \mathbb{N}}) \leq N_o((a_n)_{n \in \mathbb{N}})$ nach Definition von unteren bzw. oberen Nachbarn.

Sei jetzt $\varepsilon > 0$ beliebig vorgegeben. Dann existiert nach Hilfssatz 2.11 ein $n_0 \in \mathbb{N}$ mit

$$a_{n_0} - \frac{\varepsilon}{3} \in N_u((a_m)_{m \in \mathbb{N}}) \qquad \text{und} \qquad a_{n_0} + \frac{\varepsilon}{3} \in N_o((a_m)_{m \in \mathbb{N}}) \, .$$

Nun ist aber

$$\left(a_{n_0} + \frac{\varepsilon}{3}\right) - \left(a_{n_0} - \frac{\varepsilon}{3}\right) = \frac{2}{3}\varepsilon < \varepsilon \, .$$

Damit ist in der Tat (Eigenschaft C_3') $(N_u((a_n)_{n \in \mathbb{N}}), N_o((a_n)_{n \in \mathbb{N}}))$ ein Capellipaar. $\square$

Bemerkenswert ist, daß auch die Umkehrung von Hilfssatz 2.12 gilt.

Hilfssatz 2.13

$(K, +, \cdot, \leq)$ sei ein archimedisch angeordneter Körper, und $(a_n)_{n \in \mathbb{N}}$ sei eine Folge in K. Ist dann $(N_u((a_n)_{n \in \mathbb{N}}), N_o((a_n)_{n \in \mathbb{N}}))$ ein Capellipaar in K, so ist $(a_n)_{n \in \mathbb{N}}$ eine Cauchyfolge in K.

Beweis: Sei $\varepsilon > 0$ beliebig vorgegeben. Da $(N_u((a_n)_{n \in \mathbb{N}}), N_o((a_n)_{n \in \mathbb{N}}))$ ein Capellipaar ist, existiert (Eigenschaft C_3') ein $c \in N_u((a_n)_{n \in \mathbb{N}})$ und ein $d \in N_o((a_n)_{n \in \mathbb{N}})$ mit $d - c < \varepsilon$.
Wegen $d \in N_o((a_n)_{n \in \mathbb{N}})$ gibt es ein $n_1 \in \mathbb{N}$ mit $a_m \leq d$ für alle $m \geq n_1$; wegen $c \in N_u((a_n)_{n \in \mathbb{N}})$ gibt es ein $n_2 \in \mathbb{N}$ mit $c \leq a_m$ für alle $m \geq n_2$.
Wir wählen $n_0 := \max\{n_1, n_2\}$; somit gilt

$$-(d - c) \leq a_m - a_n \leq d - c \qquad \text{für alle } m, n \geq n_0$$

und damit

$$-\varepsilon < a_m - a_n < \varepsilon \qquad \text{für alle } m, n \geqq n_0 \ .$$

Folglich ist $(a_n)_{n\in\mathbb{N}}$ eine Cauchyfolge in K. □

Die Zusammenfassung von Hilfssatz 2.12 und Hilfssatz 2.13 liefert die gewünschte ordnungstheoretische Charakterisierung der Cauchyfolgen in archimedisch angeordneten Körpern.

Satz 2.24 (Ordnungstheoretische Charakterisierung von Cauchyfolgen)

$(K, +, \cdot, \leq)$ sei ein archimedisch angeordneter Körper, und $(a_n)_{n\in\mathbb{N}}$ sei eine Folge in K. Dann gilt:
$(a_n)_{n\in\mathbb{N}}$ ist eine Cauchyfolge in K genau dann, wenn $(N_u((a_n)_{n\in\mathbb{N}}), N_o((a_n)_{n\in\mathbb{N}}))$ ein Capellipaar in K ist. □

Da das zur Cauchyfolge $(a_n)_{n\in\mathbb{N}}$ gehörige Capellipaar $(N_u((a_n)_{n\in\mathbb{N}}), N_o((a_n)_{n\in\mathbb{N}}))$ eine zentrale Rolle spielt, soll es noch genauer untersucht werden. Dazu beweisen wir den folgenden

Satz 2.25 (Cauchyfolgen und Dedekindschnitte)

$(K, +, \cdot, \leq)$ sei ein archimedisch angeordneter Körper, und $(a_n)_{n\in\mathbb{N}}$ sei eine Cauchyfolge in K. Dann ist das Capellipaar $(N_u((a_n)_{n\in\mathbb{N}}), N_o((a_n)_{n\in\mathbb{N}}))$ im wesentlichen ein Dedekindschnitt in K. Präzise heißt dies:

(1) Besitzt das Capellipaar $(N_u((a_n)_{n\in\mathbb{N}}), N_o((a_n)_{n\in\mathbb{N}}))$ keine Schnittzahl in K, so ist $(N_u((a_n)_{n\in\mathbb{N}}), N_o((a_n)_{n\in\mathbb{N}}))$ ein Dedekindschnitt in K.

(2) Besitzt $(N_u((a_n)_{n\in\mathbb{N}}), N_o((a_n)_{n\in\mathbb{N}}))$ in K die Schnittzahl r, so ist $N_u((a_n)_{n\in\mathbb{N}}) \cap N_o((a_n)_{n\in\mathbb{N}}) \in \{\{r\}, \emptyset\}$ und $K \setminus \{r\} \subset N_u((a_n)_{n\in\mathbb{N}}) \cup N_o((a_n)_{n\in\mathbb{N}})$.

(3) $(N_u((a_n)_{n\in\mathbb{N}}), N_o((a_n)_{n\in\mathbb{N}}))$ besitzt in K genau dann die Schnittzahl r, wenn $K\text{-}\lim\limits_{n\to\infty} a_n = r$.

Beweis: Zu (1): Zunächst gilt trivialerweise folgendes:

$$s' \in K, s \in N_u((a_n)_{n\in\mathbb{N}}) \quad \text{und} \quad s' < s \quad \Rightarrow \quad s' \in N_u((a_n)_{n\in\mathbb{N}})$$

und

$$t' \in K, t \in N_o((a_n)_{n\in\mathbb{N}}) \quad \text{und} \quad t < t' \quad \Rightarrow \quad t' \in N_o((a_n)_{n\in\mathbb{N}}) \ ,$$

Sei jetzt $p \in K$ beliebig, dann gilt somit

$$p \notin N_u((a_n)_{n\in\mathbb{N}}) \quad \Rightarrow \quad s < p \text{ für alle } s \in N_u((a_n)_{n\in\mathbb{N}})$$

und

$$p \notin N_o((a_n)_{n\in\mathbb{N}}) \quad \Rightarrow \quad p < t \text{ für alle } t \in N_o((a_n)_{n\in\mathbb{N}}) .$$

Nun kommen wir zum Nachweis von (1): $N_u((a_n)_{n\in\mathbb{N}}) \cap N_o((a_n)_{n\in\mathbb{N}}) = \emptyset$ ist trivial, wenn $(N_u((a_n)_{n\in\mathbb{N}}), N_o((a_n)_{n\in\mathbb{N}}))$ keine Schnittzahl besitzt.

Wir nehmen nun an, es gibt ein $r \in K$ mit $r \notin N_u((a_n)_{n\in\mathbb{N}}) \cup N_o((a_n)_{n\in\mathbb{N}})$. Dann ist $r \notin N_u((a_n)_{n\in\mathbb{N}})$ und $r \notin N_o((a_n)_{n\in\mathbb{N}})$. Damit gilt gemäß der Vorüberlegung

$$s < r < t \text{ für alle } s \in N_u((a_n)_{n\in\mathbb{N}}) \text{ und alle } t \in N_o((a_n)_{n\in\mathbb{N}}) .$$

Dann wäre r die Schnittzahl von $(N_u((a_n)_{n\in\mathbb{N}}), N_o((a_n)_{n\in\mathbb{N}}))$ entgegen der Voraussetzung. Also ist $K = N_u((a_n)_{n\in\mathbb{N}}) \cup N_o((a_n)_{n\in\mathbb{N}})$ und damit $(N_u((a_n)_{n\in\mathbb{N}}), N_o((a_n)_{n\in\mathbb{N}}))$ ein Dedekindschnitt in K.

Zu (2): $(N_u((a_n)_{n\in\mathbb{N}}), N_o((a_n)_{n\in\mathbb{N}}))$ habe in K die Schnittzahl r. Es gilt trivialerweise die Aussage $N_u((a_n)_{n\in\mathbb{N}}) \cap N_o((a_n)_{n\in\mathbb{N}}) \in \{\{r\}, \emptyset\}$.

Wir nehmen nun an, es gibt ein $r' \in K$ mit $r' \neq r$ und $r' \notin N_u((a_n)_{n\in\mathbb{N}}) \cup N_o((a_n)_{n\in\mathbb{N}})$. Dann gilt wieder $r' \notin N_u((a_n)_{n\in\mathbb{N}})$ und $r' \notin N_o((a_n)_{n\in\mathbb{N}})$. Somit folgt aus der Vorüberlegung $s < r' < t$ für alle $s \in N_u((a_n)_{n\in\mathbb{N}})$ und alle $t \in N_o((a_n)_{n\in\mathbb{N}})$. Damit hat das Capellipaar $(N_u((a_n)_{n\in\mathbb{N}}), N_o((a_n)_{n\in\mathbb{N}}))$ die beiden verschiedenen Schnittzahlen r und r' und dies ist ein Widerspruch. Mithin gilt in der Tat $K \setminus \{r\} \subset N_u((a_n)_{n\in\mathbb{N}}) \cup N_o((a_n)_{n\in\mathbb{N}})$.

Zu (3): Wir beginnen mit der deutlich einfacheren Richtung. Sei nämlich $K\text{-}\lim_{n\to\infty} a_n = r$ vorausgesetzt. Ist dann $s \in N_u((a_n)_{n\in\mathbb{N}})$, so folgt unmittelbar aus der Definition des unteren Nachbarn und des Grenzwerts einer Folge, daß $s \leq r$. Ist jetzt $t \in N_o((a_n)_{n\in\mathbb{N}})$, so folgt wiederum unmittelbar aus der Definition des oberen Nachbarn und des Grenzwerts einer Folge, daß $r \leq t$.

Insgesamt haben wir somit

$$s \leq r \leq t \quad \text{für alle } s \in N_u((a_n)_{n\in\mathbb{N}}) \text{ und alle } t \in N_o((a_n)_{n\in\mathbb{N}}) .$$

Damit ist r die Schnittzahl von $(N_u((a_n)_{n\in\mathbb{N}}), N_o((a_n)_{n\in\mathbb{N}}))$.

Sei jetzt umgekehrt r die Schnittzahl von $(N_u((a_n)_{n\in\mathbb{N}}), N_o((a_n)_{n\in\mathbb{N}}))$, und es sei $\varepsilon > 0$ beliebig vorgegeben. Dann existiert nach Hilfssatz 2.11 ein $n_0 \in \mathbb{N}$ mit

$$a_n - \frac{\varepsilon}{2} \in N_u((a_m)_{m\in\mathbb{N}}) \qquad \text{und} \qquad a_n + \frac{\varepsilon}{2} \in N_o((a_m)_{m\in\mathbb{N}})$$

für alle $n \geq n_0$. Daraus folgt

$$a_n - \frac{\varepsilon}{2} \leq r \leq a_n + \frac{\varepsilon}{2} \qquad \text{für alle } n \geq n_0 ,$$

also auch

$$-\varepsilon < r - a_n < \varepsilon \qquad \text{für alle } n \geq n_0 ,$$

d. h. aber $K\text{-}\lim\limits_{n\to\infty} a_n = r$. $\qquad\qquad\qquad\qquad\qquad\qquad$ □

Bemerkung 2.12

Die Aussage (2) aus Satz 2.25 läßt sich nicht verbessern. Dazu betrachten wir als einfaches Beispiel die Folge $(a_n)_{n\in\mathbb{N}}$ mit $a_n = \frac{(-1)^n}{n}$ in $\mathbb{Q}$. Hier ist $N_u((a_n)_{n\in\mathbb{N}}) = \{s \in \mathbb{Q} \mid s < 0\}$ und $N_o((a_n)_{n\in\mathbb{N}}) = \{t \in \mathbb{Q} \mid t > 0\}$. Damit ist $N_u((a_n)_{n\in\mathbb{N}}) \cup N_o((a_n)_{n\in\mathbb{N}}) = \mathbb{Q} \setminus \{0\}$.

Es ist generell angenehm, daß man Capellipaare mit und ohne Schnittzahl gleich behandeln kann und für den Fall, daß die Schnittzahl existiert, keine „Normierung" bzgl. ihrer Zugehörigkeit treffen muß. $\triangle$

Im nächsten Schritt untersuchen wir Zusammenhänge zwischen der Äquivalenzrelation in $\mathcal{F}_K^C$ und der Äquivalenzrelation in $\mathcal{P}_K^C$.

Hilfssatz 2.14

$(K, +, \cdot, \leqq)$ sei ein archimedisch angeordneter Körper, und $(c_n)_{n\in\mathbb{N}}$, $(d_n)_{n\in\mathbb{N}}$ seien Cauchyfolgen in K. Dann gilt:

$$(c_n)_{n\in\mathbb{N}} \sim (d_n)_{n\in\mathbb{N}} \quad \Rightarrow$$

$$(N_u((c_n)_{n\in\mathbb{N}}), N_o((c_n)_{n\in\mathbb{N}})) \sim (N_u((d_n)_{n\in\mathbb{N}}), N_o((d_n)_{n\in\mathbb{N}})) \ .$$

Beweis: Nach Voraussetzung ist $(d_n - c_n)_{n\in\mathbb{N}}$ eine Nullfolge. Wir müssen zeigen, daß $N_u((c_n)_{n\in\mathbb{N}}) \leqq N_o((d_n)_{n\in\mathbb{N}})$ und $N_u((d_n)_{n\in\mathbb{N}}) \leqq N_o((c_n)_{n\in\mathbb{N}})$.

Wir führen den kleinen Beweis indirekt. Wir nehmen an, es gibt ein $a_0 \in N_u((c_n)_{n\in\mathbb{N}})$ und ein $b_0 \in N_o((d_n)_{n\in\mathbb{N}})$ mit $b_0 < a_0$. Dann gilt $a_0 \leqq c_n$ und $b_0 \geqq d_n$ für fast alle $n \in \mathbb{N}$ und damit $c_n - d_n \geqq a_0 - b_0 > 0$ für fast alle $n \in \mathbb{N}$ im Widerspruch dazu, daß $(d_n - c_n)_{n\in\mathbb{N}}$ eine Nullfolge ist. Völlig analog verläuft der Nachweis von $N_u((d_n)_{n\in\mathbb{N}}) \leqq N_o((c_n)_{n\in\mathbb{N}})$. $\qquad$ □

Auch hier gilt die Umkehrung.

Hilfssatz 2.15

$(K, +, \cdot, \leqq)$ sei ein archimedisch angeordneter Körper, und $(c_n)_{n\in\mathbb{N}}$, $(d_n)_{n\in\mathbb{N}}$ seien Cauchyfolgen in K. Dann gilt:

$$(N_u((c_n)_{n\in\mathbb{N}}), N_o((c_n)_{n\in\mathbb{N}})) \sim (N_u((d_n)_{n\in\mathbb{N}}), N_o((d_n)_{n\in\mathbb{N}})) \quad \Rightarrow$$

$$(c_n)_{n\in\mathbb{N}} \sim (d_n)_{n\in\mathbb{N}} \ .$$

Beweis: Nach Voraussetzung haben wir $N_u((c_n)_{n\in\mathbb{N}}) \leqq N_o((d_n)_{n\in\mathbb{N}})$ und $N_u((d_n)_{n\in\mathbb{N}}) \leqq N_o((c_n)_{n\in\mathbb{N}})$. Wir müssen zeigen, daß $(d_n - c_n)_{n\in\mathbb{N}}$ eine Nullfolge ist.

Sei also $\varepsilon > 0$ beliebig vorgegeben. Wir wenden den Hilfssatz 2.11 an. Danach gibt es ein $n_1 \in \mathbb{N}$ mit $c_n - \frac{\varepsilon}{3} \in N_u((c_m)_{m \in \mathbb{N}})$ und $c_n + \frac{\varepsilon}{3} \in N_o((c_m)_{m \in \mathbb{N}})$ für alle $n \geq n_1$; ferner gibt es ein $n_2 \in \mathbb{N}$ mit $d_n - \frac{\varepsilon}{3} \in N_u((d_m)_{m \in \mathbb{N}})$ und $d_n + \frac{\varepsilon}{3} \in N_o((d_m)_{m \in \mathbb{N}})$ für alle $n \geq n_2$. Wieder sei $n_0 := \max\{n_1, n_2\}$. Dann erhalten wir

$$N_u((c_m)_{m \in \mathbb{N}}) \leq N_o((d_m)_{m \in \mathbb{N}}) \quad \Rightarrow \quad c_n - \frac{\varepsilon}{3} \leq d_n + \frac{\varepsilon}{3} \quad \text{für alle } n \geq n_0$$

und

$$N_u((d_m)_{m \in \mathbb{N}}) \leq N_o((c_m)_{m \in \mathbb{N}}) \quad \Rightarrow \quad d_n - \frac{\varepsilon}{3} \leq c_n + \frac{\varepsilon}{3} \quad \text{für alle } n \geq n_0 \ .$$

Daraus folgt $-\frac{2}{3}\varepsilon \leq d_n - c_n \leq \frac{2}{3}\varepsilon$ und damit schließlich $-\varepsilon < d_n - c_n < \varepsilon$ für alle $n \geq n_0$. Das heißt aber, $(d_n - c_n)_{n \in \mathbb{N}}$ ist eine Nullfolge, also $(c_n)_{n \in \mathbb{N}} \sim (d_n)_{n \in \mathbb{N}}$. $\square$

Wir fassen die Hilfssätze 2.14 und 2.15 wieder zusammen.

Satz 2.26 (Zusammenhang zwischen den Äquivalenzrelationen)

$(K, +, \cdot, \leq)$ sei ein archimedisch angeordneter Körper, und $(c_n)_{n \in \mathbb{N}}$, $(d_n)_{n \in \mathbb{N}}$ seien Cauchyfolgen in K. Dann gilt:

$$(c_n)_{n \in \mathbb{N}} \sim (d_n)_{n \in \mathbb{N}} \quad \Leftrightarrow$$

$$(N_u((c_n)_{n \in \mathbb{N}}), N_o((c_n)_{n \in \mathbb{N}})) \sim (N_u((d_n)_{n \in \mathbb{N}}), N_o((d_n)_{n \in \mathbb{N}})) \ .$$ $\square$

Zu dem hier erörterten Zusammenhang wollen wir noch eine kleine, recht instruktive Schlußbetrachtung führen.

Bemerkung 2.13

$(K, +, \cdot, \leq)$ sei ein archimedisch angeordneter Körper, und $(a_n)_{n \in \mathbb{N}}$ sei eine Cauchyfolge in K. Zu dem zugehörigen Capellipaar $(N_u((a_n)_{n \in \mathbb{N}}), N_o((a_n)_{n \in \mathbb{N}}))$ betrachten wir jetzt ein *beliebiges* Capellipaar $(A, B) \in \mathcal{P}_K^C$ mit der Eigenschaft

$$(A, B) \sim (N_u((a_n)_{n \in \mathbb{N}}), N_o((a_n)_{n \in \mathbb{N}})) \ .$$

Wir werden darlegen, daß auch dieses Capellipaar (A, B) die Lage der Folgenglieder a_n sehr gut beschreibt.

Es gilt $A \leq N_o((a_n)_{n \in \mathbb{N}})$ und $N_u((a_n)_{n \in \mathbb{N}}) \leq B$. Ist jetzt $\varepsilon > 0$ beliebig vorgegeben, so existiert nach Hilfssatz 2.11 ein $n_0 \in \mathbb{N}$ mit

$$a_n - \varepsilon \in N_u((a_m)_{m \in \mathbb{N}}) \quad \text{für alle } n \geq n_0$$

und

$$a_n + \varepsilon \in N_o((a_m)_{m \in \mathbb{N}}) \quad \text{für alle } n \geqq n_0 .$$

Damit gelangen wir zu

$$a_n - \varepsilon \leqq b \quad \text{für alle } b \in B \text{ und alle } n \geqq n_0$$

und

$$a \leqq a_n + \varepsilon \quad \text{für alle } a \in A \text{ und alle } n \geqq n_0 .$$

Somit haben wir insgesamt

$$a - \varepsilon \leqq a_n \leqq b + \varepsilon \quad \text{für alle } a \in A, b \in B \text{ und alle } n \geqq n_0 . \tag{2.23}$$

Da nun $(A, B) \in \mathcal{P}_K^C$ ist, gibt es zu dem vorgelegten $\varepsilon > 0$ (Eigenschaft C_3') ein $a_0 \in A$ und ein $b_0 \in B$ mit $b_0 - a_0 < \varepsilon$. Dies liefert zusammen mit (2.23) die Ungleichungen

$$a_0 - \varepsilon \leqq a_n < a_0 + 2\varepsilon \quad \text{und} \quad b_0 - 2\varepsilon < a_n \leqq b_0 + \varepsilon$$

für alle $n \geqq n_0$, so daß wir sagen können: Sowohl der Punkt $a_0 \in A$ als auch der Punkt $b_0 \in B$ charakterisieren die Lage fast aller Folgenglieder a_n sehr gut. $\triangle$

Ist $(K, +, \cdot, \leqq)$ ein archimedisch angeordneter Körper und $(a_n)_{n \in \mathbb{N}} \in \mathcal{F}_K^C$ beliebig. Dann haben wir mittels $(N_u((a_n)_{n \in \mathbb{N}}), N_o((a_n)_{n \in \mathbb{N}})) \in \mathcal{P}_K^C$ ein zur Cauchyfolge $(a_n)_{n \in \mathbb{N}}$ passendes Capellipaar konstruiert. Wir wollen jetzt umgekehrt zu einem beliebigen Capellipaar $(A, B) \in \mathcal{P}_K^C$ eine passende Cauchyfolge aus $\mathcal{F}_K^C$ konstruieren. Diese Konstruktion haben wir insbesondere durch den Hilfssatz 2.6 aus dem vorangehenden Abschnitt über die Konstruktion von Cantor bestens vorbereitet.

Satz 2.27

$(K, +, \cdot, \leqq)$ sei ein archimedisch angeordneter Körper, und (A, B) sei ein Capellipaar in K. Dann gibt es in K eine Cauchyfolge $(a_n)_{n \in \mathbb{N}}$ mit

$$(A, B) \sim (N_u((a_n)_{n \in \mathbb{N}}), N_o((a_n)_{n \in \mathbb{N}})) .$$

Beweis: Aus der Eigenschaft, daß (A, B) ein Capellipaar in K ist, folgt insbesondere, daß A eine nichtleere Teilmenge von K ist, welche nach oben beschränkt ist. Nach Hilfssatz 2.7 gibt es in K eine Intervallschachtelung $([a_n, b_n])_{n \in \mathbb{N}}$ mit den Eigenschaften

(a) a_n ist für alle $n \in \mathbb{N}$ keine obere Schranke von A, und

(b) b_n ist für alle $n \in \mathbb{N}$ eine obere Schranke von A.

Nach Hilfssatz 2.6 sind sowohl $(a_n)_{n \in \mathbb{N}}$ als auch $(b_n)_{n \in \mathbb{N}}$ Cauchyfolgen in K. Sie sind sogar äquivalent, da $([a_n, b_n])_{n \in \mathbb{N}}$ eine Intervallschachtelung ist.

Somit sind $(N_u((a_n)_{n \in \mathbb{N}}), N_o((a_n)_{n \in \mathbb{N}}))$ und $(N_u((b_n)_{n \in \mathbb{N}}), N_o((b_n)_{n \in \mathbb{N}}))$ Capellipaare in K, die gleichfalls äquivalent sind.

Wir zeigen jetzt

$$(A, B) \sim (N_u((a_n)_{n \in \mathbb{N}}), N_o((a_n)_{n \in \mathbb{N}})) \,,$$

also

$$A \leqq N_o((a_n)_{n \in \mathbb{N}}) \quad \text{und} \quad N_u((a_n)_{n \in \mathbb{N}}) \leqq B \,.$$

Wir führen die kleinen Nachweise indirekt.

Nehmen wir an, es gibt ein $a \in A$ und ein $c \in N_o((a_n)_{n \in \mathbb{N}})$ mit $c < a$. Dann existiert ein $n_1 \in \mathbb{N}$ mit $a_n \leqq c$ für alle $n \geqq n_1$, also $c - a_n \geqq 0$ für alle $n \geqq n_1$. Es ist $a - c > 0$, daher existiert ein $n_2 \in \mathbb{N}$ mit $b_n - a_n < a - c$ für alle $n \geqq n_2$. Dann gilt für alle $n \geqq n_0 := \max\{n_1, n_2\}$ die Beziehung $b_n + c - a_n < a$, also $b_n < a$ für alle $n \geqq n_0$. Damit ist b_n keine obere Schranke von A, ein Widerspruch. Also gilt $A \leqq N_o((a_n)_{n \in \mathbb{N}})$.

Nehmen wir dagegen an, es gibt ein $c' \in N_u((a_n)_{n \in \mathbb{N}})$ und ein $b \in B$ mit $b < c'$. Dann existiert ein $n_0 \in \mathbb{N}$ mit $c' \leqq a_n$ für alle $n \geqq n_0$. Da $b \in B$ und da (A, B) ein Capellipaar ist, ist $a \leqq b$ für alle $a \in A$. Damit haben wir insgesamt $a \leqq b < c' \leqq a_n$ für alle $n \geqq n_0$ und alle $a \in A$. Folglich ist a_{n_0} eine obere Schranke von A und dies ist ein Widerspruch. Somit gilt $N_u((a_n)_{n \in \mathbb{N}}) \leqq B$. $\qquad\square$

Bemerkung 2.14

In analoger Weise gilt natürlich auch

$$(A, B) \sim (N_u((b_n)_{n \in \mathbb{N}}), N_o((b_n)_{n \in \mathbb{N}})) \,.$$

Für den speziellen Fall, daß $r \in K$ eine Schnittzahl von (A, B) ist, gelten also folgende äquivalente Aussagen:

1. $r \in K$ ist Schnittzahl von (A, B) und $(A, B) \sim (N_u((a_n)_{n \in \mathbb{N}}), N_o((a_n)_{n \in \mathbb{N}}))$;

2. $r \in K$ ist Schnittzahl von (A, B) und $(A, B) \sim (N_u((b_n)_{n \in \mathbb{N}}), N_o((b_n)_{n \in \mathbb{N}}))$;

3. $(A, B) \sim (\{r\}, \{r\})$;

4. $(\{r\}, \{r\}) \sim (N_u((a_n)_{n \in \mathbb{N}}), N_o((a_n)_{n \in \mathbb{N}}))$;

5. $(\{r\}, \{r\}) \sim (N_u((b_n)_{n \in \mathbb{N}}), N_o((b_n)_{n \in \mathbb{N}}))$;

6. $r \in K$ ist Schnittzahl von $(N_u((a_n)_{n \in \mathbb{N}}), N_o((a_n)_{n \in \mathbb{N}}))$;

7. $r \in K$ ist Schnittzahl von $(N_u((b_n)_{n \in \mathbb{N}}), N_o((b_n)_{n \in \mathbb{N}}))$;

8. $K\text{-}\lim\limits_{n \to \infty} a_n = r$;

9. $K\text{-}\lim\limits_{n \to \infty} b_n = r$. $\triangle$

Wir formulieren den letzten Satz noch ein wenig um.

Satz 2.28

$(K, +, \cdot, \leq)$ sei ein archimedisch angeordneter Körper, und (A, B) sei ein Capellipaar in K. Dann gibt es in K eine Cauchyfolge $(a_n)_{n \in \mathbb{N}}$ mit

$$[(A, B)]_\sim = [(N_u((a_n)_{n \in \mathbb{N}}), N_o((a_n)_{n \in \mathbb{N}}))]_\sim .$$ $\square$

Wir führen jetzt ökonomischere Schreibweisen ein.

Definition 2.11 (Zu $(a_n)_{n \in \mathbb{N}}$ gehöriges Capellipaar/Capelliklasse)

$(K, +, \cdot, \leq)$ sei ein archimedisch angeordneter Körper, und $(a_n)_{n \in \mathbb{N}}$ sei eine Cauchyfolge in K. Dann setzen wir

$$N((a_n)_{n \in \mathbb{N}}) := (N_u((a_n)_{n \in \mathbb{N}}), N_o((a_n)_{n \in \mathbb{N}}))$$

und

$$\widehat{N}((a_n)_{n \in \mathbb{N}}) := [(N_u((a_n)_{n \in \mathbb{N}}), N_o((a_n)_{n \in \mathbb{N}}))]_\sim .$$ $\triangle$

Wir wissen: Ist $(K, +, \cdot, \leq)$ ein angeordneter Körper und sind $(a_n)_{n \in \mathbb{N}}$, $(b_n)_{n \in \mathbb{N}}$ Cauchyfolgen in K, so sind auch $(a_n + b_n)_{n \in \mathbb{N}}$ und $(a_n \cdot b_n)_{n \in \mathbb{N}}$ Cauchyfolgen in K. Diesen Sachverhalt zusammen mit unseren bisher erzielten Resultaten können wir benutzen, um in einem beliebigen archimedisch angeordneten Körper K die Addition und Multiplikation für die Äquivalenzklassen von Capellipaaren in K zurückzuführen auf die Addition und Multiplikation von Cauchyfolgen in K.

Wir beschränken uns jetzt im wesentlichen wieder auf den Fall $K = \mathbb{Q}$ und werden so die Capellikonstruktion der reellen Zahlen zu Ende führen.

Definition 2.12 (Addition und Multiplikation in $\mathcal{R}^\star$)

Es seien $[(A, B)]_\sim, [(C, D)]_\sim \in \mathcal{R}^\star$ mit $[(A, B)]_\sim = \widehat{N}((a_n)_{n \in \mathbb{N}})$ und $[(C, D)]_\sim = \widehat{N}((c_n)_{n \in \mathbb{N}})$. Dann setzen wir[1]

$$[(A, B)]_\sim + [(C, D)]_\sim = \widehat{N}((a_n)_{n \in \mathbb{N}}) + \widehat{N}((c_n)_{n \in \mathbb{N}}) := \widehat{N}((a_n + c_n)_{n \in \mathbb{N}})$$

---

[1] Wir verwenden der Einfachheit wieder die Symbole $+$ und $\cdot$ für Addition und Multiplikation.

und

$$[(A, B)]_\sim \cdot [(C, D)]_\sim = \widehat{N}((a_n)_{n\in\mathbb{N}}) \cdot \widehat{N}((c_n)_{n\in\mathbb{N}}) := \widehat{N}((a_n \cdot c_n)_{n\in\mathbb{N}}) \ . \quad \triangle$$

Hilfssatz 2.16

Die in Definition 2.12 erklärte Addition und Multiplikation in $\mathcal{R}^\star$ ist wohldefiniert.

Beweis: Es genügt, $\widehat{N}((a_n)_{n\in\mathbb{N}}) = \widehat{N}((a_n')_{n\in\mathbb{N}})$ und $\widehat{N}((c_n)_{n\in\mathbb{N}}) = \widehat{N}((c_n')_{n\in\mathbb{N}})$ zu betrachten. Dann gelten wegen $N((a_n)_{n\in\mathbb{N}}) \sim N((a_n')_{n\in\mathbb{N}})$ und $N((c_n)_{n\in\mathbb{N}}) \sim N((c_n')_{n\in\mathbb{N}})$ die Beziehungen $(a_n)_{n\in\mathbb{N}} \sim (a_n')_{n\in\mathbb{N}}$ und $(c_n)_{n\in\mathbb{N}} \sim (c_n')_{n\in\mathbb{N}}$. Hieraus folgt $(a_n + c_n)_{n\in\mathbb{N}} \sim (a_n' + c_n')_{n\in\mathbb{N}}$ und $(a_n \cdot c_n)_{n\in\mathbb{N}} \sim (a_n' \cdot c_n')_{n\in\mathbb{N}}$, somit $N((a_n + c_n)_{n\in\mathbb{N}}) \sim N((a_n' + c_n')_{n\in\mathbb{N}})$ und $N((a_n \cdot c_n)_{n\in\mathbb{N}}) \sim N((a_n' \cdot c_n')_{n\in\mathbb{N}})$ und schließlich $\widehat{N}((a_n + c_n)_{n\in\mathbb{N}}) = \widehat{N}((a_n' + c_n')_{n\in\mathbb{N}})$ und $\widehat{N}((a_n \cdot c_n)_{n\in\mathbb{N}}) = \widehat{N}((a_n' \cdot c_n')_{n\in\mathbb{N}})$. $\qquad\square$

Als „vertrauensbildende Maßnahme" in die oben definierte Addition und Multiplikation möge die Leserin/der Leser Aufgabe 2.27 beweisen.

Damit haben wir letztendlich, wie angekündigt, das Rechnen in $\mathcal{R}^\star$ zurückgeführt auf das Rechnen mit rationalen Cauchyfolgen.

Um den Nachweis der Rechengesetze in $\mathcal{R}^\star$ einfach gestalten zu können, betrachten wir die folgende Abbildung:

$$\Phi : \mathcal{R} \to \mathcal{R}^\star \quad \text{mit} \quad [(a_n)_{n\in\mathbb{N}}]_\sim \mapsto \Phi([(a_n)_{n\in\mathbb{N}}]_\sim) := \widehat{N}((a_n)_{n\in\mathbb{N}}) \ .$$

Hilfssatz 2.17

(1) Φ ist wohldefiniert;

(2) Φ ist surjektiv;

(3) Φ ist injektiv.

Beweis: Zu (1): $[(a_n)_{n\in\mathbb{N}}]_\sim = [(a_n')_{n\in\mathbb{N}}]_\sim \Rightarrow (a_n)_{n\in\mathbb{N}} \sim (a_n')_{n\in\mathbb{N}} \Rightarrow N((a_n)_{n\in\mathbb{N}}) \sim N((a_n')_{n\in\mathbb{N}}) \Rightarrow \widehat{N}((a_n)_{n\in\mathbb{N}}) = \widehat{N}((a_n')_{n\in\mathbb{N}})$.

Zu (2): Sei $[(A, B)]_\sim \in \mathcal{R}^\star$ beliebig. Dann existiert gemäß Satz 2.28 ein $(a_n)_{n\in\mathbb{N}} \in \mathcal{F}^C$ mit $(A, B) \sim N((a_n)_{n\in\mathbb{N}})$, also $[(A, B)]_\sim = \widehat{N}((a_n)_{n\in\mathbb{N}})$ und damit $\Phi([(a_n)_{n\in\mathbb{N}}]_\sim) = [(A, B)]_\sim$.

Zu (3): Sei $[(a_n)_{n\in\mathbb{N}}]_\sim \neq [(b_n)_{n\in\mathbb{N}}]_\sim$. Dann ist $(a_n)_{n\in\mathbb{N}} \not\sim (b_n)_{n\in\mathbb{N}}$, also $N((a_n)_{n\in\mathbb{N}}) \not\sim N((b_n)_{n\in\mathbb{N}})$ bzw. $\widehat{N}((a_n)_{n\in\mathbb{N}}) \neq \widehat{N}((b_n)_{n\in\mathbb{N}})$. Dies bedeutet aber, daß $\Phi([(a_n)_{n\in\mathbb{N}}]_\sim) \neq \Phi([(b_n)_{n\in\mathbb{N}}]_\sim)$. $\qquad\square$

Damit haben wir den

Satz 2.29 (Bijektion zwischen $\mathcal{R}$ und $\mathcal{R}^\star$)

Die Abbildung $\Phi : \mathcal{R} \to \mathcal{R}^\star$ mit $[(a_n)_{n\in\mathbb{N}}]_\sim \mapsto \widehat{N}((a_n)_{n\in\mathbb{N}})$ ist eine Bijektion. $\qquad\square$

Betrachten wir jetzt den Körper $(\mathcal{R}, +, \cdot)$, die algebraische Struktur $(\mathcal{R}^\star, +, \cdot)$ und die Bijektion $\Phi : \mathcal{R} \to \mathcal{R}^\star$. Dann erhalten wir sofort den

Satz 2.30 (Isomorphie zwischen $\mathcal{R}$ und $\mathcal{R}^\star$)

Die Bijektion $\Phi : \mathcal{R} \to \mathcal{R}^\star$ ist verknüpfungstreu. Somit ist $(\mathcal{R}^\star, +, \cdot)$ gleichfalls ein Körper, welcher isomorph ist zu $(\mathcal{R}, +, \cdot)$.

Beweis: Der Nachweis für die Verknüpfungstreue ist einfach und wird dem Leser/der Leserin überlassen. Die übrigen Aussagen des Satzes folgen unmittelbar aus der Bijektivität und der Verknüpfungstreue der Abbildung Φ. $\qquad\square$

Bemerkung 2.15

Man erhält leicht

$$\Phi(\widetilde{\mathbb{Q}}) = \{\widehat{r} \mid r \in \mathbb{Q}\} = \{[(\{r\}, \{r\})]_\sim \mid r \in \mathbb{Q}\} =: \widehat{\mathbb{Q}} \, .$$

Die isomorphe Kopie von $\mathbb{Q}$ im Körper $(\mathcal{R}^\star, +, \cdot)$ ist also $\widehat{\mathbb{Q}}$; dabei liegen in $\widehat{\mathbb{Q}}$ genau diejenigen Äquivalenzklassen, die von Capellipaaren mit rationaler Schnittzahl erzeugt werden. $\triangle$

Abschließend wird die Ordnungstreue der Bijektion $\Phi : \mathcal{R} \to \mathcal{R}^\star$ gezeigt. Für diesen Nachweis benötigen wir den folgenden

Hilfssatz 2.18

$(K, +, \cdot, \leqq)$ sei ein archimedisch angeordneter Körper, und $(a_n)_{n \in \mathbb{N}}, (b_n)_{n \in \mathbb{N}}$ seien aus $\mathcal{F}_K^C$. Dann gilt:

$$(a_n)_{n \in \mathbb{N}} < (b_n)_{n \in \mathbb{N}} \quad \Leftrightarrow$$

$$(N_u((a_n)_{n \in \mathbb{N}}), N_o((a_n)_{n \in \mathbb{N}})) < (N_u((b_n)_{n \in \mathbb{N}}), N_o((b_n)_{n \in \mathbb{N}})) \, .$$

Beweis: „$\Rightarrow$": Sei also $(a_n)_{n \in \mathbb{N}} < (b_n)_{n \in \mathbb{N}}$. Dann gibt es ein $d > 0$ mit $a_n + d \leqq b_n$ für fast alle $n \in \mathbb{N}$. Daraus folgt unmittelbar

$$a_n + \frac{d}{3} < a_n + \frac{2}{3}d \leqq b_n - \frac{d}{3} \qquad \text{für fast alle } n \in \mathbb{N} \, .$$

Da $d > 0$ ist und da $(a_n)_{n \in \mathbb{N}}, (b_n)_{n \in \mathbb{N}} \in \mathcal{F}_K^C$, folgt aus Hilfssatz 2.11

$$\left(a_n + \frac{d}{3}\right)_{n \in \mathbb{N}} \in N_o((a_m)_{m \in \mathbb{N}}) \qquad \text{für fast alle } n \in \mathbb{N}$$

und

$$\left(b_n - \frac{d}{3}\right)_{n\in\mathbf{N}} \in N_u((b_m)_{m\in\mathbf{N}}) \quad \text{für fast alle } n \in \mathbf{N} \,.$$

Somit gibt es ein $n_0 \in \mathbf{N}$ mit

$$\left(a_{n_0} + \frac{d}{3}\right)_{n\in\mathbf{N}} \in N_o((a_m)_{m\in\mathbf{N}}) \,, \quad \left(b_{n_0} - \frac{d}{3}\right)_{n\in\mathbf{N}} \in N_u((b_m)_{m\in\mathbf{N}})$$

und

$$a_{n_0} + \frac{d}{3} < b_{n_0} - \frac{d}{3} \,.$$

Daraus folgt aber unmittelbar nach Definition der Kleiner-Relation

$$(N_u((a_n)_{n\in\mathbf{N}}), N_o((a_n)_{n\in\mathbf{N}})) < (N_u((b_n)_{n\in\mathbf{N}}), N_o((b_n)_{n\in\mathbf{N}})) \,.$$

„$\Leftarrow$": Sei jetzt $(N_u((a_n)_{n\in\mathbf{N}}), N_o((a_n)_{n\in\mathbf{N}})) < (N_u((b_n)_{n\in\mathbf{N}}), N_o((b_n)_{n\in\mathbf{N}}))$. Dann gibt es ein $a \in N_o((a_n)_{n\in\mathbf{N}})$ und ein $b \in N_u((b_n)_{n\in\mathbf{N}})$ mit $a < b$. Da außerdem

$$a \in N_o((a_n)_{n\in\mathbf{N}}) \quad \Rightarrow \quad a_n \leqq a \text{ für fast alle } n \in \mathbf{N}$$

und

$$b \in N_u((b_n)_{n\in\mathbf{N}}) \quad \Rightarrow \quad b \leqq b_n \text{ für fast alle } n \in \mathbf{N} \,,$$

gilt

$$a_n \leqq a < b \leqq b_n \quad \text{für fast alle } n \in \mathbf{N} \,.$$

Daraus folgt unmittelbar

$$a_n + \frac{b-a}{2} \leqq a + \frac{b-a}{2} = \frac{b+a}{2} < \frac{b+b}{2} = b \leqq b_n \quad \text{für fast alle } n \in \mathbf{N} \,.$$

Wir setzen $d := \frac{b-a}{2}$. Es ist $d > 0$ und $a_n + d < b_n$ für fast alle $n \in \mathbf{N}$, d.h. aber $(a_n)_{n\in\mathbf{N}} < (b_n)_{n\in\mathbf{N}}$. $\qquad\square$

Nunmehr ist es einfach, die Ordnungstreue der Bijektion Φ zu beweisen. Mit der eingeführten vereinfachten Schreibweise lautet der vorangehende Hilfssatz

$$(a_n)_{n\in\mathbf{N}} < (b_n)_{n\in\mathbf{N}} \quad \Leftrightarrow \quad N((a_n)_{n\in\mathbf{N}}) < N((b_n)_{n\in\mathbf{N}}) \,.$$

Satz 2.31 (Ordnungstreue von Φ)

Für die Bijektion $\Phi : \mathcal{R} \to \mathcal{R}^\star$ gilt:

$$[(a_n)_{n\in\mathbb{N}}]_\sim < [(b_n)_{n\in\mathbb{N}}]_\sim \quad \Leftrightarrow \quad \Phi([(a_n)_{n\in\mathbb{N}}]_\sim) < \Phi([(b_n)_{n\in\mathbb{N}}]_\sim) \ .$$

Beweis: $[(a_n)_{n\in\mathbb{N}}]_\sim < [(b_n)_{n\in\mathbb{N}}]_\sim \ \Leftrightarrow \ (a_n)_{n\in\mathbb{N}} < (b_n)_{n\in\mathbb{N}} \ \Leftrightarrow \ N((a_n)_{n\in\mathbb{N}}) < N((b_n)_{n\in\mathbb{N}}) \ \Leftrightarrow \ \widehat{N}((a_n)_{n\in\mathbb{N}}) < \widehat{N}((b_n)_{n\in\mathbb{N}})$, und es ist $\Phi([(a_n)_{n\in\mathbb{N}}]_\sim) = \widehat{N}((a_n)_{n\in\mathbb{N}})$ sowie $\Phi([(b_n)_{n\in\mathbb{N}}]_\sim) = \widehat{N}((b_n)_{n\in\mathbb{N}})$. □

Damit haben wir insgesamt den abschließenden

Satz 2.32 (Capellikonstruktion von $\mathbb{R}$)

$(\mathcal{R}^\star, +, \cdot, <)$ ist ein angeordneter Körper, der ordnungstreu isomorph zu $(\mathcal{R}, +, \cdot, <)$ ist.

Somit ist auch $(\mathcal{R}^\star, +, \cdot, <)$ vollständig, und damit hat auch die Capellikonstruktion zu einem Modell für die reellen Zahlen geführt. □

Bemerkung 2.16

Die Vollständigkeit von $(\mathcal{R}^\star, +, \cdot, <)$ bedeutet, daß jedes Capellipaar in $\mathcal{R}^\star$ äquivalent ist zu einem Capellipaar der Form $(\{\alpha\}, \{\alpha\})$ mit $\alpha \in \mathcal{R}^\star$. Diese Aussage ist der *Abgeschlossenheitssatz* für die Capellikonstruktion; denn er hat die Konsequenz: Wenden wir auf $(\mathcal{R}^\star, +, \cdot, <)$ nochmals die Capellikonstruktion an, so gelangen wir nur zu einer isomorphen Kopie von $(\mathcal{R}^\star, +, \cdot, <)$. △

Aufgaben

2.14 Beweisen Sie, daß aus den Eigenschaften C_1, C_2 und C_3' die Eigenschaft C_3 folgt.

2.15 Zeigen Sie, daß für eine Primzahl $r \in \mathbb{N}$ kein $r_0 \in \mathbb{Q}$ existiert mit $r_0^2 = r$.

2.16 Zeigen Sie, daß für eine natürliche Zahl $r \in \mathbb{N}$, deren Primfaktorzerlegung $r = p_1^{n_1} \cdot p_2^{n_2} \cdots p_m^{n_m}$ mit paarweise verschiedenen Primzahlen $p_1, p_2, \ldots, p_m$ und Vielfachheiten $n_1, n_2, \ldots, n_m$ mindestens eine ungerade Vielfachheit besitzt, kein $r_0 \in \mathbb{Q}$ existiert mit $r_0^2 = r$.

Daß für jede natürliche Zahl $r \in \mathbb{N}$ eine solche bis auf Umbenennungen eindeutige Primfaktorzerlegung existiert, besagt der *Fundamentalsatz der Zahlentheorie*, s. z. B. [1].

2.17 Für welche positiven rationalen Zahlen folgt aus Aufgabe 2.16, daß sie keine rationale Quadratwurzel besitzen?

2.18 Ist (A, B) positiv und (C, D) negativ, so ist $(C, D) < (A, B)$. Ist (E, F) ein beliebiges Nullpaar und (A, B) positiv, so gilt $(E, F) < (A, B)$. Ist hingegen

(C, D) negativ, so gilt $(C, D) < (E, F)$.

2.19 Weisen Sie die Transitivität der Kleiner-Relation in $\mathcal{P}^C$ nach.

2.20 Seien $(A, B), (A', B') \in \mathcal{P}^C$. Zeigen Sie:

    (a) $(A, B) \sim (A', B') \Leftrightarrow S_o(A) = S_o(A')$;

    (b) $(A, B) \sim (A', B') \Leftrightarrow S_u(B) = S_u(B')$.

2.21 Sei $(A, B) \in \mathcal{P}^C$. Zeigen Sie:

    (a) $(S_u(B), S_o(A)) \in \mathcal{P}^C$;

    (b) $(A, B) \sim (S_u(B), S_o(A))$;

    (c) $(S_u(B), S_o(A))$ ist im wesentlichen ein Dedekindschnitt; d. h. hier präzise
$$\mathbb{Q} = S_u(B) \cup S_o(A) \qquad \text{und} \qquad S_u(B) \cap S_o(A) \in \{\emptyset, \{r\}\} \ .$$

2.22 Seien $(A, B), (A', B') \in \mathcal{P}^C$. Zeigen Sie:

$$(A, B) \sim (A', B') \Leftrightarrow (S_u(B), S_o(A)) = (S_u(B'), S_o(A')) \ .$$

Mit anderen Worten: Äquivalente Capellipaare erzeugen den gleichen Dedekindschnitt (vgl. Aufgabe 2.21).

2.23 Seien $(A, B), (C, D) \in \mathcal{P}^C$. Zeigen Sie: $(A + C, B + D) \in \mathcal{P}^C$. Hinweis: Beachten Sie Eigenschaft C_3'.

2.24 Seien $(A, B), (A', B'), (C, D), (C', D') \in \mathcal{P}^C$. Zeigen Sie: $(A, B) \sim (A', B')$ und $(C, D) \sim (C', D') \Rightarrow (A + C, B + D) \sim (A' + C', B' + D')$.

2.25 Seien $(c_n)_{n \in \mathbb{N}}, (d_n)_{n \in \mathbb{N}} \in \mathcal{F}^C$. Zeigen Sie

$$\left(N_u((c_n)_{n \in \mathbb{N}}) + N_u((d_n)_{n \in \mathbb{N}}), N_o((c_n)_{n \in \mathbb{N}}) + N_o((d_n)_{n \in \mathbb{N}}) \right) \sim$$

$$\left(N_u((c_n + d_n)_{n \in \mathbb{N}}), N_o((c_n + d_n)_{n \in \mathbb{N}}) \right) \ .$$

2.26 Seien $(A, B), (A', B') \in \mathcal{P}^C$, $(c_n)_{n \in \mathbb{N}}, (d_n)_{n \in \mathbb{N}} \in \mathcal{F}^C$ mit

$$(A, B) \sim (N_u((c_n)_{n \in \mathbb{N}}), N_o((c_n)_{n \in \mathbb{N}}))$$

und

$$(A', B') \sim (N_u((d_n)_{n \in \mathbb{N}}), N_o((d_n)_{n \in \mathbb{N}})) \ .$$

Zeigen Sie:

$$(A + A', B + B') \sim \left((N_u((c_n + d_n)_{n \in \mathbb{N}}), N_o((c_n + d_n)_{n \in \mathbb{N}})) \right) \ .$$

Mit anderen Worten: Hätten wir in $\mathcal{R}^\star$ die Addition auf die Komplexaddition zurückgeführt, so wären wir zu der gleichen Operation gelangt, die wir mit Hilfe der Addition von Cauchyfolgen erklärt haben!

2.27 Seien $r, s \in \mathbb{Q}$, dann gilt: $\widehat{r} + \widehat{s} = \widehat{r + s}, \widehat{r} \cdot \widehat{s} = \widehat{r \cdot s}$. *Hinweis:* $\widehat{r} = \widehat{N}((a_n)_{n \in \mathbb{N}})$ mit $(a_n)_{n \in \mathbb{N}} \in \widetilde{r}$ und $\widehat{s} = \widehat{N}((c_n)_{n \in \mathbb{N}})$ mit $(c_n)_{n \in \mathbb{N}} \in \widetilde{s}$.

2.28 Beweisen Sie die Verknüpfungstreue der Abbildung $\Phi : \mathcal{R} \to \mathcal{R}^\star$ (Satz 2.30).

2.3 Die Konstruktion von P. Bachmann

Das Fundament bei der Konstruktion von P. Bachmann sind die *rationalen Intervallschachtelungen*. Damit ist klar, daß seine Konstruktion sehr eng mit der Capellikonstruktion zusammenhängt. Dies wird sehr vorteilhaft ausgenutzt werden.

Zunächst beginnen wir jedoch mit der *Version der Vollständigkeit*, die auch für sich interessant und wichtig ist, welche zur Konstruktion von P. Bachmann gehört.

In Satz 1.45 wurde gezeigt, daß die Anordnung eines vollständigen Körpers stets archimedisch ist. In Satz 1.47 haben wir ferner nachgewiesen, daß in einem vollständigen Körper jede Intervallschachtelung einen inneren Punkt besitzt.

Betrachtet man jetzt noch den Hilfssatz 2.7 aus dem Abschnitt über die Cantorkonstruktion, so erhält man sofort, ohne zusätzlichen Beweisaufwand, den bemerkenswerten

Satz 2.33 (Vollständigkeit und Intervallschachtelungen)

$(K, +, \cdot, \leqq)$ sei ein angeordneter Körper. Dann gilt: $(K, +, \cdot, \leqq)$ ist genau dann vollständig, wenn $(K, +, \cdot, \leqq)$ archimedisch angeordnet ist und jede Intervallschachtelung in K einen inneren Punkt in K besitzt. $\square$

Dieudonné z. B. wählt in seinen „Grundzügen der Analysis" [11] zur axiomatischen Charakterisierung der reellen Zahlen die Intervallschachtelungen.

Vielleicht ist die fachdidaktische Ansicht gerechtfertigt, daß dieser Zugang zur Vollständigkeit der reellen Zahlen dem Anfänger in der Analysis am wenigsten Verständnisschwierigkeiten bereitet.

Nun zur Konstruktion von P. Bachmann, die dieser in seinem Buch [2] in der ersten Vorlesung (*Definition der Irrationalzahlen*) skizziert. Wer an einer detaillierten Ausarbeitung der ursprünglichen Bachmannschen Konzeption interessiert ist, findet diese z. B. in dem sehr faßlich geschriebenen Buch [32].

Wir werden die Konstruktion wie schon angedeutet stärker einbinden in das bisher über Cauchyfolgen und Capellipaare Entwickelte.

Denken wir an die Transformationen T und D, die im Zusammenhang mit der Quadratwurzel betrachtet wurden, so können wir sofort in $\mathbb{Q}$ Intervallschachtelungen konstruieren, die in $\mathbb{Q}$ keinen inneren Punkt haben. Diese Beobachtung ist der Ausgangspunkt bei P. Bachmann, und diesen Mangel will er beheben.

Wir beginnen unsere Überlegungen mit einer sehr einfachen und naheliegenden Zuordnung.

Hilfssatz 2.19

$(K, +, \cdot, \leq)$ sei ein archimedisch angeordneter Körper, und $([a_n, b_n])_{n \in \mathbb{N}}$ sei eine Intervallschachtelung in K. Betrachtet man die Mengen $A := \{a_n \mid n \in \mathbb{N}\}$ und $B := \{b_n \mid n \in \mathbb{N}\}$, so ist (A, B) ein Capellipaar in K.

Beweis: Der Nachweis ist trivial.   □

Durch die im Hilfssatz 2.19 zum Ausdruck gebrachte Zuordnung drängen sich einige Übertragungen direkt auf. Diese werden in der folgenden Definition festgehalten.

Definition 2.13

$(K, +, \cdot, \leq)$ sei ein archimedisch angeordneter Körper. Ferner seien $([a_n, b_n])_{n \in \mathbb{N}}$ und $([c_n, d_n])_{n \in \mathbb{N}}$ Intervallschachtelungen in K. (A, B) und (C, D) seien die Capellipaare mit $A = \{a_n \mid n \in \mathbb{N}\}$, $B = \{b_n \mid n \in \mathbb{N}\}$, $C = \{c_n \mid n \in \mathbb{N}\}$ und $D = \{d_n \mid n \in \mathbb{N}\}$. Dann setzen wir:

(1) $([a_n, b_n])_{n \in \mathbb{N}} \sim ([c_n, d_n])_{n \in \mathbb{N}} :\Leftrightarrow (A, B) \sim (C, D)$;

(2) $([a_n, b_n])_{n \in \mathbb{N}} < ([c_n, d_n])_{n \in \mathbb{N}} :\Leftrightarrow (A, B) < (C, D)$;

(3) $([a_n, b_n])_{n \in \mathbb{N}}$ positiv $:\Leftrightarrow (A, B)$ positiv;

(4) $([a_n, b_n])_{n \in \mathbb{N}}$ negativ $:\Leftrightarrow (A, B)$ negativ.   △

Bemerkung 2.17

„Übersetzt" man in (2), (3) und (4) die Bedingungen auf der rechten Seite, d. h., formuliert man sie mit Hilfe der Folgenglieder a_n, b_n, c_n und d_n, dann erhält man unmittelbar die entsprechenden Definitionen von P. Bachmann. „Übersetzt" man (1) in der genannten Weise, so gelangt man zu der Definition der Äquivalenz von Intervallschachtelungen, wie man sie z. B. bei Mangoldt-Knopp [21] findet.

Will man zu der Definition

$$([a_n, b_n])_{n \in \mathbb{N}} \sim ([c_n, d_n])_{n \in \mathbb{N}} :\Leftrightarrow (c_n - a_n)_{n \in \mathbb{N}} \text{ ist eine Nullfolge}$$

von P. Bachmann gelangen, so muß man ein wenig rechnen oder sich ein wenig gedulden. △

Sei $(K, +, \cdot, \leq)$ ein angeordneter Körper. Dann bezeichnen wir mit $\mathcal{I}_K^B$ die Menge aller Intervallschachtelungen in K, und im Fall $K = \mathbb{Q}$ schreiben wir auch wieder abkürzend einfach $\mathcal{I}^B$.

Wir erhalten sofort den folgenden

Satz 2.34

$(K, +, \cdot, \leq)$ sei ein archimedisch angeordneter Körper. Dann ist $\sim$ eine Äquivalenzrelation in $\mathcal{I}_K^B$ und $<$ ist eine antireflexive Ordnungsrelation, die mit $\sim$ in dem schon mehrfach erörterten Sinn verträglich ist. Die Kleiner-Relation kann auf die Äquivalenzklassen übertragen werden, die dadurch total geordnet werden. $\square$

Wir setzen $\mathcal{R}^{\star\star} := \mathcal{I}_{/\sim}^B$. Bevor wir die Äquivalenzklassen rationaler Intervallschachtelungen, also die Elemente von $\mathcal{R}^{\star\star}$, eingehender betrachten, führen wir noch eine andere, ebenfalls hilfreiche, Betrachtung über die Zuordnung von Capellipaaren und Intervallschachtelungen durch.

Ist $(K, +, \cdot, \leq)$ ein angeordneter Körper und $([a_n, b_n])_{n \in \mathbb{N}}$ aus $\mathcal{I}_K^B$, dann wissen wir aus dem Abschnitt über die Cantorkonstruktion (Hilfssatz 2.6), daß $(a_n)_{n \in \mathbb{N}}$ und $(b_n)_{n \in \mathbb{N}}$ aus $\mathcal{F}_K^C$ sind mit $(a_n)_{n \in \mathbb{N}} \sim (b_n)_{n \in \mathbb{N}}$.

Ist jetzt K archimedisch angeordnet, so wissen wir aus dem Abschnitt über die Capellikonstruktion (Hilfssatz 2.12), daß $(N_u((a_n)_{n \in \mathbb{N}}), N_o((a_n)_{n \in \mathbb{N}}))$ und $(N_u((b_n)_{n \in \mathbb{N}}), N_o((b_n)_{n \in \mathbb{N}}))$ aus $\mathcal{P}_K^C$ sind mit $(N_u((a_n)_{n \in \mathbb{N}}), N_o((a_n)_{n \in \mathbb{N}})) \sim (N_u((b_n)_{n \in \mathbb{N}}), N_o((b_n)_{n \in \mathbb{N}}))$. Diese Capellipaare wollen wir zusammen mit dem Capellipaar (A, B) aus Hilfssatz 2.19 betrachten. Dies geschieht in

Hilfssatz 2.20

$(K, +, \cdot, \leq)$ sei ein archimedisch angeordneter Körper, und es sei $([a_n, b_n])_{n \in \mathbb{N}} \in \mathcal{I}_K^B$. Ferner sei (A, B) das Capellipaar mit $A = \{a_n \mid n \in \mathbb{N}\}$ und $B = \{b_n \mid n \in \mathbb{N}\}$. Dann gilt

$$(A, B) \sim (N_u((a_n)_{n \in \mathbb{N}}), N_o((a_n)_{n \in \mathbb{N}}))$$

und damit auch

$$(A, B) \sim (N_u((b_n)_{n \in \mathbb{N}}), N_o((b_n)_{n \in \mathbb{N}})) .$$

Wir können dies auch so ausdrücken:

$$(A, B) \in \widehat{N}((a_n)_{n \in \mathbb{N}}) = \widehat{N}((b_n)_{n \in \mathbb{N}}) .$$

Beweis: Zu zeigen ist: $A \leq N_o((a_n)_{n \in \mathbb{N}})$ und $N_u((a_n)_{n \in \mathbb{N}}) \leq B$. Sei a_{n_1} beliebig aus A und s beliebig aus $N_o((a_n)_{n \in \mathbb{N}})$. Dann gibt es ein $n_0 \in \mathbb{N}$ mit $a_n \leq s$ für alle $n \geq n_0$. Ist $n_1 \geq n_0$, so ist also $a_{n_1} \leq s$, und ist $n_1 < n_0$, so ist $a_{n_1} \leq a_{n_0}$ und damit auch wieder $a_{n_1} \leq s$. Daher ist $A \leq N_o((a_n)_{n \in \mathbb{N}})$.

Sei nun t beliebig aus $N_u((a_n)_{n\in\mathbb{N}})$ und b_{n_2} beliebig aus B. Dann gibt es ein $n_0' \in \mathbb{N}$ mit $t \leq a_n$ für alle $n \geq n_0'$. Außerdem gilt wegen $a_{n_0'} < b_{n_2}$ auch $t < b_{n_2}$. Somit gilt sogar $N_u((a_n)_{n\in\mathbb{N}}) < B$. □

Wir benutzen Hilfssatz 2.20, um eine kleine Folgerung zu beweisen, die wir oben angesprochen hatten.

Folgerung 2.6

$(K, +, \cdot, \leq)$ sei ein archimedisch angeordneter Körper, $([a_n, b_n])_{n\in\mathbb{N}}$ und $([c_n, d_n])_{n\in\mathbb{N}}$ seien aus $\mathcal{I}_K^B$. Dann gilt:

$$([a_n, b_n])_{n\in\mathbb{N}} \sim ([c_n, d_n])_{n\in\mathbb{N}} :\Leftrightarrow (c_n - a_n)_{n\in\mathbb{N}} \text{ ist eine Nullfolge .}$$

Beweis: Sei $A = \{a_n \mid n \in \mathbb{N}\}$, $B = \{b_n \mid n \in \mathbb{N}\}$, $C = \{c_n \mid n \in \mathbb{N}\}$ und $D = \{d_n \mid n \in \mathbb{N}\}$. Dann ist

$$([a_n, b_n])_{n\in\mathbb{N}} \sim ([c_n, d_n])_{n\in\mathbb{N}} \Longleftrightarrow (A, B) \sim (C, D)$$
$$\overset{\text{(Hilfssatz 2.20)}}{\Longleftrightarrow} (N_u((a_n)_{n\in\mathbb{N}}), N_o((a_n)_{n\in\mathbb{N}})) \sim (N_u((c_n)_{n\in\mathbb{N}}), N_o((c_n)_{n\in\mathbb{N}}))$$
$$\Longleftrightarrow \quad (a_n)_{n\in\mathbb{N}} \sim (c_n)_{n\in\mathbb{N}}$$
$$\Longleftrightarrow \quad (c_n - a_n)_{n\in\mathbb{N}} \text{ ist eine Nullfolge .}$$

Damit haben wir gezeigt, daß unsere Definition der Äquivalenz mit der von P. Bachmann übereinstimmt. □

Auf die gleiche Art könnten wir zeigen:

$$([a_n, b_n])_{n\in\mathbb{N}} \sim ([c_n, d_n])_{n\in\mathbb{N}} \Longleftrightarrow (d_n - b_n)_{n\in\mathbb{N}} \text{ ist eine Nullfolge .}$$

Natürlich ist der Beweis dieser Folgerung nur ein kleiner Fingerzeig auf die Nützlichkeit von Hilfssatz 2.20. Seine volle Bedeutung für unsere Vorgehensweise wird sich erst im folgenden zeigen. Betrachtet wird jetzt wieder der Fall $K = \mathbb{Q}$. Um die Konstruktion von P. Bachmann bequem zu beenden, ziehen wir die folgende Abbildung heran: $\Psi : \mathcal{R}^{\star\star} \to \mathcal{R}^\star$ mit

$$\left[((a_n, b_n))_{n\in\mathbb{N}}\right]_{\sim} \mapsto \Psi\left(\left[((a_n, b_n))_{n\in\mathbb{N}}\right]_{\sim}\right) := \widehat{N}((a_n)_{n\in\mathbb{N}}) = \widehat{N}((b_n)_{n\in\mathbb{N}}) .$$

Setzen wir wieder $A = \{a_n \mid n \in \mathbb{N}\}$, $B = \{b_n \mid n \in \mathbb{N}\}$, so gilt nach Hilfssatz 2.20 die Äquivalenz $(A, B) \sim N((a_n)_{n\in\mathbb{N}})$, also $[(A, B)]_{\sim} = \widehat{N}((a_n)_{n\in\mathbb{N}})$ und wir haben

$$\Psi\left(\left[((a_n, b_n))_{n\in\mathbb{N}}\right]_{\sim}\right) = [(A, B)]_{\sim} ,$$

was man wohl erwarten mußte.

Hilfssatz 2.21

(1) Ψ ist wohldefiniert;

(2) Ψ ist surjektiv;

(3) Ψ ist ordnungstreu und damit auch injektiv.

Beweis: Zu (1): $([a_n, b_n])_{n\in\mathbb{N}} \sim ([a'_n, b'_n])_{n\in\mathbb{N}} \Leftrightarrow (A, B) \sim (A', B')$, wobei A, B, A' und B' gebildet seien wie in Hilfssatz 2.19. Hieraus folgt mit Hilfssatz 2.20, daß $N((a_n)_{n\in\mathbb{N}}) \sim N((a'_n)_{n\in\mathbb{N}})$ und dies beweist die Wohldefiniertheit.

Zu (2): Es sei $[(E, F)]_\sim$ ein beliebiges Element aus $\mathcal{R}^{**}$. Dann ist (E, F) ein Capellipaar in $\mathbb{Q}$. Also gibt es (siehe den Beweis von Satz 2.27 des Abschnittes über die Capellikonstruktion) eine Intervallschachtelung $([a_n, b_n])_{n\in\mathbb{N}}$ mit $(E, F) \sim N((a_n)_{n\in\mathbb{N}})$. Dann ist aber $[(E, F)]_\sim = \widehat{N}((a_n)_{n\in\mathbb{N}})$ und $\Psi\left(\left[([a_n, b_n])_{n\in\mathbb{N}}\right]_\sim\right) = \widehat{N}((a_n)_{n\in\mathbb{N}}) = [(E, F)]_\sim$. Damit ist die Surjektivität gezeigt.

Zu (3): Seien A, B, C und D gebildet wie in Hilfssatz 2.19. Dann gilt:

$$
\begin{aligned}
\left[([a_n, b_n])_{n\in\mathbb{N}}\right]_\sim < \left[([c_n, d_n])_{n\in\mathbb{N}}\right]_\sim &\Leftrightarrow (A, B) < (C, D) \\
&\Leftrightarrow N((a_n)_{n\in\mathbb{N}}) < N((c_n)_{n\in\mathbb{N}}) \\
&\Leftrightarrow \widehat{N}((a_n)_{n\in\mathbb{N}}) < \widehat{N}((c_n)_{n\in\mathbb{N}}) .
\end{aligned}
$$

Damit ist die Ordnungstreue gezeigt.

Da $(\mathcal{R}^{**}, <)$ eine totale Ordnung ist, folgt aus der Ordnungstreue auch die Injektivität. □

Zusammengefaßt erhalten wir den

Satz 2.35 ($\mathcal{R}^{**}$ als geordnete Menge)

Die Abbildung $\Psi: \mathcal{R}^{**} \to \mathcal{R}^\star$ ist ein Ordnungsisomorphismus. □

Bemerkung 2.18

Bevor wir Ψ benutzen, um der Trägermenge $\mathcal{R}^{**}$ Körperstruktur aufzuprägen (Satz 1.3 auf S. 11), wollen wir uns mit dieser Abbildung noch etwas vertraut machen.

Es sei $r \in \mathbb{Q}$ beliebig. Wir betrachten die Intervallschachtelung $([a_n, b_n])_{n\in\mathbb{N}}$ mit $a_n := r - \frac{1}{n}$ und $b_n := r + \frac{1}{n}$. Dann ist $N_u((a_n)_{n\in\mathbb{N}}) = \{t \in \mathbb{Q} \mid t < r\}$ und $N_o((a_n)_{n\in\mathbb{N}}) = \{s \in \mathbb{Q} \mid r \leq s\}$, also $N((a_n)_{n\in\mathbb{N}}) \sim (\{r\}, \{r\})$ und damit $\widehat{N}((a_n)_{n\in\mathbb{N}}) = [(\{r\}, \{r\})]_\sim$. Folglich ist

$$
\Psi\left(\left[([a_n, b_n])_{n\in\mathbb{N}}\right]_\sim\right) = \Psi\left(\left[([r - \tfrac{1}{n}, r + \tfrac{1}{n}])_{n\in\mathbb{N}}\right]_\sim\right) = [(\{r\}, \{r\})]_\sim = \widehat{r} .
$$

Demnach ist

$$\left[([a_n, b_n])_{n \in \mathbb{N}}\right]_{\sim} = \Psi^{-1}(\widehat{r}) \,.$$

Da $r \in \mathbb{Q}$ beliebig war, erhalten wir damit

$$\Psi^{-1}(\widehat{\mathbb{Q}}) = \left\{ \left[([r - \tfrac{1}{n}, r + \tfrac{1}{n}])_{n \in \mathbb{N}}\right]_{\sim} \;\middle|\; r \in \mathbb{Q} \right\} \,.$$

Kurz gesagt: Die Äquivalenzklasse der rationalen Capellipaare mit der rationalen Schnittzahl r entspricht der Äquivalenzklasse der rationalen Intervallschachtelungen mit dem rationalen inneren Punkt r. $\triangle$

Wir wollen nun, wie angekündigt, die algebraischen Operationen, die in $\mathcal{R}^{\star}$ erklärt sind, mit der Bijektion Ψ auf die Trägermenge $\mathcal{R}^{\star\star}$ übertragen.

Definition 2.14

$([a_n, b_n])_{n \in \mathbb{N}}$, $([c_n, d_n])_{n \in \mathbb{N}}$ seien aus $\mathcal{I}^B$. Wir setzen

$$\left[([a_n, b_n])_{n \in \mathbb{N}}\right]_{\sim} + \left[([c_n, d_n])_{n \in \mathbb{N}}\right]_{\sim} := \Psi^{-1}(\widehat{N}((a_n + c_n)_{n \in \mathbb{N}}))$$

und

$$\left[([a_n, b_n])_{n \in \mathbb{N}}\right]_{\sim} \cdot \left[([c_n, d_n])_{n \in \mathbb{N}}\right]_{\sim} := \Psi^{-1}(\widehat{N}((a_n \cdot c_n)_{n \in \mathbb{N}})) \quad \triangle \,.$$

Man beachte:

$$\begin{aligned}
\widehat{N}((a_n + c_n)_{n \in \mathbb{N}}) &= \widehat{N}((a_n)_{n \in \mathbb{N}}) + \widehat{N}((c_n)_{n \in \mathbb{N}}) \\
&= \Psi\left(\left[([a_n, b_n])_{n \in \mathbb{N}}\right]_{\sim}\right) + \Psi\left(\left[([c_n, d_n])_{n \in \mathbb{N}}\right]_{\sim}\right)
\end{aligned}$$

und

$$\begin{aligned}
\widehat{N}((a_n \cdot c_n)_{n \in \mathbb{N}}) &= \widehat{N}((a_n)_{n \in \mathbb{N}}) \cdot \widehat{N}((c_n)_{n \in \mathbb{N}}) \\
&= \Psi\left(\left[([a_n, b_n])_{n \in \mathbb{N}}\right]_{\sim}\right) \cdot \Psi\left(\left[([c_n, d_n])_{n \in \mathbb{N}}\right]_{\sim}\right) \,.
\end{aligned}$$

Daraus erhalten wir sofort den

Satz 2.36 ($\mathcal{R}^{\star\star}$ als Körper)

Die Abbildung $\Psi : \mathcal{R}^{\star\star} \to \mathcal{R}^{\star}$ ist ein Körperisomorphismus. $\square$

Zusammen mit Satz 2.35 erhalten wir den abschließenden

Satz 2.37 ($\mathcal{R}^{\star\star}$ als Modell für $\mathbb{R}$)

Die Abbildung $\Psi : \mathcal{R}^{\star\star} \to \mathcal{R}^{\star}$ ist ein ordnungstreuer Körperisomorphismus. Somit ist $(\mathcal{R}^{\star\star}, +, \cdot, <)$ auch ein vollständiger Körper. Folglich hat die Konstruktion von P. Bachmann ein Modell der reellen Zahlen mit der Trägermenge $\mathcal{R}^{\star\star}$ geliefert. Die isomorphe Kopie von $\mathbb{Q}$ in $\mathcal{R}^{\star\star}$ ist die eben explizit beschriebene Menge

$$\check{\mathbb{Q}} := \Psi^{-1}(\widehat{\mathbb{Q}}) \; .$$

Da $\mathcal{R}^{\star\star}$ vollständig ist, besitzt jede Intervallschachtelung einen inneren Punkt. Dieser Sachverhalt kann aufgefaßt werden als der Abgeschlossenheitssatz für die Konstruktion von P. Bachmann. $\qquad\qquad\qquad\qquad\qquad\qquad\qquad\qquad\qquad\qquad\qquad\qquad$ □

Abschließend wollen wir kurz den Zusammenhang mit der Einführung von Addition und Multiplikation, wie man sie bei P. Bachmann findet, herstellen.

Sei $(K, +, \cdot, \leqq)$ ein beliebiger angeordneter Körper und $([a_n, b_n])_{n \in \mathbb{N}}$, $([c_n, d_n])_{n \in \mathbb{N}}$ seien Intervallschachtelungen in K. Dann kann man sehr leicht zeigen, s. Aufgabe 2.29:

(1) $([a_n + c_n, b_n + d_n])_{n \in \mathbb{N}}$ ist auch eine Intervallschachtelung in K;

(2) $([a_n \cdot c_n, b_n \cdot d_n])_{n \in \mathbb{N}}$ ist auch eine Intervallschachtelung in K, falls $a_n > 0$ und $c_n > 0$ für alle $n \in \mathbb{N}$.

Es seien jetzt $([a_n, b_n])_{n \in \mathbb{N}}$ und $([c_n, d_n])_{n \in \mathbb{N}}$ aus $\mathcal{I}^B$. Dann ist gemäß (1) also auch $([a_n + c_n, b_n + d_n])_{n \in \mathbb{N}} \in \mathcal{I}^B$, und es gilt

$$\Psi \left(\left[((a_n + c_n, b_n + d_n])_{n \in \mathbb{N}} \right]_{\sim} \right) = \widehat{N}((a_n + c_n)_{n \in \mathbb{N}})$$

oder

$$\left[((a_n + c_n, b_n + d_n])_{n \in \mathbb{N}} \right]_{\sim} = \Psi^{-1} \left(\widehat{N}((a_n + c_n)_{n \in \mathbb{N}}) \right) \; . \qquad (2.24)$$

Den Ausdruck auf der linken Seite von (2.24) erklärt P. Bachmann als die Summe der beiden Klassen. Den Ausdruck auf der rechten Seite von (2.24) hatten wir als Summe der beiden Klassen definiert. Somit stimmt unsere Definition der Addition mit der von P. Bachmann überein.

Etwas komplizierter ist P. Bachmanns Definition der Multiplikation. Hierzu betrachten wir zwei *positive* Klassen aus $\mathcal{R}^{\star\star}$. Dann gibt es Repräsentanten $([a_n, b_n])_{n \in \mathbb{N}}$ und $([c_n, d_n])_{n \in \mathbb{N}}$ dieser Klassen in $\mathcal{I}^B$ mit $a_n > 0$ und $c_n > 0$ für alle $n \in \mathbb{N}$ (warum?). Demnach ist nach (2) $([a_n \cdot c_n, b_n \cdot d_n])_{n \in \mathbb{N}} \in \mathcal{I}^B$ und damit

$$\Psi \left(\left[((a_n \cdot c_n, b_n \cdot d_n])_{n \in \mathbb{N}} \right]_{\sim} \right) = \widehat{N}((a_n \cdot c_n)_{n \in \mathbb{N}})$$

oder

$$\left[((a_n \cdot c_n, b_n \cdot d_n))_{n\in\mathbb{N}}\right]_\sim = \Psi^{-1}\left(\widehat{N}((a_n \cdot c_n)_{n\in\mathbb{N}})\right) . \tag{2.25}$$

Den Ausdruck auf der linken Seite von (2.25) erklärt P. Bachmann als das Produkt der beiden positiven Klassen. P. Bachmanns Definition des Produkts im nichtpositiven Fall ist komplizierter und wird hier nicht weiter verfolgt.

Wir haben nun den ordnungstreuen Körperisomorphismus $\Psi : \mathcal{R}^{\star\star} \to \mathcal{R}^\star$ mit $\Psi([([a_n, b_n])_{n\in\mathbb{N}}]_\sim) = \widehat{N}((a_n)_{n\in\mathbb{N}}) = \widehat{N}((b_n)_{n\in\mathbb{N}})$ aus diesem Abschnitt, und wir haben den ordnungstreuen Körperisomorphismus $\Phi : \mathcal{R} \to \mathcal{R}^\star$ mit $\Phi([(c_n)_{n\in\mathbb{N}}]_\sim) = \widehat{N}((c_n)_{n\in\mathbb{N}})$ aus dem Abschnitt über die Capellikonstruktion.

Damit kennen wir auch den ordnungstreuen Körperisomorphismus $\Theta : \mathcal{R}^{\star\star} \to \mathcal{R}$, nämlich $\Theta := \Phi^{-1} \circ \Psi$. Auch dieser Körperisomorphismus ist recht nützlich, wie wir beispielhaft zeigen wollen.

Sei $[(c_n)_{n\in\mathbb{N}}]_\sim$ ein beliebiges Element aus $\mathcal{R}$. Da Θ insbesondere surjektiv ist, gibt es ein $[([a_n, b_n])_{n\in\mathbb{N}}]_\sim \in \mathcal{R}^{\star\star}$ mit

$$[(c_n)_{n\in\mathbb{N}}]_\sim = \Theta\left(\left[([a_n, b_n])_{n\in\mathbb{N}}\right]_\sim\right) .$$

Nun ist

$$\Psi\left(\left[([a_n, b_n])_{n\in\mathbb{N}}\right]_\sim\right) = \widehat{N}((a_n)_{n\in\mathbb{N}}) = \Phi\left((a_n)_{n\in\mathbb{N}}]_\sim\right) ,$$

also $\Theta([([a_n, b_n])_{n\in\mathbb{N}}]_\sim) = [(a_n)_{n\in\mathbb{N}}]_\sim$ und damit $[(c_n)_{n\in\mathbb{N}}]_\sim = [(a_n)_{n\in\mathbb{N}}]_\sim$. Also ist $(c_n)_{n\in\mathbb{N}} \sim (a_n)_{n\in\mathbb{N}}$. Ferner ist $(a_n)_{n\in\mathbb{N}}$ monoton wachsend. Wegen $(a_n)_{n\in\mathbb{N}} \sim (b_n)_{n\in\mathbb{N}}$ gilt auch $(c_n)_{n\in\mathbb{N}} \sim (b_n)_{n\in\mathbb{N}}$, und $(b_n)_{n\in\mathbb{N}}$ ist monoton fallend. Damit haben wir die

Folgerung 2.7

Ist $(c_n)_{n\in\mathbb{N}}$ eine beliebige rationale Cauchyfolge, so gibt es eine rationale, monoton wachsende Folge $(a_n)_{n\in\mathbb{N}}$ mit $(c_n)_{n\in\mathbb{N}} \sim (a_n)_{n\in\mathbb{N}}$. Ferner gibt es eine rationale, monoton fallende Folge $(b_n)_{n\in\mathbb{N}}$ mit $(c_n)_{n\in\mathbb{N}} \sim (b_n)_{n\in\mathbb{N}}$.

Anders ausgedrückt: Ist α ein beliebiges Element aus $\mathcal{R}$, so gibt es Darstellungen $\alpha = [(a_n)_{n\in\mathbb{N}}]_\sim$ und $\alpha = [(b_n)_{n\in\mathbb{N}}]_\sim$, wobei $(a_n)_{n\in\mathbb{N}}$ eine monoton wachsende rationale Folge und $(b_n)_{n\in\mathbb{N}}$ eine monoton fallende rationale Folge ist.   □

Bemerkung 2.19

Die Darstellung einer reellen Zahl durch eine rationale, monoton wachsende Folge werden wir im Abschnitt 4.1 über *Dezimaldarstellungen* konkretisieren. △

Beispiel 2.4 (Die Eulersche Zahl e)

Nehmen wir an, eine sehr großzügige Bank (realistischer: ein Aktienfonds) bietet uns einen Jahreszinssatz von $i = 1 = 100\%$. Legt man bei dieser Bank ein Kapital K an, so beträgt das Guthaben nach einem Jahr $K_1 = K + iK = (1+i)K = 2K$. In einem Jahr findet also eine Verdoppelung des Kapitals statt.

Wir finden dies dennoch ungerecht, denn warum verzinst die Bank unser Guthaben nur einmal im Jahr, nicht zweimal, dreimal oder öfter? Bei einer 2-maligen Verzinsung pro Jahr verteilt sich der Jahreszins auf 2 (gleich lange) Verzinsungsperioden, beträgt also in jeder Verzinsungsperiode nur noch $\frac{i}{2}$, in unserem Fall also $\frac{1}{2} = 50\%$. Dafür findet eine 2-malige Verzinsung statt. Das Endkapital nach einem Jahr bei 2-maliger Verzinsung pro Jahr beträgt also $K_2 = (1 + \frac{1}{2})^2 K$. Der Faktor, um den unser Kapital gewachsen ist, ist $(1 + \frac{1}{2})^2 = \frac{9}{4} > 2$, er ist durch den Zinseszinseffekt also tatsächlich größer als 2.

Bei einer n-maligen Verzinsung pro Jahr verteilt sich der Jahreszins auf n Verzinsungsperioden, beträgt also in jeder Verzinsungsperiode nur noch $\frac{i}{n}$, in unserem Fall also $\frac{1}{n}$. Dafür findet eine n-malige Verzinsung statt. Das Endkapital nach einem Jahr bei n-maliger Verzinsung pro Jahr beträgt also $K_n = (1 + \frac{1}{n})^n K$. Den Faktor, um den unser Kapital gewachsen ist, bezeichnen wir mit

$$a_n := \left(1 + \frac{1}{n}\right)^n .$$

Es stellt sich nun natürlich die Frage, ob sich unser Kapital durch Vergrößerung der Anzahl der Zinsperioden ($n \to \infty$) schließlich ins Unermeßliche steigern läßt ($a_n \to \infty$?). Wir werden bald sehen, daß dies nicht so ist.

Wir werden nämlich zeigen, daß $([a_n, b_n])_{n \in \mathbb{N}}$ mit

$$b_n := \left(1 + \frac{1}{n}\right)^{n+1}$$

eine Intervallschachtelung ist, deren inneren Punkt

$$e := \lim_{n \to \infty} a_n = \lim_{n \to \infty} b_n = \left[(([a_n, b_n])_{n \in \mathbb{N}}\right]_{\sim} = \left[(([(1 + \frac{1}{n})^n, (1 + \frac{1}{n})^{n+1}])_{n \in \mathbb{N}}\right]_{\sim}$$

man als die *Eulersche Zahl* bezeichnet. Hierzu ist zu zeigen, daß

(a) $(a_n)_{n \in \mathbb{N}}$ monoton wächst,

(b) $(b_n)_{n \in \mathbb{N}}$ monoton fällt und

(c) $(b_n - a_n)_{n \in \mathbb{N}}$ eine Nullfolge ist.

Die folgende Tabelle zeigt die ersten Glieder der betrachteten Intervallschachtelung
$([(1+\frac{1}{n})^n, (1+\frac{1}{n})^{n+1}])_{n\in\mathbb{N}}$:

n	$(1+\frac{1}{n})^n$	$(1+\frac{1}{n})^{n+1}$
1	2.000000000000000	4.000000000000000
2	2.250000000000000	3.375000000000000
3	2.370370370370369	3.160493827160493
4	2.441406250000000	3.051757812500000
5	2.488319999999998	2.985984000000000
6	2.521626371742112	2.941897433699130
7	2.546499697040712	2.910285368046528
8	2.565784513950347	2.886507578194141
9	2.581174791713197	2.867971990792440
10	2.593742460100000	2.853116706109998
11	2.604199011897530	2.840944376615487
12	2.613035290224678	2.830788231076733
13	2.620600887885732	2.822185571569249
14	2.627151556300868	2.814805238893788
15	2.632878717727919	2.808403965576447
16	2.637928497366599	2.802799028452012
17	2.642414375183109	2.797850514899763
18	2.646425821097685	2.793449477825333
19	2.650034326640445	2.789509817516257
20	2.653297705144419	2.785962590401640

Man sieht die recht langsame Konvergenz.

Wir zeigen zuerst (a). Mittels der Bernoullischen Ungleichung (s. Beispiel 1.10)
erhalten wir für $n \geq 2$:

$$\left(1+\frac{1}{n}\right)^n \left(1-\frac{1}{n}\right)^n = \left(1-\frac{1}{n^2}\right)^n > 1 - n\frac{1}{n^2} = 1 - \frac{1}{n}.$$

Hieraus folgt weiter

$$a_n = \left(1+\frac{1}{n}\right)^n > \frac{1}{(1-\frac{1}{n})^{n-1}} = \left(\frac{1}{1-\frac{1}{n}}\right)^{n-1}$$

$$= \left(\frac{n}{n-1}\right)^{n-1} = \left(1+\frac{1}{n-1}\right)^{n-1} = a_{n-1}.$$

Also ist $(a_n)_{n\in\mathbb{N}}$ streng monoton wachsend.

Um (b) zu beweisen, verwenden wir wieder die Bernoullische Ungleichung

$$\frac{1}{(1+\frac{1}{n})^n (1-\frac{1}{n})^n} = \left(1 + \frac{1}{n^2-1}\right)^n > \left(1 + \frac{1}{n^2}\right)^n > 1 + \frac{1}{n},$$

woraus folgt

$$\left(1 + \frac{1}{n}\right)^{n+1} < \frac{1}{(1-\frac{1}{n})^n} = \left(1 + \frac{1}{n-1}\right)^n.$$

Somit ist $(b_n)_{n\in\mathbb{N}}$ streng monoton fallend.

Damit gilt u. a.

$$0 < \left(1 + \frac{1}{n}\right)^n < \left(1 + \frac{1}{n}\right)^{n+1} \leqq (1+1)^2 = 4,$$

d. h., $(a_n)_{n\in\mathbb{N}}$ und $(b_n)_{n\in\mathbb{N}}$ sind beschränkt. Schließlich ist

$$b_n - a_n = \left(1 + \frac{1}{n}\right)^n \left(1 + \frac{1}{n} - 1\right) = \frac{1}{n} a_n \overset{n\to\infty}{\longrightarrow} 0$$

Also gilt (c), und $([(1+\frac{1}{n})^n, (1+\frac{1}{n})^{n+1}])_{n\in\mathbb{N}}$ ist, wie behauptet, eine Intervallschachtelung.

Wir stellen uns nun die Frage: Hat die Intervallschachtelung $([a_n, b_n])_{n\in\mathbb{N}}$ einen *rationalen* inneren Punkt? Mit anderen Worten: Gibt es ein $r \in \mathbb{Q}$ mit

$$([a_n, b_n])_{n\in\mathbb{N}} \sim ([r - \frac{1}{n}, r + \frac{1}{n}])_{n\in\mathbb{N}}$$

bzw.

$$\check{r} = \left[([a_n, b_n])_{n\in\mathbb{N}} \right]_{\sim} = \left[([r - \frac{1}{n}, r + \frac{1}{n}])_{n\in\mathbb{N}} \right]_{\sim}?$$

Dies ist natürlich gleichwertig zu der Frage: Ist e rational?

Um diese Frage zu beantworten, führen wir eine weitere Folge $(s_n)_{n\in\mathbb{N}} \sim (a_n)_{n\in\mathbb{N}}$ ein, welche schneller (gegen e) konvergiert und sich außerdem zur Beantwortung unserer Frage besser eignet.

Die betrachtete Folge ist gegeben durch

$$s_n := \sum_{k=0}^{n} \frac{1}{k!}.$$

Die folgende Tabelle zeigt die ersten Glieder der Folge $(s_n)_{n \in \mathbb{N}}$ und belegt ihre schnelle Konvergenz:

n	$\displaystyle\sum_{k=0}^{n} \frac{1}{k!}$
1	2.000000000000000
2	2.500000000000000
3	2.666666666666666
4	2.708333333333333
5	2.716666666666665
6	2.718055555555555
7	2.718253968253967
8	2.718278769841270
9	2.718281525573191
10	2.718281801146384
11	2.718281826198492
12	2.718281828286167
13	2.718281828446758
14	2.718281828458228
15	2.718281828458994
16	2.718281828459041
17	2.718281828459045
18	2.718281828459045

Wir werden zeigen, daß

(d) $\frac{1}{n} < s_n - a_n < \frac{3}{2}\frac{1}{n}$ für alle $n \geq 4$; die rechte Ungleichung gilt hierbei für alle $n \in \mathbb{N}$.

Insbesondere folgt hieraus $(s_n)_{n \in \mathbb{N}} \sim (a_n)_{n \in \mathbb{N}}$ (und auch $(s_n)_{n \in \mathbb{N}} \sim (b_n)_{n \in \mathbb{N}}$) und somit $\lim\limits_{n \to \infty} s_n = e$.

In Aufgabe 2.30 soll ferner gezeigt werden, daß

(e) $\frac{1}{n} < b_n - s_n < \frac{2}{n}$ für alle $n \in \mathbb{N}$.

Insbesondere besagen (d) und (e) etwas über den „Abstand" der langsam konvergierenden Folgen $(a_n)_{n \in \mathbb{N}}$ und $(b_n)_{n \in \mathbb{N}}$ von der schnell konvergierenden Folge $(s_n)_{n \in \mathbb{N}}$ aus.

Um (d) zu zeigen, benötigen wir den folgenden

Hilfssatz 2.22

Sei $0 < x_j < 1$ für $j = 1, \ldots, k$ und sei $k \geqq 1$. Dann gilt

$$\sum_{j=1}^{k} x_j \geqq 1 - \prod_{j=1}^{k}(1 - x_j) \ .$$

Hierbei tritt für $k \geq 2$ das Gleichheitszeichen nicht ein.

welcher in Aufgabe 2.31 bewiesen werden soll.

Zunächst zeigen wir, daß $(s_n)_{n \in \mathbb{N}}$ durch 3 nach oben beschränkt ist:

$$s_n = 1 + \sum_{k=1}^{n} \frac{1}{k!} \leqq 1 + \sum_{k=1}^{n} \frac{1}{2^{k-1}} = 1 + \sum_{k=0}^{n-1} \frac{1}{2^k} = 1 + \frac{1 - \frac{1}{2^n}}{1 - \frac{1}{2}} < 1 + 2 = 3 \ ,$$

wobei wir die Ungleichung $k! \geqq 2^{k-1}$ verwendet haben, welche mit Induktion bewiesen wird (Aufgabe 2.32).

Sei nun $n \geqq 2$. Dann gilt mit der binomischen Formel

$$a_n = \left(1 + \frac{1}{n}\right)^n = \sum_{k=0}^{n} \binom{n}{k} \frac{1}{n^k} = \sum_{k=0}^{n} \frac{n(n-1) \cdots (n - (k-1))}{k! \, n^k}$$

$$= \sum_{k=0}^{n} \left(1 - \frac{1}{n}\right) \left(1 - \frac{2}{n}\right) \cdots \left(1 - \frac{k-1}{n}\right) \frac{1}{k!} \ ,$$

also folgt mit Hilfssatz 2.22 und der Summenformel

$$\sum_{j=1}^{k-1} j = \frac{k(k-1)}{2}$$

(s. Aufgabe 2.39) die Abschätzung

$$s_n - a_n = \sum_{k=2}^{n} \left(1 - \left(1 - \frac{1}{n}\right)\left(1 - \frac{2}{n}\right) \cdots \left(1 - \frac{k-1}{n}\right)\right) \frac{1}{k!}$$

$$\leqq \sum_{k=2}^{n} \frac{k(k-1)}{2n} \frac{1}{k!} = \frac{1}{2n} \sum_{k=2}^{n} \frac{1}{(k-2)!} = \frac{1}{2n} s_{n-2} < \frac{3}{2} \frac{1}{n} \ .$$

Wie man sich leicht überzeugen kann, gilt diese Aussage sogar für alle $n \in \mathbb{N}$.

Um die linke Abschätzung in (d) zu erhalten, schreiben wir die ersten vier Summanden in der Summendarstellung von $\left(1 + \frac{1}{n}\right)^n$ aus:

$$a_n + \frac{1}{n} = 1 + 1 + \frac{1}{2!} + \frac{1}{3!} + \frac{1}{4!} - \frac{6n^2 - 19n + 6}{4! \, n^3} + \sum_{k=5}^{n} \binom{n}{k} \frac{1}{n^k} \, .$$

Da für $n \geqq 4$ die Beziehung $n(n-4) = n^2 - 4n \geqq 0$ bzw. $n^2 - 4n + 1 \geqq 1$ gilt, folgt ferner

$$6n^2 - 19n + 6 > 6n^2 - 24n + 6 = 6(n^2 - 4n + 1) \geqq 6 \, ,$$

also

$$a_n + \frac{1}{n} < 1 + 1 + \frac{1}{2!} + \frac{1}{3!} + \frac{1}{4!} - \frac{1}{4n^3} + \sum_{k=5}^{n} \binom{n}{k} \frac{1}{n^k} \, ,$$

und wegen

$$s_n = 1 + 1 + \frac{1}{2!} + \frac{1}{3!} + \frac{1}{4!} + \sum_{k=5}^{n} \frac{1}{k!} \, .$$

folgt

$$\frac{1}{n} < s_n - a_n \qquad \text{für } n \geqq 4 \, ,$$

was zu beweisen war.

Wir verwenden nun schließlich die Folge $(s_n)_{n \in \mathbb{N}}$ zum Nachweis, daß e irrational ist. Wir führen einen Widerspruchsbeweis durch und nehmen also an, e sei rational. Da $e > 0$ und da e nicht ganzzahlig ist, gibt es dann zwei natürliche Zahlen p und $q \geq 2$ mit $e = \frac{p}{q}$. Daraus folgt aber, daß $q! \, e = q! \, \frac{p}{q} = p(q-1)! \in \mathbb{N}$ und ferner die folgende Summe natürlicher Zahlen

$$q! \sum_{k=0}^{q} \frac{1}{k!} = \sum_{k=0}^{q} q(q-1) \cdots (k+1) \in \mathbb{N}$$

auch eine natürliche Zahl ist, so daß schließlich

$$q! \sum_{k=q+1}^{\infty} \frac{1}{k!} = q! \sum_{k=0}^{\infty} \frac{1}{k!} - q! \sum_{k=0}^{q} \frac{1}{k!} = q! \, e - q! \sum_{k=0}^{q} \frac{1}{k!} \in \mathbb{Z} \, .$$

Andererseits können wir diesen Reihenrest folgendermaßen mit Hilfe einer geometrischen Reihe abschätzen:

$$\frac{1}{q+1} < q! \sum_{k=q+1}^{\infty} \frac{1}{k!} = q! \left(\frac{1}{(q+1)!} + \frac{1}{(q+2)!} + \frac{1}{(q+3)!} + \cdots \right)$$

$$\leqq \frac{q!}{(q+1)!} \left(1 + \frac{1}{q+2} + \frac{1}{(q+2)^2} + \cdots \right)$$

$$= \frac{1}{q+1} \cdot \frac{1}{1 - \frac{1}{q+2}} = \frac{q+2}{(q+1)^2} = \frac{q+2}{q^2+2q+1}$$

$$= \frac{1}{q} \cdot \frac{q^2+2q}{q^2+2q+1} < \frac{1}{q} \leqq \frac{1}{2} < 1 \, .$$

Dies ist ein Widerspruch zur oben bewiesenen Ganzzahligkeit der betrachteten Zahl. Somit ist e irrational.

Nun wissen wir, daß e irrational ist. Ferner hatten wir bereits früher gezeigt (s. Aufgabe 2.15), daß z. B. $\sqrt{13}$ (Länge der Hypotenuse im rechtwinkligen Dreieck mit den Katheten der Länge 2 und 3) auch irrational ist. Trotzdem besteht algebraisch ein gewaltiger Unterschied zwischen diesen beiden Zahlen. Um ihn zu erläutern, folgende

Definition (Algebraische und transzendente Zahlen)

Eine reelle Zahl ξ heißt *algebraisch*, wenn sie Lösung einer algebraischen Gleichung

$$a_0 + a_1 x + \cdots + a_n x^n = 0 \qquad (a_k \in \mathbb{Z}, \, a_n \neq 0)$$

ist.[1] Ist eine reelle Zahl nicht algebraisch, so heißt sie *transzendent*.

Offenbar ist $\sqrt{13}$ algebraisch.

Nun kann man zeigen (einen Beweis, der interessanterweise *nicht* schwierig ist, findet man z. B. in [26]), daß die Menge der algebraischen Zahlen *abzählbar* ist. Damit ist nebenbei die Abzählbarkeit von $\mathbb{Q}$ gezeigt, s. auch Aufgabe 2.33. Nun haben wir bewiesen, daß $\mathbb{R}$ nicht abzählbar ist (Satz 2.17). Also muß es „viele", nämlich überabzählbar viele, reelle Zahlen geben, die nicht algebraisch, sondern transzendent sind. Während es also „viel mehr" transzendente als algebraische Zahlen gibt, sind uns nur sehr wenige transzendente Zahlen geläufig. Charles Hermite hat als erster gezeigt, daß die Eulersche Zahl e transzendent ist. Eine vereinfachte Version dieses Beweises, der den Rahmen unserer Darstellung aber übersteigen würde, unter Beibehaltung des Hermiteschen Grundgedankens, findet man wieder in [26]. △

---

[1] Es ist gleichwertig, $a_k \in \mathbb{Q}$ zu fordern. In diesem Fall multipliziert man mit dem Hauptnenner durch und erhält ganzzahlige Koeffizienten.

Beispiel 2.5 (Die Kreiszahl π)

Jeder weiß aus der Schule: Der Umfang des Kreises mit dem Radius R ist gegeben durch $2\pi R$ und sein Flächeninhalt ist πR^2. Also ist der Flächeninhalt des Einheitskreises gerade π. Betrachtet man die Umfänge bzw. Flächeninhalte der dem Einheitskreis ein- bzw. umbeschriebenen regelmäßigen Vielecke, so kann man Capellipaare konstruieren, deren Schnittzahl gerade π ist.[1] Das hat bereits Archimedes getan und so die gute Näherung $\frac{22}{7}$ für π gefunden. Wir greifen dies auf S. 179 nochmals auf.

In der Analysis wird π häufig im Zusammenhang mit den trigonometrischen Funktionen eingeführt, beispielsweise $\frac{\pi}{2}$ als kleinste positive Nullstelle der Kosinusfunktion, s. [15], Kapitel 5.

Wir wissen, daß es rationale Approximationen für π gibt. Zwei sehr bekannte sind die

$$\text{Leibnizreihe}: \quad \frac{\pi}{4} = \sum_{k=0}^{\infty} \frac{(-1)^k}{2k+1} = \lim_{n\to\infty} \sum_{k=0}^{n} \frac{(-1)^k}{2k+1}$$

und das

$$\text{Wallisprodukt}: \quad \frac{\pi}{2} = \prod_{k=1}^{\infty} \frac{4k^2}{4k^2-1} = \lim_{n\to\infty} \prod_{k=1}^{n} \frac{4k^2}{4k^2-1}.$$

Eine Herleitung dieser beiden Darstellungen findet man z. B. in [15]. Da die Leibnizreihe alterniert und da $(\frac{1}{2k+1})_{k\in\mathbb{N}}$ eine Nullfolge ist, bilden die ungeraden bzw. geraden Partialsummen eine Intervallschachtelung:

n	$\sum_{k=0}^{2n-1} \frac{(-1)^k}{2k+1}$	$\sum_{k=0}^{2n} \frac{(-1)^k}{2k+1}$
1	2.666666666666667	3.466666666666667
2	2.895238095238096	3.339682539682540
3	2.976046176046176	3.283738483738484
4	3.017071817071817	3.252365934718876
5	3.041839618929402	3.232315809405593
6	3.058402765927332	3.218402765927332
7	3.070254617779184	3.208185652261943
8	3.079153394197427	3.200365515409548
9	3.086079801123833	3.194187909231942
10	3.091623806667839	3.189184782277595

---

[1] Zu dieser Approximation s. auch [17], Abschnitt 1.5.

Die Intervallschachtelung

$$\left[\sum_{k=0}^{2n-1} \frac{(-1)^k}{2k+1}, \sum_{k=0}^{2n} \frac{(-1)^k}{2k+1} \right]$$

repräsentiert $\frac{\pi}{4}$, s. Aufgabe 2.38. Zur praktischen Berechnung von π ist die Leibnizreihe allerdings nicht geeignet. Die Tabelle zeigt die *sehr* langsame Konvergenz.

Es ist nicht schwer, die *Konvergenz* der genannten rationalen Folgen zu beweisen (siehe Aufgabenteil). Aber wir können mit unseren Hilfsmitteln natürlich *nicht* zeigen, daß der Grenzwert $\frac{\pi}{4}$ bzw. $\frac{\pi}{2}$ ist.

Obwohl man so „übersichtlich gebaute" rationale Approximationen für π kennt, gibt es keinen so elementaren Irrationalitätsbeweis für π, wie wir ihn für e besitzen. I. Niven [24] führt z. B. einen derartigen Beweis vor und benötigt die Kosinusfunktion, die Sinusfunktion, die Differentiation und die Integration. Ansonsten ist der Beweis gut nachvollziehbar.

Wesentlich tiefer liegt der Transzendenzbeweis von π, den zuerst Ferdinand Lindemann geführt hat. Er hatte erkannt, wie man die Hermitesche Methode im Transzendenzbeweis von e modifizieren mußte. Man findet eine vereinfachte Version dieses Beweises wieder in [26].

Aus dem „Meer" der transzendenten Zahlen sind uns nun zwei bekannt: e und π. $\triangle$

Abschließend und zusammenfassend können wir sagen:

Ausgehend vom archimedisch angeordneten Körper $\mathbb{Q}$ haben uns die Cantorkonstruktion, die Capellikonstruktion und die Bachmannkonstruktion jeweils zu einem Modell für $\mathbb{R}$ geführt. Wir haben die Beziehungen der drei Modelle mit Hilfe der ordnungstreuen Körperisomorphismen beschrieben, und wir haben mehr als angedeutet, daß wir zu den gleichen Resultaten gelangt wären, wenn wir statt $\mathbb{Q}$ einen beliebigen archimedisch angeordneten Körper K als Ausgangspunkt gewählt hätten.

Letzteres kann als ein belebender Fingerzeig für die in Kapitel 1 bewiesene Maximalität von $\mathbb{R}$ (Folgerung 1.1) aufgefaßt werden.

Aufgaben

2.29 Seien $([a_n, b_n])_{n \in \mathbb{N}}$ und $([c_n, d_n])_{n \in \mathbb{N}}$ Intervallschachtelungen in einem angeordneten Körper $(K, +, \cdot, \leq)$. Dann ist auch $([a_n + c_n, b_n + d_n])_{n \in \mathbb{N}}$ eine Intervallschachtelung in K.

Ist ferner $a_n > 0$ und $c_n > 0$ für alle $n \in \mathbb{N}$, dann ist auch $([a_n \cdot c_n, b_n \cdot d_n])_{n \in \mathbb{N}}$ eine Intervallschachtelung in K.

Hinweis: $b_n d_n - a_n c_n = b_n (d_n - c_n) + c_n (b_n - a_n)$.

2.30 Es sei wieder $a_n := \left(1 + \frac{1}{n}\right)^n$, $b_n := \left(1 + \frac{1}{n}\right)^{n+1}$ und $s_n := \sum_{k=0}^{n} \frac{1}{k!}$.

Zeigen Sie, daß für alle $n \in \mathbb{N}$ die Ungleichungen

$$\frac{1}{n} < b_n - s_n < \frac{2}{n}$$

gültig sind. *Hinweis:* Verwenden Sie die Eigenschaft (d)

$$\frac{1}{n} < s_n - a_n < \frac{3}{2}\frac{1}{n} \quad \text{für alle } n \geq 4$$

und die Identität

$$b_n - \frac{1}{n} = a_n + \frac{1}{n}\left(a_n - 1\right).$$

2.31 Zeigen Sie: Sei $0 < x_j < 1$ für $j = 1, \ldots, k$ und sei $k \geq 1$. Dann gilt

$$\sum_{j=1}^{k} x_j \geq 1 - \prod_{j=1}^{k}(1 - x_j).$$

Hierbei tritt für $k \geq 2$ das Gleichheitszeichen nicht ein. *Hinweis:* Verwenden Sie Induktion.

2.32 Zeigen Sie mit Induktion die Ungleichung $k! \geq 2^{k-1}$ für alle $k \in \mathbb{N}$.

2.33 Zeigen Sie, daß die Menge der rationalen Zahlen $\mathbb{Q}$ abzählbar ist. *Hinweis:* Sortieren Sie die rationalen Zahlen nach Zählern und Nennern und numerieren Sie sie geeignet durch.

2.34 Zeigen Sie: Ist a irrational (transzendent) und $n \in \mathbb{N}$, so ist auch $\sqrt[n]{a}$ irrational (transzendent). Insbesondere: Mit e und π sind auch $\sqrt{e}$ und $\sqrt{\pi}$ etc. transzendent.

2.35 Beweisen Sie mit Induktion

$$\prod_{k=1}^{n} \frac{(2k)^2}{(2k+1)^2} < \frac{1}{n+1}.$$

2.36 Sei

$$p_n := \prod_{k=1}^{n} \frac{4k^2}{4k^2 - 1}$$

das Partialprodukt des Wallisproduktes. Zeigen Sie

(a) $p_n = (2n + 1) \prod\limits_{k=1}^{n} \frac{(2k)^2}{(2k+1)^2}$;

(b) $p_n < 2 - \frac{1}{n+1}$;

(c) $(p_n)_{n \in \mathbb{N}}$ ist konvergent.

2.37 Zeigen Sie die Ungleichungskette

$$\frac{1}{3} \frac{1}{(n+1)^2} < p_{n+1} - p_n < \frac{1}{(n+1)(2n+3)} < \frac{1}{2} \frac{1}{(n+1)^2} \, .$$

Hinweis: Man beachte den Zusammenhang zwischen p_n und p_{n+1} und $p_1 = \frac{4}{3}$.

2.38 Sei

$$l_n := \sum_{k=0}^{n} \frac{(-1)^k}{2k + 1}$$

die Partialsumme der Leibnizreihe. Zeigen Sie

(a) $l_{2n} = 1 - \sum\limits_{k=1}^{n} \frac{2}{(4k-1)(4k+1)}$;

(b) $l_{2n+1} = \sum\limits_{k=0}^{n} \frac{2}{(4k+1)(4k+3)}$;

(c) $([l_{2n-1}, l_{2n}])_{n \in \mathbb{N}}$ ist eine Intervallschachtelung;

(d) $(l_n)_{n \in \mathbb{N}}$ ist konvergent.

Hinweis: Fassen Sie je zwei aufeinanderfolgende Glieder der Leibnizreihe zusammen. Dies ändert, wie man leicht einsieht, nichts am Grenzwert, führt aber zu einer Reihe mit lauter negativen bzw. positiven Gliedern.

2.39 Beweisen Sie Summenformel

$$\sum_{j=1}^{k-1} j = \frac{k(k-1)}{2} \, .$$

3 Einbettung in vollständige metrische Räume

3.1 Metrische Räume

Häufig ist es sinnvoll, zwischen den Elementen einer Menge M einen *Abstand* zu erklären. Dabei wird man verlangen, daß der zu erklärende Abstand die wichtigsten Eigenschaften hat, die der „gewöhnliche" Abstand im Anschauungsraum hat, also insbesondere eine *nichtnegative reelle Zahl* ist. So gelangt man zu der folgenden

Definition 3.1 (Metrischer Raum)

Gegeben sei eine nichtleere Menge M und eine Funktion $d : M \times M \to \mathbb{R}$ mit den folgenden Eigenschaften:

M_1: $d(x, y) \geqq 0$ für alle $x, y \in M$;

M_2: $d(x, y) = 0 \Leftrightarrow x = y$ für alle $x, y \in M$;

M_3: **Symmetrie:** $d(x, y) = d(y, x)$ für alle $x, y \in M$;

M_4: **Dreiecksungleichung:** $d(x, z) \leqq d(x, y) + d(y, z)$ für alle $x, y, z \in M$.

Die Funktion d heißt eine *Metrik* auf M, und das geordnete Paar (M, d) heißt ein *metrischer Raum.* $\triangle$

Bemerkung 3.1 (Reduzierbarkeit der Eigenschaften)

Wir bemerken, daß die Eigenschaft M_1 entbehrlich ist; denn setzt man in M_4 $z = x$ und benutzt $d(x, x) = 0$, was aus M_2 folgt, so bekommt man

$$0 = d(x, x) \leqq d(x, y) + d(y, x) \overset{M_3}{=} 2\, d(x, y) \,,$$

also $d(x, y) \geqq 0$. $\triangle$

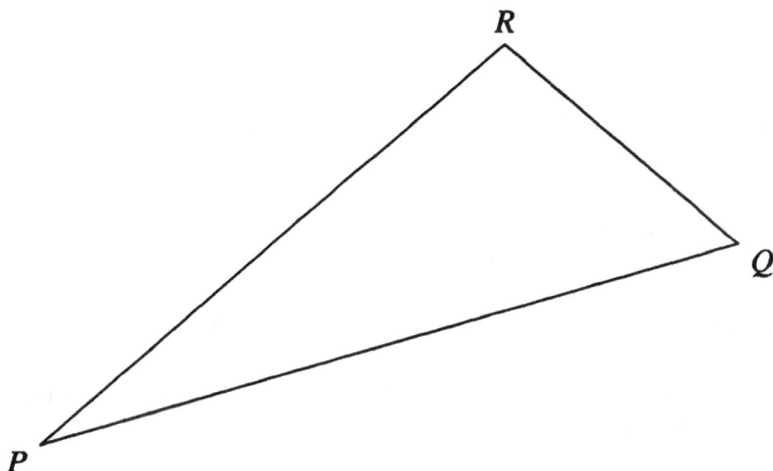

Abbildung 3.1: Dreiecksungleichung

Bemerkung 3.2 (Dreiecksungleichung)

Wir bemerken ferner, daß der Name *Dreiecksungleichung* aus dem Zwei- bzw. Dreidimensionalen stammt. Seien nämlich $P, Q, R \in \mathbb{R}^2$. Dann bilden P, Q und R ein Dreieck und die Länge der Seite $\overline{PR}$ ist niemals größer als die Summe der Seitenlängen von $\overline{PQ}$ und $\overline{QR}$. $\triangle$

Beispiel 3.1 (Metrische Räume)

(1) $M = \mathbb{R}$, $d(x, y) := |x - y|$.

(2) $M = \mathbb{R}^3$, $P = (x_1, y_1, z_1)$, $Q = (x_2, y_2, z_2)$, *euklidische Metrik*
$d(P, Q) := \sqrt{(x_1 - x_2)^2 + (y_1 - y_2)^2 + (z_1 - z_2)^2}$.

(2') Analog kann auf $M = \mathbb{R}^n$ für $P = (x_1, \ldots, x_n)$ und $Q = (y_1, \ldots, y_n)$ die euklidische Metrik $d(P, Q) := \sqrt{(x_1 - y_1)^2 + \cdots + (x_n - y_n)^2}$ erklärt werden. Daß die so definierte Funktion d eine Metrik darstellt, wird (mit Hilfe von Bemerkung 3.3) in Aufgabe 3.1 bewiesen.

(3) Jeder Menge $M \neq \emptyset$ kann eine (recht triviale!) Metrik d aufgeprägt werden:

$$d(x, y) = \begin{cases} 1 & \text{für } x \neq y \\ 0 & \text{für } x = y \end{cases}.$$

(4) Häufig ist es sinnvoll, in einer Menge M, je nach Problemlage, verschiedene Metriken zu betrachten. Beispiel:

Sei $M = \{f \mid f : [0, 1] \to \mathbb{R}, f \text{ stetig}\}$ und seien $f, g \in M$. Dann setzen wir

$$d_1(f, g) := \max_{x \in [0,1]} |f(x) - g(x)|$$

und

$$d_2(f,g) := \int\limits_0^1 |f(x) - g(x)|\, dx \ .$$

Der Nachweis der Dreiecksungleichung für d_1 und d_2 ergibt sich aus der für alle $x \in [0,1]$ gültigen Ungleichung

$$|f(x) - g(x)| \leqq |f(x) - h(x)| + |h(x) - g(x)| \ .$$

Der Nachweis der Eigenschaft (2) ist für die Metrik d_2 nicht ganz trivial (hier geht die Stetigkeit ein, s. Aufgabe 3.3). $\triangle$

Bemerkung 3.3 (Cauchy-Schwarzsche Ungleichung im $\mathbb{R}^n$)

Der einfachste Weg zum Nachweis der Dreiecksungleichung für die euklidische Metrik im $\mathbb{R}^n\,(n \geq 2)$ führt über die Cauchy-Schwarzsche Ungleichung, die auch für andere Überlegungen im $\mathbb{R}^n$ von Bedeutung ist, s. Aufgabe 3.1.

Wir betrachten im $\mathbb{R}^n$ das natürliche Skalarprodukt $\langle \cdot, \cdot \rangle$, das gegeben ist durch

$$\langle \boldsymbol{x}, \boldsymbol{y} \rangle := \sum_{k=1}^n x_k\, y_k \ ,$$

wobei $\boldsymbol{x} = (x_1, x_2, \ldots, x_n)$ und $\boldsymbol{y} = (y_1, y_2, \ldots, y_n)$. Das Skalarprodukt $\langle \cdot, \cdot \rangle$ ist eine Bilinearform, mit der die euklidische Metrik eng zusammenhängt, denn es ist

$$d(\boldsymbol{x}, \boldsymbol{y}) = \sqrt{\langle \boldsymbol{x} - \boldsymbol{y}, \boldsymbol{x} - \boldsymbol{y} \rangle} \ .$$

Wir beginnen die Herleitung der Cauchy-Schwarzschen Ungleichung mit der sehr einfachen Ungleichung

$$a^2 + b^2 \geqq 2ab \qquad \text{für alle } a, b \in \mathbb{R} \ , \tag{3.1}$$

welche aus der binomischen Formel $a^2 - 2ab + b^2 = (a - b)^2 \geqq 0$ folgt.

Jetzt betrachten wir zunächst $\boldsymbol{x}, \boldsymbol{y} \in \mathbb{R}^n$ mit

$$\langle \boldsymbol{x}, \boldsymbol{x} \rangle = \sum_{k=1}^n x_k^2 = 1 \quad \text{und} \quad \langle \boldsymbol{y}, \boldsymbol{y} \rangle = \sum_{k=1}^n y_k^2 = 1 \ .$$

Es ist nach (3.1) $x_k^2 + y_k^2 \geqq 2x_k y_k$ $(k = 1, \ldots, n)$, und daraus folgt durch Addition

$$1 + 1 \geqq 2 \sum_{k=1}^{n} x_k y_k = 2 \langle x, y \rangle \,,$$

also $\langle x, y \rangle \leq 1$. Betrachten wir statt x das n-tupel $-x = (-x_1, -x_2, \ldots, -x_n)$, so erhalten wir $-\langle x, y \rangle \leq 1$, also insgesamt

$$|\langle x, y \rangle| \leqq 1 \,. \tag{3.2}$$

Es seien jetzt $w, z \in \mathbb{R}^n$ mit $\langle w, w \rangle > 0$ und $\langle z, z \rangle > 0$. Wir setzen

$$x := \frac{1}{\sqrt{\langle w, w \rangle}} \cdot w \quad \text{und} \quad y := \frac{1}{\sqrt{\langle z, z \rangle}} \cdot z \,.$$

Dann ist $\langle x, x \rangle = \langle y, y \rangle = 1$, und aus (3.2) folgt fast unmittelbar

$$|\langle w, z \rangle| \leqq \sqrt{\langle w, w \rangle} \cdot \sqrt{\langle z, z \rangle} \,. \tag{3.3}$$

Dies ist die Cauchy-Schwarzsche Ungleichung. Einen anderen Beweis der Cauchy-Schwarzschen Ungleichung sowie topologische Eigenschaften von $\mathbb{R}^n$, welche aus dieser Metrik folgen, findet man beispielsweise in [16]. $\triangle$

Von prinzipieller Bedeutung ist jetzt, daß wir in metrischen Räumen die *Konvergenz von Folgen* erklären können. Um auf die passende Definition zu stoßen, brauchen wir nur das Beispiel 3.1 (1) heranzuziehen:

Ist $(a_n)_{n \in \mathbb{N}}$ eine Folge reeller Zahlen und $a \in \mathbb{R}$, so gilt: Die Folge $(a_n)_{n \in \mathbb{N}}$ *konvergiert genau dann gegen* a, *wenn die Folge* $(d(a_n, a))_{n \in \mathbb{N}}$ *reeller Zahlen eine Nullfolge ist.*

Definition 3.2 (Konvergenz in metrischen Räumen)

(M, d) sei metrischer Raum, $(x_n)_{n \in \mathbb{N}}$ eine Folge in M und $x \in M$. Die Folge $(x_n)_{n \in \mathbb{N}}$ heißt *konvergent* gegen x, wenn die Folge $(d(x_n, x))_{n \in \mathbb{N}}$ reeller Zahlen eine Nullfolge ist.

In Zeichen: $\lim\limits_{n \to \infty} x_n = x$ oder (wenn die benutzte Metrik d besonders vorgehoben werden soll!)

$$x_n \xrightarrow{d} x \quad \text{oder} \quad d\text{-}\lim_{n \to \infty} x_n = x \,. \quad \triangle$$

Unser Beispiel 3.1 (1) liefert uns auch den entscheidenden Fingerzeig für die Definition einer Cauchyfolge.

Definition 3.3 (Cauchyfolgen in metrischen Räumen)

(M, d) sei metrischer Raum, $(x_n)_{n \in \mathbb{N}}$ eine Folge in M. Die Folge $(x_n)_{n \in \mathbb{N}}$ heißt *Cauchyfolge*, wenn gilt: Zu jedem $\varepsilon > 0$ existiert eine natürliche Zahl $n_0(\varepsilon) \in \mathbb{N}$ mit $d(x_n, x_m) < \varepsilon$ für alle $n, m \geqq n_0$. $\triangle$

Bemerkung 3.4 (Geometrische Veranschaulichung)

Eine Veranschaulichung des Begriffs der Cauchyfolge ist im $\mathbb{R}^3$ zusammen mit der euklidischen Metrik sehr schön möglich: Wir haben eine Folge $(P_n)_{n \in \mathbb{N}}$ von Punkten des $\mathbb{R}^3$, die wir uns als „Punktwolke" vorstellen. Ferner betrachten wir eine bewegliche (offene) Kugel K_ε vom Durchmesser 2ε (ε beliebig klein!). Ist es uns nun stets möglich, die Kugel K_ε im Raum so zu plazieren, daß fast alle Punkte der Punktwolke $(P_n)_{n \in \mathbb{N}}$ in ihrem Inneren liegen, so ist $(P_n)_{n \in \mathbb{N}}$ eine Cauchyfolge. $\triangle$

Wie bei angeordneten Körpern, untersucht man jetzt in metrischen Räumen den *Zusammenhang zwischen konvergenten Folgen und Cauchyfolgen.*

Dabei stößt man sofort auf den folgenden

Hilfssatz 3.1

Jede konvergente Folge ist eine Cauchyfolge.

Beweisidee: $d(x_n, x_m) \leqq d(x_n, x) + d(x, x_m)$. (Steht Karl nahe bei Peter und Peter nahe bei Fritz, so steht Karl auch nahe bei Fritz, vgl. Satz 1.30.) $\square$

Wir wissen von den rationalen Zahlen her, daß die Umkehrung des vorangegangenen Hilfssatzes i. a. *nicht* richtig ist. Deshalb verdienen diejenigen metrischen Räume, in denen die genannte Umkehrung gilt, besondere Beachtung.

Definition 3.4 (Vollständigkeit)

Der metrische Raum (M, d) heißt *vollständig*, wenn jede Cauchyfolge konvergiert. $\triangle$

Dieser Vollständigkeitsbegriff ist für alles weitere grundlegend!

In einem vollständigen metrischen Raum (M, d) gilt somit das *Cauchysche Konvergenzkriterium.*

Von den Elementen eines archimedisch angeordneten Körpers ist bekannt (s. Satz 1.37), daß sie sich beliebig genau durch *rationale Zahlen* approximieren lassen. Insbesondere: Jede reelle Zahl x_0 ist Grenzwert einer Folge $(r_n)_{n \in \mathbb{N}}$ rationaler Zahlen.

Dieses Vorbild führt zur

Definition 3.5 (Dichtheit)

Es sei (M, d) ein metrischer Raum und $B \subset M$. B heißt *dicht* (genauer: dicht in (M, d)), wenn jedes Element $m \in M$ Grenzwert einer Folge $(b_n)_{n \in \mathbb{N}}$ aus B ist. $\triangle$

Da wir den Begriff der Folgenkonvergenz in metrischen Räumen zur Verfügung haben, können wir auch den Begriff der *Stetigkeit* erklären.

Definition 3.6 (Stetigkeit)

(X, d) und (Y, d') seien zwei metrische Räume, und $f : X \to Y$ sei eine Abbildung. f heißt *im Punkt x_0 stetig*, wenn für jede Folge $(x_n)_{n \in \mathbb{N}}$ aus X mit $x_n \xrightarrow{d} x_0$ auch im Bildraum Y gilt $f(x_n) \xrightarrow{d'} f(x_0)$. $\triangle$

In Kapitel 1 haben wir uns die Frage vorgelegt, wann man zwei Körper als „nicht wesentlich verschieden" ansehen will. Dies führte zum Begriff der (Körper)-Isomorphie. Die analoge Frage bei metrische Räumen führt zum Begriff der *Isometrie*.

Definition 3.7 (Isometrie)

(X, d) und (Y, d') seien zwei metrische Räume, und $\varphi : X \to Y$ sei eine bijektive Abbildung. Gilt dann $d(x, y) = d'(\varphi(x), \varphi(y))$ für alle $x, y \in X$, so heißt φ eine Isometrie und wir nennen X und Y *metrisch isomorph* $\triangle$

Bemerkung 3.5 (Stetigkeit einer Isometrie)

Jede Isometrie ist stetig; denn

$$x_n \xrightarrow{d} x_0 \Leftrightarrow d(x_n, x_0) \to 0 \Leftrightarrow d(\varphi(x_n), \varphi(x_0)) \to 0 \Leftrightarrow \varphi(x_n) \xrightarrow{d'} \varphi(x_0). \triangle$$

Sagt ein Satz S nur etwas aus über die *metrische Struktur* des Raumes (X, d), so gilt dieser Satz S in jedem zu (X, d) metrisch isomorphen Raum (Y, d').

Beispiel 3.2 (Dichtheit)

S: Der metrische Raum (X, d) enthält eine dichte Teilmenge, welche abzählbar ist.

$B \subset X$ sei eine dichte Teilmenge von X. Sei nun (Y, d') metrisch isomorph zu (X, d) und $\varphi : (X, d) \to (Y, d')$ eine Isometrie.

Die Menge $A := \varphi(B) \subset Y$ ist abzählbar, da φ bijektiv ist. A ist dicht in Y; denn sei $y_0 \in Y$. Betrachte $x_0 = \varphi^{-1}(y_0)$. Da B dicht in X ist, gibt es eine Folge $(x_n)_{n \in \mathbb{N}}$ in X mit $x_n \in B$ und $x_n \xrightarrow{d} x_0$. Also folgt $\varphi(x_n) \xrightarrow{d'} \varphi(x_0) = y_0$ und $\varphi(x_n) \in A$. $\triangle$

Beispiel 3.3 (Isometrie)

Sei $X = Y = \mathbb{R}^2$ und $d = d'$ die euklidische Metrik. Dann ist jede *Translation* $x \mapsto \varphi(x) = x + c$ $(c \in \mathbb{R}^2)$ eine Isometrie. X und Y werden ebenfalls durch eine *Drehung* des Koordinatensystems (beispielsweise bzgl. des Koordinatenursprungs) um den Winkel θ metrisch isomorph aufeinander abgebildet. Eine Darstellung dieser Isometrie $\varphi : \mathbb{R}^2 \to \mathbb{R}^2$ ist gegeben durch die Matrizenmultiplikation

$$\varphi(x,y) = \begin{pmatrix} x' \\ y' \end{pmatrix} = \begin{pmatrix} \cos\theta & \sin\theta \\ -\sin\theta & \cos\theta \end{pmatrix} \cdot \begin{pmatrix} x \\ y \end{pmatrix} ,$$

also durch die Transformationsgleichungen

$$x' = \cos\theta\, x + \sin\theta\, y ,$$

$$y' = -\sin\theta\, x + \cos\theta\, y . \quad \triangle$$

Bemerkung 3.6 (Äquivalente metrische Räume)

Offenbar ist die Isometrie eine Äquivalenzrelation in der Familie der metrischen Räume. Vom metrischen Standpunkt aus kennt man alle Räume einer Klasse, sofern man einen Repräsentanten kennt. $\triangle$

Aufgaben

3.1 Zeigen Sie, daß die Funktion $d(P,Q) := \sqrt{(x_1 - y_1)^2 + \cdots + (x_n - y_n)^2}$ für $P = (x_1, \ldots, x_n)$ und $Q = (y_1, \ldots, y_n)$ im Raum $M = \mathbb{R}^n$ eine Metrik erklärt. *Hinweis:* Benutzen Sie die Cauchy-Schwarzsche Ungleichung (3.3).

3.2 Untersuchen Sie, wann in der Cauchy-Schwarzschen Ungleichung (3.3) die Gleichheit eintritt.

3.3 Sei $M = \{f \mid f : [0,1] \to \mathbb{R}, f \text{ stetig}\}$, seien $f, g \in M$ und sei

$$d_2(f,g) := \int\limits_0^1 |f(x) - g(x)|\, dx .$$

Zeigen Sie, daß d_2 eine Metrik ist.

3.4 Es sei (X, d) ein metrischer Raum und $a \in \mathbb{R}$ mit $a > 0$. Wir setzen für $x, y \in X$

$$d_a(x,y) := \frac{d(x,y)}{1 + a \cdot d(x,y)} .$$

(a)   Zeigen Sie, daß auch (X, d_a) ein metrischer Raum ist.

(b)   Zeigen Sie, daß

$$x_n \xrightarrow{\ d\ } x_0 \quad \Leftrightarrow \quad x_n \xrightarrow{\ d_a\ } x_0 .$$

Dies kann auch so formuliert werden: Die *Identität auf X*

$$\mathrm{Id}_X : (X, d) \to (X, d_a)$$

ist stetig.

3.5 X sei die Menge aller Folgen reeller Zahlen.

(a)   Für $x = (x_n)_{n \in \mathbb{N}}$, $y = (y_n)_{n \in \mathbb{N}}$ setzen wir

$$d(x, y) := \sum_{n=1}^{\infty} \frac{1}{2^n} \frac{|x_n - y_n|}{1 + |x_n - y_n|} .$$

Zeigen Sie: (X, d) ist ein metrischer Raum. *Hinweis*: Man bestätige zunächst

$$\frac{|\alpha + \beta|}{1 + |\alpha + \beta|} \leqq \frac{|\alpha| + |\beta|}{1 + |\alpha| + |\beta|}$$

für alle $\alpha, \beta \in \mathbb{R}$.

(b)   Für $x = (x_n)_{n \in \mathbb{N}}$ und $y = (y_n)_{n \in \mathbb{N}}$ mit

$$x_n = \begin{cases} 0 & \text{für } n \text{ gerade} \\ 1 & \text{für } n \text{ ungerade} \end{cases} \quad \text{und} \quad y_n = \begin{cases} 1 & \text{für } n \text{ gerade} \\ 0 & \text{für } n \text{ ungerade} \end{cases}$$

berechne man $d(x, y)$.

3.2 Vervollständigung metrischer Räume

Bei Untersuchungen auf Konvergenz, Stetigkeit sowie bei Existenzsätzen ist es häufig wichtig, daß man voraussetzen kann, daß der metrische Raum *vollständig* ist.

Hilfssatz 3.2 (Vierecksungleichung)

(M, d) sei metrischer Raum, $x, y, z, w \in M$. Dann gilt:

$$|d(x, y) - d(z, w)| \leqq d(x, z) + d(y, w) .$$

Beweis: Einsetzen von

$$d(z, y) \leqq d(z, w) + d(w, y)$$

in

$$d(x, y) \leqq d(x, z) + d(z, y)$$

liefert

$$d(x, y) - d(z, w) \leqq d(x, z) + d(y, w) \tag{3.4}$$

und Einsetzen von

$$d(x, w) \leqq d(x, y) + d(y, w)$$

in

$$d(z, w) \leqq d(z, x) + d(x, w)$$

liefert

$$d(z, w) - d(x, y) \leqq d(x, z) + d(y, w) \ . \tag{3.5}$$

Die beiden Gleichungen (3.4) und (3.5) liefern die Behauptung. $\square$

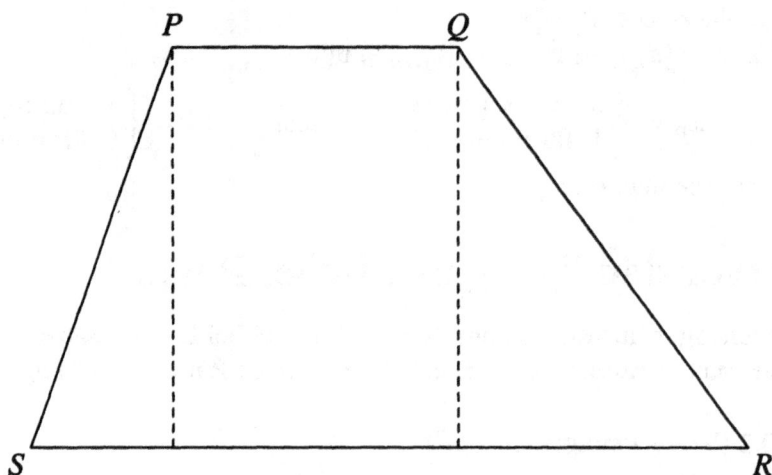

Abbildung 3.2: Zum Begriff „Vierecksungleichung"

Die Abstandsdifferenz der beiden Parallelen des Trapezes in Abbildung 3.2 ist offenbar gleich der Summe der beiden Projektionen von SP und QR auf SR und wegen der Dreiecksungleichung also höchstens gleich der Summe der Abstände $\overline{SP}$ und $\overline{QR}$. Der Begriff „Vierecksungleichung" ist dadurch gerechtfertigt, daß eine ähnliche Betrachtung in einem allgemeinen Viereck durchgeführt werden kann.

Die Vierecksungleichung wird im folgenden wirklich erstaunlich gute Dienste leisten.

Satz 3.1 (Stetigkeit der Metrik)

(M, d) sei ein metrischer Raum, $(x_n)_{n\in\mathsf{N}}$ und $(y_n)_{n\in\mathsf{N}}$ seien konvergente Folgen in (M, d) und $\underset{n\to\infty}{d\text{-lim}}\, x_n = x$ und $\underset{n\to\infty}{d\text{-lim}}\, y_n = y$. Dann konvergiert die Folge $(d(x_n, y_n))_{n\in\mathsf{N}}$ der Abstände, und es gilt

$$\lim_{n\to\infty} d(x_n, y_n) = d(x, y) \ .$$

Beweis: $(d(x_n, x))_{n\in\mathsf{N}}$ und $(d(y_n, y))_{n\in\mathsf{N}}$ sind nach Voraussetzung *Nullfolgen*. Nach der Vierecksungleichung gilt

$$|d(x_n, y_n) - d(x, y)| \leqq d(x_n, x) + d(y_n, y)$$

für alle $n \in \mathsf{N}$. Beides zusammen liefert die Behauptung. $\qquad\square$

Bemerkung 3.7

Wir halten fest (Voraussetzung wie im vorausgehenden Satz!)

$$\underset{n\to\infty}{\lim}\overset{\text{T36}}{ d(x_n, y_n) = 0} \quad\Longleftrightarrow\quad \overset{\text{T37}}{\underset{n\to\infty}{d\text{-lim}}\, x_n = \underset{n\to\infty}{d\text{-lim}}\, y_n} \ . \quad \triangle$$

Der vorausgehende Satz läßt eine sehr bemerkenswerte Verallgemeinerung zu.

Satz 3.2 (Konvergenz des Folgenabstands)

(M, d) sei ein metrischer Raum, $(x_n)_{n\in\mathsf{N}}$ und $(y_n)_{n\in\mathsf{N}}$ seien Cauchyfolgen in (M, d). Dann ist die Folge der Abstände $(d(x_n, y_n))_{n\in\mathsf{N}}$ konvergent.

Beweis: Wir zeigen, daß die reelle Zahlenfolge $(d(x_n, y_n))_{n\in\mathsf{N}}$ eine Cauchyfolge ist. Dann wissen wir (wegen der Vollständigkeit von $\mathbb{R}$!), daß sie konvergent ist.

Die Vierecksungleichung liefert

$$|d(x_m, y_m) - d(x_n, y_n)| \leqq d(x_m, x_n) + d(y_m, y_n) \ .$$

Nun sind $(x_n)_{n\in\mathsf{N}}$ und $(y_n)_{n\in\mathsf{N}}$ Cauchyfolgen in (M, d), d.h.: zu beliebig vorgegebenem $\varepsilon > 0$ existieren natürliche Zahlen $n_1, n_2 \in \mathsf{N}$ mit

$$d(x_m, x_n) < \frac{\varepsilon}{2} \qquad \text{für alle } m, n \geqq n_1$$

und

$$d(y_m, y_n) < \frac{\varepsilon}{2} \qquad \text{für alle } m, n \geqq n_2 \ .$$

Mit $n_0 := \max\{n_1, n_2\}$ folgt

$$|d(x_m, y_m) - d(x_n, y_n)| < \varepsilon \qquad \text{für alle } m, n \geqq n_0 .$$

Somit ist $(d(x_n, y_n))_{n \in \mathbb{N}}$ eine Cauchyfolge und als solche konvergent. $\square$

Definition 3.8 (Grenzabstand)

Den Grenzwert des Folgenabstands $\lim\limits_{n \to \infty} d(x_n, y_n)$ nennen wir den *Grenzabstand* der beiden Cauchyfolgen $(x_n)_{n \in \mathbb{N}}$ und $(y_n)_{n \in \mathbb{N}}$. $\triangle$

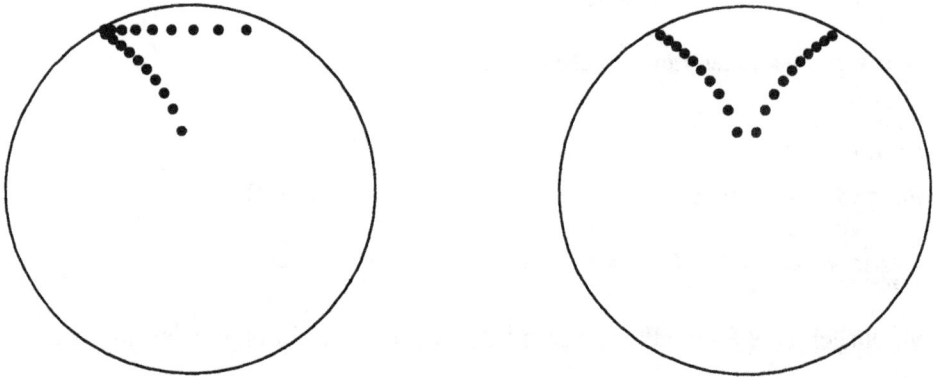

Abbildung 3.3: Grenzabstand null bzw. verschieden von null

In der Antike stellte man sich unsere Erde als Kreisscheibe vor. Nehmen wir diesen Standpunkt für den Moment einmal ein. Die Randpunkte der Kreisscheibe sind für uns nicht zugänglich (z. B. Höllenschlund oder, weniger dramatisch, ein elektrisch geladener Weidezaun), aber wir haben die euklidische Metrik zur Verfügung. In welcher Form würden wir als Analytiker auf die Randpunkte aufmerksam gemacht werden? Wir würden auf Cauchyfolgen stoßen, die in unserer Kreisscheibe *nicht* konvergieren. Wodurch wüßten wir, daß zwei derartige Cauchyfolgen ein Indiz für zwei *verschiedene* Randpunkte darstellen? Durch die Betrachtung ihres Grenzabstandes und die Feststellung, daß dieser *positiv* ist. Wie könnten wir einen Randpunkt, der uns nicht zugänglich ist, mit den Mitteln, die uns zur Verfügung stehen, charakterisieren? Durch eine Klasse von Cauchyfolgen, die in der Kreisscheibe nicht konvergieren und deren Grenzabstände Null sind.

Bemerkung 3.8

Der vorangehende Beweis belegt nachdrücklich die Bedeutung des Cauchyschen Konvergenzkriteriums. Da wir bei der Allgemeinheit der betrachteten Situation den Grenzwert $\lim\limits_{n \to \infty} d(x_n, y_n)$ gar nicht explizit *kennen können*, ist nicht zu sehen, wie man die Konvergenzuntersuchung ähnlich einfach ohne das Cauchykriterium führen könnte. $\triangle$

Damit sind die wesentlichen Hilfsmittel bereitgestellt, um die folgende Konstruktion, die wir nach dem Vorbild der Cantorkonstruktion „$\mathbb{Q} \overset{\text{Cauchyfolgen}}{\longrightarrow} \mathbb{R}$" gestalten, durchzuführen.

Definition 3.9 (Äquivalente Cauchyfolgen)

(M, d) sei ein metrischer Raum, und $(x_n)_{n\in\mathbb{N}}$, $(y_n)_{n\in\mathbb{N}}$ seien Cauchyfolgen in (M, d). Wir setzen

$$(x_n)_{n\in\mathbb{N}} \sim (y_n)_{n\in\mathbb{N}} :\Leftrightarrow (d(x_n, y_n))_{n\in\mathbb{N}} \text{ ist eine Nullfolge}$$

und nennen die Cauchyfolgen $(x_n)_{n\in\mathbb{N}}$ und $(y_n)_{n\in\mathbb{N}}$ in diesem Fall *äquivalent*. Die Menge aller zu $(x_n)_{n\in\mathbb{N}}$ äquivalenten Cauchyfolgen bezeichnen wir wie üblich mit $[(x_n)_{n\in\mathbb{N}}]_\sim$. $\triangle$

Hilfssatz 3.3 (Äquivalenzrelation)

$\sim$ ist eine Äquivalenzrelation auf der Menge der Cauchyfolgen von (M, d).

Beweis: Reflexivität und Symmetrie liegen auf der Hand. Die Transitivität folgt sofort aus der Dreiecksungleichung: $d(x_n, z_n) \leqq d(x_n, y_n) + d(y_n, z_n)$. $\qquad\square$

Definition 3.10 (Vervollständigung eines metrischen Raums)

(M, d) sei ein metrischer Raum. Wir setzen

$$\widetilde{M} := M_{/\sim} = \{[(x_n)_{n\in\mathbb{N}}]_\sim \mid (x_n)_{n\in\mathbb{N}} \text{ ist Cauchyfolge in } (M, d)\} . \qquad \triangle$$

Bemerkung 3.9

Seien $(x_n)_{n\in\mathbb{N}}$ und $(y_n)_{n\in\mathbb{N}}$ konvergent in (M, d). Dann gilt

$$(x_n)_{n\in\mathbb{N}} \sim (y_n)_{n\in\mathbb{N}} \Leftrightarrow d\text{-}\lim_{n\to\infty} x_n = d\text{-}\lim_{n\to\infty} y_n \quad \triangle .$$

Definition 3.11 (Einbettung der Klasse der konvergenten Folgen)

Wir setzen

$$\widetilde{M_0} := \{[(x_n)_{n\in\mathbb{N}}]_\sim \mid (x_n)_{n\in\mathbb{N}} \text{ ist konvergent in } (M, d)\}$$

und merken an: Ist $(x_n)_{n\in\mathbb{N}}$ konvergent in (M, d), $d\text{-}\lim\limits_{n\to\infty} x_n = x$, $d\text{-}\lim\limits_{n\to\infty} x_n^\star = x^\star$ mit $x^\star = x$. Dann ist $[(x_n)_{n\in\mathbb{N}}]_\sim = [(x_n^\star)_{n\in\mathbb{N}}]_\sim$. Kurz: Konvergieren zwei Folgen gegen denselben Grenzwert, dann repräsentieren sie dieselbe Äquivalenzklasse.

Insbesondere ist jede *konstante Folge* $(x_n)_{n\in\mathbb{N}}$ mit $x_n = x$ für alle $n \in \mathbb{N}$ konvergent. Sie ist ein besonders geeigneter Repräsentant der gegen diesen Grenzwert konvergierenden Äquivalenzklasse, und wir schreiben

$$\widetilde{x} := [(x)_{n\in\mathbb{N}}]_\sim \quad \triangle \,.$$

Wir werden zeigen, daß $\widetilde{M}$ auf geeignete Weise zu einem metrischen Raum gemacht werden kann, der eine isomorphe Kopie von M, nämlich $\widetilde{M_0}$, enthält.

Im ersten Schritt wollen wir $\widetilde{M}$ eine metrische Struktur aufprägen, die in natürlicher Weise von der metrischen Struktur (M, d) induziert wird. Dazu zeigen wir zunächst den folgenden

Hilfssatz 3.4

$(x_n)_{n\in\mathbb{N}} \sim (x_n')_{n\in\mathbb{N}}$ und $(y_n)_{n\in\mathbb{N}} \sim (y_n')_{n\in\mathbb{N}} \Rightarrow \lim\limits_{n\to\infty} d(x_n, y_n) = \lim\limits_{n\to\infty} d(x_n', y_n')$.

Beweis: Daß die zwei Grenzwerte existieren, wissen wir bereits aus Satz 3.2. Weiter gilt

$$|d(x_n, y_n) - d(x_n', y_n')| \leqq d(x_n, x_n') + d(y_n, y_n') \,.$$

Nach Voraussetzung sind $(d(x_n, x_n'))_{n\in\mathbb{N}}$ und $(d(y_n, y_n'))_{n\in\mathbb{N}}$ zwei Nullfolgen, und dies beweist die Behauptung.   □

Der vorgehende Hilfssatz rechtfertigt die folgende Definition mithilfe des Grenzabstands zur Erzeugung einer Metrik in $\widetilde{M}$.

Definition 3.12 (Metrik in $\widetilde{M}$)

Sei $x = [(x_n)_{n\in\mathbb{N}}]_\sim$, $y = [(y_n)_{n\in\mathbb{N}}]_\sim$. Wir definieren die Abbildung $\widetilde{d} : \widetilde{M} \times \widetilde{M} \to \mathbb{R}$ durch $(x, y) \mapsto \widetilde{d}(x, y) = \lim\limits_{n\to\infty} d(x_n, y_n)$. $\triangle$

Hilfssatz 3.5 (Metrik in $\widetilde{M}$)

$\widetilde{d}$ ist eine Metrik.

Beweis: Der Beweis wird – nach den ausführlichen Vorbereitungen – als Aufgabe 3.6 gestellt.   □

Abschließend wollen wir die folgenden vier Dinge zeigen:

(1) $(\widetilde{M}_0, \tilde{d})$ ist eine metrisch isomorphe Kopie des Ausgangsraums (M, d).

(2) $\widetilde{M}_0$ liegt dicht in $(\widetilde{M}, \tilde{d})$.

(3) $(\widetilde{M}, \tilde{d})$ ist ein vollständiger metrischer Raum.

(4) Ist $(\widetilde{M}^\star, \tilde{d}^\star)$ ein vollständiger metrischer Raum mit folgenden Eigenschaften:

    (a) $(M^\star, d^\star)$ enthält eine metrisch isomorphe Kopie $(M_0, d^\star)$ von (M, d);

    (b) M_0 liegt dicht in $(M^\star, d^\star)$;

    dann sind $(M^\star, d^\star)$ und $(\widetilde{M}, \tilde{d})$ metrisch isomorph.

Die Eigenschaften (1)-(4) zeigen, daß es sich bei dem metrischen Raum $(\widetilde{M}, \tilde{d})$ um die *Vervollständigung* des metrischen Raums (M, d) handelt.

Der Nachweis der Eigenschaft (1) liegt auf Grund der bisherigen Ausführungen auf der Hand. Hierzu betrachtet man die Abbildung $x \mapsto \tilde{x} = [(x)_{n \in \mathbb{N}}]_\sim$, s. Aufgabe 3.7.

Demgemäß können wir also die Menge $\widetilde{M}_0$ mit M identifizieren und es gilt der

Satz 3.3 (Die konvergenten Folgen reproduzieren (M, d))

$(\widetilde{M}_0, \tilde{d})$ ist eine metrisch isomorphe Kopie des Ausgangsraums (M, d).   □

Demgemäß können wir also die Menge $\widetilde{M}_0$ mit M identifizieren.

Wir kommen nun zu Eigenschaft (2).

Satz 3.4 (Dichtheit von M in $\widetilde{M}$)

$\widetilde{M}_0$ liegt dicht in $(\widetilde{M}, \tilde{d})$.

Beweis: Sei $x = [(x_n)_{n \in \mathbb{N}}]_\sim$ ein beliebiges Element von $\widetilde{M}$. Zu jedem $n \in \mathbb{N}$ betrachten wir die konstante Folge $(y_k^n)_{k \in \mathbb{N}}$ mit $y_k^n = x_n$ für alle $k \in \mathbb{N}$. Dann liegt $\tilde{x}_n = [(y_k^n)_{k \in \mathbb{N}}]_\sim$ für jedes $n \in \mathbb{N}$ in $\widetilde{M}_0$, und es gilt:

$$\tilde{d}(x, \tilde{x}_n) = \lim_{k \to \infty} d(x_k, y_k^n) = \lim_{k \to \infty} d(x_k, x_n) .$$

Wir zeigen jetzt, daß

$$\lim_{n \to \infty} \tilde{d}(x, \tilde{x}_n) = 0 .$$

Nach Voraussetzung ist $(x_j)_{j \in \mathbb{N}}$ eine Cauchyfolge in (M, d). Zu vorgegebenem $\varepsilon > 0$ existiert also eine natürliche Zahl j_0 mit $d(x_p, x_q) < \frac{\varepsilon}{2}$ für alle $p, q \geqq j_0$. Für $k, n \geqq j_0$ gilt somit

$$d(x_k, x_n) < \frac{\varepsilon}{2} ,$$

also

$$\lim_{k \to \infty} d(x_k, x_n) \leqq \frac{\varepsilon}{2} < \varepsilon \quad \text{für alle } n \geqq j_0 \ ,$$

und das heißt – da ja $0 \leqq \lim\limits_{k \to \infty} d(x_k, x_n)$ für alle $n \in \mathbb{N}$ –, daß $(\lim\limits_{k \to \infty} d(x_k, x_n))_{n \in \mathbb{N}}$ eine Nullfolge ist, also

$$\widetilde{d}\text{-}\lim_{n \to \infty} \widetilde{x}_n = x \quad \text{und} \quad \widetilde{x}_n \in \widetilde{M}_0 \text{ für alle } n \in \mathbb{N} \ .$$

Also wird x in der Tat durch eine Folge $\widetilde{x}_n \in \widetilde{M}_0$ approximiert, m. a. W., $\widetilde{M}_0$ liegt dicht in $(\widetilde{M}, \widetilde{d})$. $\qquad\qquad\qquad\qquad\qquad\qquad\qquad\qquad\qquad\qquad\qquad\qquad\qquad\qquad$ □

Als nächstes beweisen wir die Eigenschaft (3).

Satz 3.5 (Vollständigkeit von $\widetilde{M}$)

$(\widetilde{M}, \widetilde{d})$ ist ein vollständiger metrischer Raum.

Beweis: Sei also $(y_n)_{n \in \mathbb{N}}$ eine Cauchyfolge in $(\widetilde{M}, \widetilde{d})$. Nach Konstruktion von $\widetilde{M}$ gibt es zu jedem $n \in \mathbb{N}$ eine Cauchyfolge $(z_k^n)_{k \in \mathbb{N}}$ in (M, d) mit $y_n = [(z_k^n)_{k \in \mathbb{N}}]_\sim$. Nach Definition der Metrik $\widetilde{d}$ gilt für alle $n, m \in \mathbb{N}$

$$\widetilde{d}(y_n, y_m) = \lim_{k \to \infty} d(z_k^n, z_k^m) \ . \tag{3.6}$$

Zweimalige Anwendung der Dreiecksungleichung führt auf

$$d(z_l^n, z_p^m) \leqq d(z_l^n, z_k^n) + d(z_k^n, z_k^m) + d(z_k^m, z_p^m) \ . \tag{3.7}$$

Für $k \to \infty$ folgt daraus

$$d(z_l^n, z_p^m) \leqq \widetilde{d}(\widetilde{z}_l^n, y_n) + \widetilde{d}(y_n, y_m) + \widetilde{d}(y_m, \widetilde{z}_p^m) \ .$$

Da $y_n = [(z_k^n)_{k \in \mathbb{N}}]_\sim$, gilt nach dem vorangehenden Satz $\lim\limits_{l \to \infty} \widetilde{d}(\widetilde{z}_l^n, y_n) = 0$ bzw. $\lim\limits_{p \to \infty} \widetilde{d}(y_m, \widetilde{z}_p^m) = 0$; also gibt es ein $l_0 =: j(n)$ und ein $p_0 =: j(m)$ mit $\widetilde{d}(\widetilde{z}_{j(n)}^n, y_n) < \frac{1}{n}$ und $\widetilde{d}(\widetilde{z}_{j(m)}^m, y_m) < \frac{1}{m}$ und damit nach (3.7)

$$d(z_{j(n)}^n, z_{j(m)}^m) \leqq \frac{1}{n} + \widetilde{d}(y_n, y_m) + \frac{1}{m} \ .$$

Da $(y_n)_{n \in \mathbb{N}}$ eine Cauchyfolge in $(\widetilde{M}, \widetilde{d})$ ist, ist also $(w_n)_{n \in \mathbb{N}} := (z_{j(n)}^n)_{n \in \mathbb{N}}$ eine Cauchyfolge in (M, d).

Hieraus folgt, daß $w := [(w_n)_{n \in \mathbb{N}}]_\sim$ ein Element aus $\widetilde{M}$ ist. Wir zeigen abschließend, daß

$$\widetilde{d}\text{-}\lim_{n \to \infty} y_n = w \,,$$

d. h., wir müssen noch nachweisen, daß $(\widetilde{d}(y_n, w))_{n \in \mathbb{N}}$ eine Nullfolge ist. Es ist

$$\widetilde{d}(y_n, w) = \lim_{k \to \infty} d(z_k^n, w_k)$$

und

$$d(z_k^n, w_k) \leqq d(z_k^n, w_n) + d(w_n, w_k) \,.$$

Wegen $w_n = z_{j(n)}^n$ ist weiter

$$d(z_k^n, w_n) = d(z_k^n, z_{j(n)}^n) < \frac{1}{n} \qquad \text{für alle } k \geqq j(n) \,.$$

Sei nun $\varepsilon > 0$ beliebig vorgegeben. Dann gibt es ein $n_1(\varepsilon)$ mit

$$d(w_n, w_k) < \frac{\varepsilon}{2} \qquad \text{für alle } n, k \geqq n_1 \,.$$

Also gilt für $n \geqq n_1$ und $k \geqq \max\{n_1, j(n_1)\}$

$$d(z_k^n, w_k) < \frac{1}{n} + \frac{\varepsilon}{2}$$

und folglich

$$\lim_{k \to \infty} d(z_k^n, w_k) \leqq \frac{1}{n} + \frac{\varepsilon}{2} \qquad \text{für alle } n \geqq n_1 \,.$$

Hieraus folgt schließlich

$$\widetilde{d}(y_n, w) \leqq \frac{1}{n} + \frac{\varepsilon}{2} \qquad \text{für alle } n \geqq n_1(\varepsilon) \,.$$

Also gilt für alle $n \geqq n_0(\varepsilon) = \max\{n_1(\varepsilon), \frac{2}{\varepsilon}\}$

$$\widetilde{d}(y_n, w) \leqq \varepsilon \,,$$

was zu beweisen war. $\qquad \square$

Bemerkung 3.10 (Minimale Vervollständigung)

Die Tatsache, daß der *vollständige* metrische Raum $(\widetilde{M}, \widetilde{d})$ eine metrisch isomorphe Kopie $(\widetilde{M}_0, \widetilde{d})$ des Ausgangsraums (M, d) enthält, die dicht in $(\widetilde{M}, \widetilde{d})$ liegt, ist ein Beleg dafür, daß wir die Vervollständigung nicht überflüssig „umfangreich" gestaltet haben. Der präzise Sinn dieser Bemerkung wird durch die Eigenschaft (4) gegeben, welche wir nun beweisen wollen. Wir begnügen uns mit einer Beweisskizze, da der Beweisgang sehr viel Ähnlichkeit hat mit dem Nachweis, daß zwei vollständig angeordnete Körper ordnungstreu isomorph zueinander sind, vgl. Satz 1.54. $\triangle$

Satz 3.6 (Minimale Vervollständigung)

Ist $(M^\star, d^\star)$ ein vollständiger metrischer Raum mit folgenden Eigenschaften:

(a) $(M^\star, d^\star)$ enthält eine metrisch isomorphe Kopie $(M_0, d^\star)$ von (M, d);

(b) M_0 liegt dicht in $(M^\star, d^\star)$;

dann sind $(M^\star, d^\star)$ und $(\widetilde{M}, \widetilde{d})$ metrisch isomorph.

Beweis: Die Abbildung $f : (M, d) \to (\widetilde{M}_0, \widetilde{d})$ mit $x \mapsto f(x) = \widetilde{x}$ ist gemäß Satz 3.3 eine Isometrie. Nach (a) existiert eine weitere Isometrie $h : (M_0, d^\star) \to (M, d)$.

Die vorliegende Situation wird also durch folgendes Diagramm dargestellt:

$$
\begin{array}{ccc}
(M_0, d^\star) & \xrightarrow{f \,\circ\, h} & (\widetilde{M}_0, \widetilde{d}) \\
\text{dicht} \;\subset & & \subset \\
(M^\star, d^\star) & \xrightarrow{\;g\;} & (\widetilde{M}, \widetilde{d})
\end{array} \; .
$$

Hierbei stehen die Pfeile nach rechts jeweils für Isometrien.

Um das Arbeiten mit Äquivalenzklassen von Cauchyfolgen weitestgehend zu vermeiden, identifizieren wir lieber $(\widetilde{M}_0, \widetilde{d})$ via f mit (M, d) gemäß Satz 3.3. Wir haben dann das äquivalente Diagramm

$$
\begin{array}{ccc}
(M_0, d^\star) & \xrightarrow{\;h\;} & (M, d) \\
\text{dicht} \;\subset & & \hookrightarrow \\
(M^\star, d^\star) & \xrightarrow{\;g\;} & (\widetilde{M}, \widetilde{d})
\end{array} \; .
$$

Hierbei steht das Symbol $\hookrightarrow$ für die *Einbettung* von (M, d) in den vervollständigten Raum $(\widetilde{M}, \widetilde{d})$ (sprich: *eingebettete Teilmenge*).

Wir müssen nun die Abbildung $g : (M^\star, d^\star) \to (\widetilde{M}, \widetilde{d})$ konstruieren und nachweisen, daß es sich um eine Isometrie handelt. Man sagt, daß man die auf der dichten Teilmenge $(M_0, d^\star)$ gegebene Isometrie h bzw. $f \circ h$ nach $(M^\star, d^\star)$ *liftet*.

Für ein beliebiges $x^\star \in M^\star$ wollen wir nun $g(x^\star)$ erklären. Zu $x^\star \in M^\star$ existiert eine Folge $(x_n^\star)_{n\in\mathbb{N}}$ mit $x_n^\star \in M_0$ für alle $n \in \mathbb{N}$ und $d^\star\text{-}\lim\limits_{n\to\infty} x_n^\star = x^\star$.

In (M, d) betrachten wir die Bildfolge $(x_n)_{n\in\mathbb{N}}$ mit $x_n = h(x_n^\star)$. Dann gilt

$$d^\star(x_n^\star, x_m^\star) = d(h(x_n^\star), h(x_m^\star)) = d(x_n, x_m) = \tilde{d}(\tilde{x}_n, \tilde{x}_m) \; . \tag{3.8}$$

Ist die Folge $(x_n^\star)_{n\in\mathbb{N}}$ konvergent in $(M^\star, d^\star)$, so ist sie eine Cauchyfolge in $(M_0, d^\star)$, und nach (3.8) ist die Bildfolge $(x_n)_{n\in\mathbb{N}}$ dann eine Cauchyfolge in (M, d) bzw. $(\tilde{x}_n)_{n\in\mathbb{N}}$ eine Cauchyfolge in $(\widetilde{M_0}, \tilde{d})$.

Hieraus folgt aber, daß $(\tilde{x}_n)_{n\in\mathbb{N}}$ in $(\widetilde{M}, \tilde{d})$ konvergiert, und zwar sei

$$x := \tilde{d}\text{-}\lim_{n\to\infty} \tilde{x}_n \; .$$

Wir definieren nun die Funktion g durch die Festsetzung

$$g(x^\star) := x \; .$$

Wir müssen nun zeigen,

1. daß diese Festsetzung unabhängig ist von der Wahl der approximierenden Folge $(x_n^\star)_{n\in\mathbb{N}}$ (m. a. W.: g ist *wohldefiniert*)

2. daß g bijektiv ist

3. und daß g den Abstand *invariant* läßt.

Ist nun $(y_n^\star)_{n\in\mathbb{N}}$ mit $y_n^\star \in M_0$ eine weitere Folge mit $d^\star\text{-}\lim\limits_{n\to\infty} y_n^\star = x^\star$. Dann ist – wegen der Stetigkeit von $d^\star$ – $(d^\star(x_n^\star, y_n^\star))_{n\in\mathbb{N}}$ eine Nullfolge. Wir setzen $y_n = h(y_n^\star)$. Dann ist $d^\star(x_n^\star, y_n^\star) = d(x_n, y_n) = \tilde{d}(\tilde{x}_n, \tilde{y}_n)$, also ist auch $(d(x_n, y_n))_{n\in\mathbb{N}}$ bzw. $(\tilde{d}(\tilde{x}_n, \tilde{y}_n))_{n\in\mathbb{N}}$ eine Nullfolge. Folglich ist $\tilde{d}\text{-}\lim\limits_{n\to\infty} \tilde{y}_n = \tilde{d}\text{-}\lim\limits_{n\to\infty} \tilde{x}_n = x$. Also ist g wohldefiniert.

Die Injektivität und Surjektivität von g überlegt man sich wie in dem Beweis zu Satz 1.54.

Zum Abschluß zeigen wir die Invarianz des Abstands. Seien $x^\star, y^\star \in M^\star$, $(x_n^\star)_{n\in\mathbb{N}}, (y_n^\star)_{n\in\mathbb{N}}$ Folgen in M_0 mit $d^\star\text{-}\lim\limits_{n\to\infty} x_n^\star = x^\star$ und $d^\star\text{-}\lim\limits_{n\to\infty} y_n^\star = y^\star$. Ferner seien $x_n = h(x_n^\star)$ und $y_n = h(y_n^\star)$. Dann ist

$$\tilde{d}(\tilde{x}_n, \tilde{y}_n) = d(x_n, y_n) = d(h(x_n^\star), h(y_n^\star)) = d^\star(x_n^\star, y_n^\star)$$

und folglich

$$d^\star(x^\star, y^\star) = \lim_{n\to\infty} d^\star(x_n^\star, y_n^\star) = \lim_{n\to\infty} \tilde{d}(\tilde{x}_n, \tilde{y}_n) \; .$$

Schreiben wir $g(x^\star) = x$ und $g(y^\star) = y$, dann erhalten wir

$$\tilde{d}(x, y) = \lim_{n\to\infty} \tilde{d}(\tilde{x}_n, \tilde{y}_n) = d^\star(x^\star, y^\star) \; .$$

Somit ist $g : (M^\star, d^\star) \to (\widetilde{M}, \widetilde{d})$ in der Tat eine Isometrie.   □

Aufgaben

3.6 Beweisen Sie Hilfssatz 3.5.

3.7 Zeigen Sie: $(\widetilde{M}_0, \widetilde{d})$ ist eine metrisch isomorphe Kopie des Ausgangsraums (M, d).

3.8 Es sei (X, d) ein metrischer Raum und $a \in \mathbb{R}$ mit $a > 0$. Wir setzen wieder wie in Aufgabe 3.4 für $x, y \in X$

$$d_a(x, y) := \frac{d(x, y)}{1 + a \cdot d(x, y)} \, .$$

Zeigen Sie: (X, d) ist genau dann vollständig, wenn (X, d_a) vollständig ist.

3.9 Wir betrachten den euklidischen Raum $(\mathbb{R}^n, d)$, wobei d die euklidische Metrik ist. Zeigen Sie: $\mathbb{R}^n$ ist vollständig. *Hinweis*: Man verifiziere zunächst

$$|x_j - y_j| \leqq d(\boldsymbol{x}, \boldsymbol{y}) \leqq \sum_{k=1}^{n} |x_k - y_k| \qquad (j = 1, \dots, n) \, .$$

3.10 (Vollständigkeit ist kein topologischer Begriff) Betrachtet wird $(\mathbb{R}, d)$ und (I, d), wobei I das offene Intervall $I = \,]-1, 1[$ sei. Sei weiter die Abbildung $f : \mathbb{R} \to I$ mit $x \mapsto \frac{x}{1+|x|}$ gegeben. Zeigen Sie:

(a) f ist bijektiv. *Hinweis*: $|f(x)| = \frac{|x|}{1+|x|}$; nun bestimme man die Umkehrfunktion $g = f^{-1} : I \to \mathbb{R}$ von f.

(b) f ist stetig auf $\mathbb{R}$ und g ist stetig auf I.

(c) $|f(x_2) - f(x_1)| \leqq 2 \cdot |x_2 - x_1|$. *Hinweis*: Behutsame Abschätzung mit Benutzung einer „geschickten Null".

(d)   Sei $y_1 = 1 - \frac{1}{n}$ und $y_2 = 1 - \frac{1}{2n}$, $n \in \mathbb{N}$. Dann gilt:
$$|g(y_2) - g(y_1)| \geqq n \, .$$
Hinweis: $|g(y_2) - g(y_1)| \geqq \big||g(y_2)| - |g(y_1)|\big|$.

Anmerkung: Da sowohl f als auch f^{-1} stetig sind, heißt f *Homöomorphismus*.[1] Aber der metrische Raum $(\mathbb{R}, d)$ ist *vollständig* und der metrische Raum (I, d) ist es *nicht* (Beweis!).

Wer mit dem Begriff *gleichmäßige Stetigkeit* schon vertraut ist, erkennt aus (c) und (d): f ist gleichmäßig stetig auf $\mathbb{R}$, aber g ist *nicht* gleichmäßig stetig auf I.

---

[1] Das ist sozusagen ein topologischer Isomorphismus!

4 Dezimaldarstellung reeller Zahlen

4.1 Konstruktion der Dezimaldarstellung

Jeder kennt die Dezimaldarstellung reeller Zahlen. In diesem Abschnitt zeigen wir,
wie diese aus den Eigenschaften des vollständigen Körpers $\mathbb{R}$ konstruiert werden kann.
Dies geschieht rekursiv durch sukzessive Konstruktion der einzelnen Dezimalziffern.

Wir gehen davon aus, daß die Dezimaldarstellung einer *natürlichen Zahl* bekannt ist,[1]
welche z. B. ausführlich in [25] behandelt wird, und konzentrieren uns auf den nicht
ganzzahligen Anteil.

Es sei nun $x \in \mathbb{R}$ beliebig. Zunächst konstruieren wir den *ganzzahligen Anteil* von x.
Wir betrachten $M_0 := \{n \in \mathbb{Z} \mid n \leqq x\}$. Sicher existiert $m = \max M_0$, und es gilt

$$m \leqq x < m + 1 \,.$$

Die Zahl m nennen wir den ganzzahligen Anteil von x.

Sei in der Folge

$$Z_{10} := \{0, 1, 2, 3, 4, 5, 6, 7, 8, 9\}$$

die Menge der Ziffern des *Dezimalsystems*.

Wir erklären als nächstes

$$M_1 := \left\{ j \in Z_{10} \,\Big|\, m + \frac{j}{10} \leqq x \right\} \,.$$

Es ist zunächst $M_1 \neq \emptyset$, denn $0 \in M_1$, also existiert $j_1 := \max M_1$. Dann gilt die
Ungleichungskette

$$m + \frac{j_1}{10} \leqq x < m + \frac{j_1 + 1}{10} \,. \tag{4.1}$$

Die linke Ungleichung ist klar, da $j_1 \in M_1$. Ist nun $j_1 = 9$, so ist $\frac{j_1+1}{10} = 1$ und somit
$x < m + \frac{j_1+1}{10}$; ist hingegen $j_1 < 9$, so ist $j_1 + 1 \leqq 9$, also $j_1 + 1 \in Z_{10}$, aber

---

[1] Wir machen hiervon allerdings *keinen* Gebrauch.

$j_1 + 1 > j_1 = \max M_1$, also $j_1 + 1 \notin M_1$. Also ist tatsächlich $x < m + \frac{j_1+1}{10}$. Die Ziffer j_1 nennen wir die *erste Dezimalziffer* von x.

Wir erklären als nächstes

$$M_2 := \left\{ j \in Z_{10} \ \middle| \ m + \frac{j_1}{10} + \frac{j}{10^2} \leqq x \right\} .$$

Da $M_2 \neq \emptyset$, existiert $j_2 := \max M_2$, und es gilt die Ungleichungskette

$$m + \frac{j_1}{10} + \frac{j_2}{10^2} \leqq x < m + \frac{j_1}{10} + \frac{j_2+1}{10^2} .$$

Die linke Ungleichung ist wieder klar. Ist nun $j_2 = 9$, so ist $\frac{j_2+1}{10^2} = \frac{1}{10}$, und es ist $x < m + \frac{j_1}{10} + \frac{j_2+1}{10^2}$; ist hingegen $j_2 < 9$, so ist $j_2 + 1 \leqq 9$, also $j_2 + 1 \in Z_{10}$, aber $j_2 + 1 > j_2 = \max M_2$, also $j_2 + 1 \notin M_2$. Also ist tatsächlich $x < m + \frac{j_1}{10} + \frac{j_2+1}{10^2}$. Die Ziffer j_2 ist die zweite Dezimalziffer von x.

Seien jetzt die Dezimalziffern $j_1, j_2, \ldots, j_k \in Z_{10}$ bereits bestimmt mit

$$m + \sum_{r=1}^{p} \frac{j_r}{10^r} \leqq x < m + \sum_{r=1}^{p} \frac{j_r}{10^r} + \frac{1}{10^p} \qquad (p = 1, 2, \ldots, k) .$$

Dann betrachten wir

$$M_{k+1} = \left\{ j \in Z_{10} \ \middle| \ m + \sum_{r=1}^{k} \frac{j_r}{10^r} + \frac{j}{10^{k+1}} \leqq x \right\} .$$

Da $M_{k+1} \neq \emptyset$, existiert $j_{k+1} := \max M_{k+1}$, und es gilt die Ungleichungskette

$$m + \sum_{r=1}^{k+1} \frac{j_r}{10^r} \leqq x < m + \sum_{r=1}^{k+1} \frac{j_r}{10^r} + \frac{1}{10^{k+1}} . \tag{4.2}$$

Die linke Ungleichung ist definitionsgemäß klar. Ist nun $j_{k+1} = 9$, so ist $\frac{j_{k+1}+1}{10^{k+1}} = \frac{1}{10^k}$, und es ist $x < m + \sum_{r=1}^{k+1} \frac{j_r}{10^r} + \frac{1}{10^{k+1}}$; ist hingegen $j_{k+1} < 9$, so ist $j_{k+1} + 1 \leqq 9$, also $j_{k+1} + 1 \in Z_{10}$, aber $j_{k+1} + 1 > j_{k+1} = \max M_{k+1}$, also $j_{k+1} + 1 \notin M_{k+1}$. Also ist tatsächlich $x < m + \sum_{r=1}^{k+1} \frac{j_r}{10^r} + \frac{1}{10^{k+1}}$.

Damit haben wir rekursiv die Folge $(j_r)_{r \in \mathbb{N}}$ der *Dezimalziffern* von x definiert. Diese hat die folgenden Eigenschaften:

(1) $j_r \in Z_{10}$ für alle $r \in \mathbb{N}$ und

(2) $m + \sum_{r=1}^{k} \frac{j_r}{10^r} \leqq x < m + \sum_{r=1}^{k} \frac{j_r}{10^r} + \frac{1}{10^k}$ für alle $k \in \mathbb{N}$.

Wir halten außerdem fest, daß die so konstruierte Folge von Dezimalziffern *eindeutig* festgelegt ist.

Wir zeigen schließlich, daß

$$x = m + \sum_{r=1}^{\infty} \frac{j_r}{10^r} \, . \tag{4.3}$$

Es ist

$$0 \leqq \sum_{r=1}^{k} \frac{j_r}{10^r} \leqq 9 \cdot \sum_{r=1}^{k} \frac{1}{10^r} < 9 \cdot \sum_{r=1}^{\infty} \frac{1}{10^r} = \frac{9}{10} \sum_{r=0}^{\infty} \frac{1}{10^r} = \frac{9}{10} \cdot \frac{1}{1 - \frac{1}{10}} = 1 \, ,$$

wobei wir wieder die Summenformel der geometrischen Reihe verwendet haben:

$$\sum_{r=0}^{\infty} q^r = \frac{1}{1 - q} \qquad (|q| < 1) \, .$$

Daraus folgt, daß die Näherungsfolge $(x_k)_{k \in \mathbb{N}}$ mit

$$x_k = m + \sum_{r=1}^{k} \frac{j_r}{10^r}$$

monoton wachsend und durch $m + 1$ beschränkt ist. Folglich ist sie konvergent, und es existiert

$$m + \sum_{r=1}^{\infty} \frac{j_r}{10^r} := m + \lim_{k \to \infty} \sum_{r=1}^{k} \frac{j_r}{10^r} \leqq m + 1 \, .$$

Da $(\frac{1}{10^k})_{k \in \mathbb{N}}$ eine Nullfolge ist, folgt aus Eigenschaft (2) unmittelbar (4.3). Wir nennen (4.3) die *Dezimaldarstellung* der reellen Zahl x und schreiben kurz[1]

$$x = m{,}j_1 j_2 j_3 j_4 j_5 \cdots .$$

---

[1] Im englischsprachigen Raum wird statt des *Dezimalkommas* der *Dezimalpunkt* verwendet. Daher ist dies auch die übliche Notation bei Taschenrechnern.
Man beachte ferner, daß sich die hier verwendete Bezeichnungsweise für negative Zahlen von der sonst gebräuchlichen Notation unterscheidet, bei welcher vor dem Komma nicht der ganzzahlige Anteil steht. Die Zahl $-3{,}7$ lautet in unserer Notation $-4(+)0{,}3$.
Dies bedeutet nicht, daß wir die übliche Notation ablösen wollen, aber im Zusammenhang mit dem angegebenen Algorithmus ist die hier verwendete Bezeichnungsweise günstiger.

Bemerkung 4.1

Wir weisen auf den Zusammenhang zwischen der angegebenen Konstruktion der Dezimaldarstellung und einer Intervallschachtelung durch fortgesetztes Zehnteln hin. Ferner ist die konstruierte Näherungsfolge $(x_k)_{k\in\mathbb{N}}$ eine Realisierung einer rationalen Approximation der (beliebig gegebenen) reellen Zahl x. $\triangle$

Wir fassen unser bisheriges Ergebnis zusammen in

Satz 4.1 (Dezimaldarstellung reeller Zahlen)

Der oben beschriebene Algorithmus erzeugt zu jeder reellen Zahl $x \in \mathbb{R}$ auf eindeutige Weise die Dezimaldarstellung

$$x = m{,}j_1j_2j_3j_4j_5\ldots = m + \sum_{r=1}^{\infty} \frac{j_r}{10^r} \qquad (m \in \mathbb{Z}, j_r \in Z_{10})$$

von x. $\square$

In der Folge wollen wir die angegebene Darstellung (4.3) noch etwas genauer untersuchen. Wir behaupten: Die so konstruierte Darstellung für x weist kein *Neunerende* auf! Das heißt präzis: Zu jedem $n \in \mathbb{N}$ existiert ein $r \in \mathbb{N}$ mit $r > n$ und $j_r < 9$.

Wir führen den Beweis indirekt.

Annahme: Es gibt ein $k \in \mathbb{N}$ mit $j_r = 9$ für alle $r > k$.

Dann gilt

$$x = m + \sum_{r=1}^{k} \frac{j_r}{10^r} + 9 \cdot \sum_{r=k+1}^{\infty} \frac{1}{10^r} = m + \sum_{r=1}^{k} \frac{j_r}{10^r} + \frac{9}{10^{k+1}} \cdot \sum_{r=0}^{\infty} \frac{1}{10^r}$$

$$= m + \sum_{r=1}^{k} \frac{j_r}{10^r} + \frac{9}{10^{k+1}} \frac{1}{1 - \frac{1}{10}} = m + \sum_{r=1}^{k} \frac{j_r}{10^r} + \frac{1}{10^k} \cdot$$

Dies steht aber im Widerspruch zu der Eigenschaft (2): $x < m + \sum_{r=1}^{k} \frac{j_r}{10^r} + \frac{1}{10^k}$.

Also ist das Resultat unserer Konstruktion immer eine Dezimaldarstellung ohne Neunerende. Auf der anderen Seite sind Dezimaldarstellung ohne Neunerende *eindeutig bestimmt*. Seien nämlich zwei Dezimaldarstellungen von x gegeben:

$$x = m + \sum_{r=1}^{\infty} \frac{j_r}{10^r} = m^\star + \sum_{r=1}^{\infty} \frac{j_r^\star}{10^r} \cdot$$

Dann haben wir

$$0 \leqq \sum_{r=1}^{\infty} \frac{j_r}{10^r} < 1 \quad \text{und} \quad 0 \leqq \sum_{r=1}^{\infty} \frac{j_r^\star}{10^r} < 1 \ .$$

Da $m, m^\star \in \mathbb{Z}$ liegen, folgt wegen

$$m \leqq x < m+1 \quad \text{und} \quad m^\star \leqq x < m^\star + 1 \ ,$$

daß $m = m^\star$ ist und somit

$$\sum_{r=1}^{\infty} \frac{j_r}{10^r} = \sum_{r=1}^{\infty} \frac{j_r^\star}{10^r} \ .$$

Wir nehmen nun an, es gäbe einen Index $r \in \mathbb{N}$, für welchen $j_r \neq j_r^\star$ ist. Dann gibt es auch eine kleinste Zahl p mit dieser Eigenschaft:

$$p := \min\{r \in \mathbb{N} \mid j_r \neq j_r^\star\} \ .$$

Da $j_r = j_r^\star$ für alle $r < p$ ist, gilt für die Restsumme

$$\sum_{r=p}^{\infty} \frac{j_r}{10^r} = \sum_{r=p}^{\infty} \frac{j_r^\star}{10^r} \ ,$$

also

$$\frac{j_p}{10^p} + \sum_{r=p+1}^{\infty} \frac{j_r}{10^r} = \frac{j_p^\star}{10^p} + \sum_{r=p+1}^{\infty} \frac{j_r^\star}{10^r} \ ,$$

wobei $j_p \neq j_p^\star$. Ohne Beschränkung der Allgemeinheit können wir annehmen, daß $j_p < j_p^\star$ ist (sonst vertauschen wir die beiden Zahlen eben), also z. B. $j_p^\star = h + j_p$ mit $h \in \mathbb{N}$. Dann gilt

$$\sum_{r=p+1}^{\infty} \frac{j_r}{10^r} = \frac{h}{10^p} + \sum_{r=p+1}^{\infty} \frac{j_r^\star}{10^r} \geqq \frac{h}{10^p} \geqq \frac{1}{10^p} \ . \tag{4.4}$$

Da aber die Darstellungen kein Neunerende haben, folgt andererseits

$$\sum_{r=p+1}^{\infty} \frac{j_r}{10^r} < 9 \cdot \sum_{r=p+1}^{\infty} \frac{1}{10^r} = \frac{1}{10^p} \ .$$

Dies steht in offenbarem Widerspruch zu (4.4). Damit ist die behauptete Eindeutigkeit der Dezimaldarstellung ohne Neunerende gezeigt.

Die bewiesene Eindeutigkeit rechtfertigt folgende Bezeichnung.

Definition 4.1 (Standard-Dezimaldarstellung)

Eine Dezimaldarstellung heißt *Standard-Dezimaldarstellung*, wenn sie kein Neunerende hat. $\triangle$

Mit dieser Notation haben wir also die folgende Verschärfung von Satz 4.1.

Satz 4.2 (Standard-Dezimaldarstellung)

Der oben beschriebene Algorithmus erzeugt zu jeder reellen Zahl $x \in \mathbb{R}$ auf eindeutige Weise die Standard-Dezimaldarstellung

$$x = m,j_1 j_2 j_3 j_4 j_5 \ldots = m + \sum_{r=1}^{\infty} \frac{j_r}{10^r} \qquad (m \in \mathbb{Z}, j_r \in Z_{10})$$

von x. $\qquad\qquad\qquad\qquad\qquad\qquad\qquad\qquad\qquad\qquad\qquad\qquad\qquad\qquad$ $\square$

Die Standard-Dezimaldarstellungen der reellen Zahlen sind u. a. sehr gut geeignet, reelle Zahlen der Größe nach zu vergleichen. Etwas salopp formuliert: Die Kleiner-Relation in der Menge $\mathbb{R}$ finden wir bei den Standard-Dezimaldarstellungen als *lexikographische Ordnung* wieder. Das heißt präzise:

Satz 4.3 (Lexikographische Ordnung der Dezimaldarstellungen)

Seien

$$x = m + \sum_{r=1}^{\infty} \frac{j_r}{10^r} \qquad \text{und} \qquad x^\star = m^\star + \sum_{r=1}^{\infty} \frac{j_r^\star}{10^r} \, ,$$

dann gilt mit $U := \{r \in \mathbb{N} \mid j_r \neq j_r^\star\}$ und $p = \min U$:

$$x < x^\star \iff m < m^\star \quad \text{oder} \quad \left(m = m^\star \text{ und } U \neq \emptyset \text{ und } j_p < j_p^\star \right) .$$

Beweis: Wir beweisen zunächst die Folgerung „$\Rightarrow$".

Sei $x < x^\star$. Es gilt

$$m \leqq x < x^\star < m^\star + 1 \, ,$$

also $m < m^\star + 1$. Da $m, m^\star \in \mathbb{Z}$, folgt hieraus $m + 1 \leqq m^\star + 1$ bzw. $m \leqq m^\star$. Also ist entweder $m < m^\star$ oder $m = m^\star$.

Im zweiten Fall gilt

$$\sum_{r=1}^{\infty} \frac{j_r}{10^r} < \sum_{r=1}^{\infty} \frac{j_r^{\star}}{10^r} \; .$$

Daher ist die Menge $U := \{r \in \mathbb{N} \mid j_r \neq j_r^{\star}\} \neq \emptyset$, und es existiert also $p := \min U$. Zusammen gilt

$$j_p \neq j_p^{\star} \quad \text{und} \quad \sum_{r=p}^{\infty} \frac{j_r}{10^r} < \sum_{r=p}^{\infty} \frac{j_r^{\star}}{10^r} \; .$$

Da $j_p \neq j_p^{\star}$ ist, muß entweder $j_p < j_p^{\star}$ oder $j_p > j_p^{\star}$ gelten. Wir nehmen nun an, es gelte $j_p > j_p^{\star}$. Dann folgt für ein $h \in \mathbb{N}$ die Gleichung $j_p = h + j_p^{\star}$. Also bekommen wir

$$\frac{h + j_p^{\star}}{10^p} + \sum_{r=p+1}^{\infty} \frac{j_r}{10^r} = \sum_{r=p}^{\infty} \frac{j_r}{10^r} < \sum_{r=p}^{\infty} \frac{j_r^{\star}}{10^r} = \frac{j_p^{\star}}{10^p} + \sum_{r=p+1}^{\infty} \frac{j_r^{\star}}{10^r}$$

$$< \frac{j_p^{\star}}{10^p} + \sum_{r=p+1}^{\infty} \frac{9}{10^r} = \frac{j_p^{\star}}{10^p} + \frac{1}{10^p} \, ,$$

und wegen $h \geqq 1$

$$\frac{1}{10^p} \leqq \frac{h}{10^p} < \frac{1}{10^p} \; .$$

Dies ist ein Widerspruch, also war unsere Annahme $j_p > j_p^{\star}$ falsch, und es gilt folglich $j_p < j_p^{\star}$.

Wir beweisen nun die Folgerung „$\Leftarrow$".

Sei zunächst $m < m^{\star}$ vorausgesetzt. Dann ist $m + 1 \leqq m^{\star}$ und $x < m + 1 \leqq m^{\star} \leqq x^{\star}$, also $x < x^{\star}$.

Sei schließlich $m = m^{\star}$ und $U \neq \emptyset$ mit $p = \min U$ und $j_p < j_p^{\star}$. Wir setzen also $j_p^{\star} = j_p + h$ mit $h \in \mathbb{N}$. Hieraus folgt

$$\sum_{r=p}^{\infty} \frac{j_r}{10^r} = \frac{j_p}{10^p} + \sum_{r=p+1}^{\infty} \frac{j_r}{10^r} < \frac{j_p}{10^p} + \frac{1}{10^p} \leqq \frac{j_p}{10^p} + \frac{h}{10^p}$$

$$= \frac{j_p^{\star}}{10^p} \leqq \frac{j_p^{\star}}{10^p} + \sum_{r=p+1}^{\infty} \frac{j_r^{\star}}{10^r} = \sum_{r=p}^{\infty} \frac{j_r^{\star}}{10^r} \, ,$$

d. h.,

$$x = m + \sum_{r=1}^{p} \frac{j_r}{10^r} + \sum_{r=p+1}^{\infty} \frac{j_r}{10^r} < m + \sum_{r=1}^{p} \frac{j_r}{10^r} + \sum_{r=p+1}^{\infty} \frac{j_r^{\star}}{10^r}$$

$$= m^\star + \sum_{r=1}^{p} \frac{j_r^\star}{10^r} + \sum_{r=p+1}^{\infty} \frac{j_r^\star}{10^r} = x^\star \,.$$

Dies schließt unsere Beweisführung ab.   □

Beispiel 4.1 (Größenvergleich)

Wir geben zum Größenvergleich ein kleines Rechenbeispiel. Es ist nicht unmittelbar ersichtlich, welche der folgenden beiden reellen Zahlen größer ist: $\sqrt{10}$ oder die Kreiszahl π. Zunächst ist lediglich bekannt, daß sowohl $\sqrt{10}$ als auch π zwischen 3 und 4 liegen. Eine genauere Betrachtung zeigt, daß die erste Dezimalstelle beider Zahlen 1 ist. Die zweite Dezimalstelle entscheidet dann das Rennen, welche der beiden Zahlen größer ist. Es ist auf 10 Dezimalstellen genau

$$\pi = 3{,}1415926535... < 3{,}1622776601... = \sqrt{10} \,.$$

Um zu erkennen, daß $\pi < \sqrt{10}$ ist, genügt es aber bereits, die ersten beiden Dezimalstellen nach dem Dezimalkomma zu bestimmen.

Zusammenfassend halten wir fest: Die Dezimaldarstellungen gestalten den Größenvergleich reeller Zahlen besonders einfach. $\triangle$

Satz 4.3 zeigt, wie die Ordnung der reellen Zahlen in der Menge der Dezimaldarstellungen erklärt werden kann. Natürlich können auch die Addition und die Multiplikation in der Menge der Dezimaldarstellungen erklärt werden. Die bijektive Abbildung, die den Körper $\mathbb{R}$ auf die Menge der Dezimaldarstellungen abbildet, wollen wir uns nun noch etwas genauer ansehen. Die folgende Definition formalisiert die Menge der Standard-Dezimaldarstellungen.

Definition 4.2 (Menge der Standard-Dezimaldarstellungen)

Die Abbildung (wir können auch sagen: Folge) $f : \mathbb{N}_0 \to \mathbb{Z}$ habe folgende Eigenschaften:

(a) $f(r) \in Z_{10}$ für $r \in \mathbb{N}$;

(b) zu jedem $n \in \mathbb{N}$ gibt es ein $r \in \mathbb{N}$ mit $r > n$ und $f(r) < 9$.

Mit $\mathcal{R}_{10}$ bezeichnen wir die Gesamtheit dieser Folgen.

Wir nennen $\mathcal{R}_{10}$ die *Menge der Standard-Dezimaldarstellungen*. $\triangle$

Bemerkung 4.2

Ist

$$x = m, j_1 j_2 j_3 j_4 j_5 \cdots$$

eine Standard-Dezimaldarstellung, dann ist diese Dezimaldarstellung in obiger Notation natürlich gegeben durch $f(0) = m$ und $f(r) = j_r$ für alle $r \in \mathbb{N}$.

Die Bedingung (b) stellt sicher, daß kein Neunerende vorhanden ist. $\triangle$

Jetzt sei $\varphi_{10} : \mathcal{R}_{10} \to \mathbb{R}$ die folgende Abbildung:

$$f \mapsto \varphi_{10}(f) := f(0) + \sum_{r=1}^{\infty} \frac{f(r)}{10^r} \,.$$

Wir haben bereits gezeigt, daß φ_{10} eine Bijektion ist. Ist $x = \varphi_{10}(f)$, so können wir daher auch f als die *Dezimaldarstellung* von x bezeichnen. Ferner können wir mit der Bijektion φ_{10} die Strukturen, die $\mathbb{R}$ trägt, auf $\mathcal{R}_{10}$ übertragen. Beginnen wir mit der Ordnungsstruktur. Es seien $f, g \in \mathcal{R}_{10}$, dann setzen wir

$$f <_{10} g :\Leftrightarrow \varphi_{10}(f) < \varphi_{10}(g) \,.$$

Interessant ist nun, daß wir die Ordnungsrelation $<_{10}$ *ohne* Hilfe der Bijektion φ_{10} beschreiben können; denn wir wissen aus Satz 4.3: Ist $U := \{r \in \mathbb{N} \mid f(r) \neq g(r)\}$ und $p := \min U$, dann gilt

$$f <_{10} g \Leftrightarrow f(0) < g(0) \text{ oder } \Big(f(0) = g(0) \text{ und } U \neq \emptyset \text{ und } f(p) < g(p)\Big).$$

Wir benötigen zur Beschreibung von $<_{10}$ also im wesentlichen die Kleiner-Relation in $\mathbb{Z}$.

Wie üblich übertragen wir die algebraische Struktur von $\mathbb{R}$ nach $\mathcal{R}_{10}$ mit Hilfe der Bijektion φ_{10}: Seien $f, g \in \mathcal{R}_{10}$, dann setzen wir

$$f +_{10} g := \varphi_{10}^{-1}(\varphi_{10}(f) + \varphi_{10}(g))$$
$$f \cdot_{10} g := \varphi_{10}^{-1}(\varphi_{10}(f) \cdot \varphi_{10}(g)) \,.$$

Mit diesen Definitionen wird φ_{10} zum ordnungstreuen Körper-Isomorphismus, s. Satz 1.3 (S. 11).

Es ist nun weiterhin hochinteressant, daß auch die algebraischen Verknüpfungen $+_{10}$ und $\cdot_{10}$ auf $\mathcal{R}_{10}$ *ohne* Hilfe der Bijektion φ_{10} definiert werden können, wobei im wesentlichen die Addition und Multiplikation in $\mathbb{Z}$ benötigt wird. Sie alle haben in der Schule gelernt, wie man Dezimalzahlen addiert und multipliziert. Es läßt sich (mit einiger Mühe) zeigen, daß diese Rechenvorschriften den Körpereigenschaften genügen.

Mit anderen Worten: Die Menge $\mathcal{R}_{10}$ der Standard-Dezimaldarstellungen ist geeignet als Trägermenge für die Konstruktion eines weiteren Modells des Körpers der reellen Zahlen. Dies wird z. B. ausführlich durchgeführt in [4] und [28]. Auch die Fachdidaktik hat sich mit dieser Modellkonstruktion wiederholt beschäftigt, z. B. [14] und [29]. Der Vorteil dieses Zugangs liegt unter anderem darin, daß man nicht erst den Körper $\mathbb{Q}$ der rationalen Zahlen konstruieren muß, sondern gleich mit dem Ring $\mathbb{Z}$ der ganzen Zahlen die Konstruktion beginnen kann. Es darf aber nicht übersehen werden, daß die Definition von $+_{10}$ und $\cdot_{10}$ und die Untersuchung ihrer Eigenschaften einigen Aufwand erfordern. Es sei nur daran erinnert, wie schwierig sich schon die Multiplikation von Dezimalzahlen gestaltet.

Aufgaben

4.1 Zeigen Sie, daß eine Dezimaldarstellung *mit* Neunerende

$$x = m, j_1 j_2 j_3 j_4 j_5 \ldots j_p 99999 \ldots \qquad (j_p \neq 9)$$

der Standarddezimaldarstellung

$$x = m, j_1 j_2 j_3 j_4 j_5 \ldots (j_p + 1) 00000 \ldots$$

entspricht.

4.2 (Überabzählbarkeit der reellen Zahlen, Beweis nach Cantor): Verwenden Sie die Dezimaldarstellungen, um erneut zu zeigen (vgl. Satz 2.17), daß das Intervall $[0, 1]$ überabzählbar ist. *Hinweis:* Nehmen Sie an, die Dezimaldarstellungen des Intervalls $[0, 1]$ könnten durchnumeriert werden. Stellen Sie sich diese als Liste untereinandergeschrieben vor und führen Sie die Betrachtung mit Hilfe der Diagonalfolge zu einem Widerspruch.

4.3 (q-adische Zahlen): Sei $q \in \mathbb{N} \setminus \{1\}$ beliebig gegeben. Dann heißen die Elemente von $Z_q := \{0, 1, \ldots, q - 1\}$ die *q-adischen Ziffern*. Die Dezimaldarstellungen werden mit den 10-adischen Ziffern Z_{10} gebildet.

Zeigen Sie, daß derartige Darstellungen für jedes $q \in \mathbb{N} \setminus \{1\}$ existieren, d. h., formulieren Sie Satz 4.1 und Satz 4.2 entsprechend und führen Sie die Beweise aus. Dies liefert die Menge $\mathcal{R}_q$ der Standard-q-adischen Darstellungen. Wir nennen q die *Basis* des jeweiligen Zahlsystems.

Geben Sie analog zu Bemerkung 4.2 die Funktion φ_q des q-adischen Systems an und beschreiben Sie die Menge $\mathcal{R}_q$.

4.4 Besonders wichtig für die Anwendungen, vor allem bei der Darstellung von

Zahlen in Computern, sind die Fälle $q = 2$ (Binärdarstellung), $q = 8$ (Oktaldarstellung) und $q = 16$ (Hexadezimaldarstellung). Diese Darstellungen sind auch für natürliche Zahlen, also für den ganzzahligen Anteil, bedeutsam.

(a) Wandeln Sie die ganzen Zahlen 10, 100 und 1234 in das Binär-, Oktal- und Hexadezimalsystem um. Die Ziffern des Hexadezimalsystems werden gewöhnlich mit $\{0, 1, 2, 3, 4, 5, 6, 7, 8, 9, A, B, C, D, E, F\}$ bezeichnet.

(b) Wandeln Sie die Hexadezimalzahl $AFFE$ ins Dezimalsystem um.

(c) Geben Sie $\sqrt{10}$ und π mit sechsstelliger Genauigkeit im Binärsystem an.

4.2 Dezimaldarstellung der rationalen Zahlen

Wegen $\mathbb{Q} \subset \mathbb{R}$ folgt aus den Ergebnissen des letzten Abschnitts, daß auch jede rationale Zahl eine Dezimaldarstellung besitzt. In diesem Abschnitt leiten wir die Dezimaldarstellung einer rationalen Zahl mit Hilfe des Divisionsalgorithmus ab.

Ein sehr gewichtiger Grund für die Erweiterung des Ringes $\mathbb{Z}$ der ganzen Zahlen zum Körper $\mathbb{Q}$ der rationalen Zahlen ist die Tatsache, daß in $\mathbb{Z}$ die Division nicht uneingeschränkt ausführbar ist.

Aber wir haben in $\mathbb{Z}$ ja die *Division mit Rest* zur Verfügung. Diese ist die Grundlage für den aus der Schule bekannten *Divisionsalgorithmus*, den man auch den *euklidischen Algorithmus* nennt. Die Funktionsweise des Divisionsalgorithmus' führen wir hier nochmals aus.

Satz 4.4 (Division mit Rest)

Es seien $p \in \mathbb{Z}$ und $q \in \mathbb{N}$. Dann gibt es *genau ein Paar* (m, r) mit $m \in \mathbb{Z}, r \in \mathbb{N}_0$ und $0 \leqq r < q$ derart, daß

$$p = m\,q + r$$

gilt.

Beweis: Einen Beweis hierfür findet man z. B. in [1]. □

Für die Division $p : q$ gilt also

$$\frac{p}{q} = m + \frac{r}{q} \qquad \text{mit} \qquad 0 \leqq \frac{r}{q} < 1 \quad \text{und} \quad m \in \mathbb{Z},$$

d. h. die Zahl m ist der *ganzzahlige Anteil* der rationalen Zahl $\frac{p}{q}$ und r ist der *Divisionsrest*.

Ist der Rest $r = 0$, so ist p durch q teilbar: $\frac{p}{q} = m$. Andernfalls wenden wir bei der Division ganzer Zahlen Satz 4.4 iterativ an.

Im nächsten Schritt wenden wir Satz 4.4 auf $10\,r$ und q an. Dann gilt

$$10\,r = j_1\,q + r_1 \qquad \text{mit} \qquad 0 \leq r_1 < q \quad \text{und} \quad j_1, r_1 \in \mathbb{N}_0 \,, \tag{4.5}$$

Dann haben wir

$$\frac{r}{q} = \frac{j_1}{10} + \frac{r_1}{q}\frac{1}{10}\,,$$

und fassen wir die ersten beiden Schritte zusammen, folgt

$$\frac{p}{q} = m + \frac{j_1}{10} + \frac{r_1}{q}\frac{1}{10}\,.$$

Ferner war $r < q$ und somit $10\,r < 10\,q$, also wegen (4.5) $j_1\,q + r_1 < 10\,q$. Da außerdem $r_1 \geq 0$ gilt, haben wir $j_1\,q < 10\,q$ und damit $j_1 < 10$. Insgesamt liegt also $j_1 \in Z_{10} = \{0,1,2,3,4,5,6,7,8,9\}$ und ist somit eine Ziffer des Dezimalsystems. Wegen $0 \leq \frac{r_1}{q} < 1$ folgt weiter

$$m + \frac{j_1}{10} \leq \frac{p}{q} = m + \frac{j_1}{10} + \frac{r_1}{q}\frac{1}{10} < m + \frac{j_1}{10} + \frac{1}{10}\,,$$

so daß die Ungleichungskette (4.1) für $x = \frac{p}{q}$ gültig ist.

So fortfahrend, liefert uns die Division mit Rest eine Folge $(j_k)_{k \in \mathbb{N}}$ von Dezimalziffern, für die die Ungleichungskette (4.2) gilt, s. Aufgabe 4.5. Das Verfahren liefert uns außerdem eine ganzzahlige Folge von Resten $(r_k)_{k \in \mathbb{N}}$, $(0 \leq r_k < q)$.

Wir wollen nun das bekannte Resultat zeigen, daß die Dezimaldarstellungen rationaler Zahlen *periodisch* sind, daß also in jedem Fall Wiederholungen auftreten.

Zunächst betrachten wir als Beispiel die Division 96 : 65. Unser Rechenschema ergibt:

$$96 = 1 \cdot 65 + 31\,, \qquad \text{also } m = 1 \text{ und } r = 31$$
$$10 \cdot 31 = 4 \cdot 65 + 50\,, \qquad \text{also } j_1 = 4 \text{ und } r_1 = 50$$
$$10 \cdot 50 = 7 \cdot 65 + 45\,, \qquad \text{also } j_2 = 7 \text{ und } r_2 = 45$$
$$10 \cdot 45 = 6 \cdot 65 + 60\,, \qquad \text{also } j_3 = 6 \text{ und } r_3 = 60$$
$$10 \cdot 60 = 9 \cdot 65 + 15\,, \qquad \text{also } j_4 = 9 \text{ und } r_4 = 15$$
$$10 \cdot 15 = 2 \cdot 65 + 20\,, \qquad \text{also } j_5 = 2 \text{ und } r_5 = 20$$
$$10 \cdot 20 = 3 \cdot 65 + 05\,, \qquad \text{also } j_6 = 3 \text{ und } r_6 = 5$$
$$10 \cdot 05 = 0 \cdot 65 + 50\,, \qquad \text{also } j_7 = 0 \text{ und } r_7 = 50$$
$$10 \cdot 50 = 7 \cdot 65 + 45\,, \qquad \text{also } j_8 = 7 \text{ und } r_8 = 45$$

Das Verfahren wiederholt sich nun, da die letzte und die dritte Zeile dieses Schemas vollständig übereinstimmen, weil *sowohl* $r_7 = r_1 = 50$ *als auch* $j_8 = j_2 = 7$ sind.

Wir zeigen die gleiche Rechnung nochmals in der von der Schule vertrauten Notation:

$$
\begin{array}{ll}
96 & : 65 = 1,4\overline{769230} \\
\underline{65} & \\
310 & \\
\underline{260} & \\
\mathbf{500} & \\
\underline{455} & \\
\mathbf{450} & \\
\underline{390} & \\
\mathbf{600} & \\
\underline{585} & \\
\mathbf{150} & \\
\underline{130} & \\
\mathbf{200} & \\
\underline{195} & \\
\mathbf{50} & \\
\underline{00} & \\
\mathbf{500} & \\
\end{array}
$$

wobei die jeweiligen Reste r_k jeweils durch Fettdruck hervorgehoben wurden. Der beim Ergebnis verwendete Querstrich deutet an, daß sich diese Ziffernfolge wiederholt, gibt also den periodischen Anteil an. Wir empfehlen, diese Rechnung genau mit dem Rechenschema oben zu vergleichen!

Wir wollen in der Folge zeigen, daß die Division zweier ganzer Zahlen *immer* eine periodische Dezimaldarstellung liefert.

In der Beziehung

$$10\, r_k = j_{k+1}\, q + r_{k+1}\,,$$

welche für die Reste gilt, stehen für die Reste r_k nur die q Zahlen aus der Menge $Z_q := \{0, 1, \ldots, q - 1\}$ und für die Dezimalstellen j_{k+1} stehen nur die 10 Ziffern aus Z_{10} zur Verfügung. Sobald allerdings in unserem Rechenschema eine Zeile zum zweiten Mal auftritt, wiederholt sich die Rechnung und es tritt eine Periode ein. Da es nur endlich, nämlich nur $10\, q$, viele verschiedene mögliche Zeilen (bzw. Punktepaare $(r_k, j_{k+1}) \in Z_q \times Z_{10}$) gibt, ist die Periodizität gesichert.

Wir fassen unser Ergebnis zusammen in dem

Satz 4.5 (Periodische Dezimaldarstellung rationaler Zahlen)

Jede rationale Zahl hat eine periodische Dezimaldarstellung.

Beweis: Da jede rationale Zahl eine Darstellung der Form $\frac{p}{q}$ mit $p \in \mathbb{Z}$ und $q \in \mathbb{N}$ besitzt, folgt dies aus den obigen Ausführungen. $\square$

Es gilt auch die Umkehrung dieses Satzes.

Satz 4.6 (Periodische Dezimalzahlen sind rational)

Jede durch eine periodische Dezimaldarstellung gegebene Zahl ist rational.

Beweis: Die periodische Dezimaldarstellung kann mit Hilfe der geometrischen Reihe ausgewertet werden. Die Summenformel der geometrischen Reihe liefert die zugehörige rationale Zahl, s. Aufgabe 4.6. $\square$

Bemerkung 4.3 (Dezimaldarstellung rationaler Zahlen)

Bricht eine Dezimaldarstellung ab, hat sie ein Ende mit lauter Nullen und somit die Periode $\overline{0}$.

Es gibt viele weitere interessante Eigenschaften der periodischen Dezimaldarstellungen, auf die wir hier nicht im Detail eingehen wollen. Beispielsweise ist die Periode der Dezimaldarstellung des Bruchs $\frac{p}{q}$ mit $p \in \mathbb{Z}$ und $q \in \mathbb{N}$ höchstens gleich $q - 1$. Der Fall der längsten Periode $q - 1$ kann nur eintreten, falls q eine Primzahl ist. Eine weitere Eigenschaft wird im nächsten Beispiel studiert. $\triangle$

Beispiel 4.2 (Spezielle periodische Dezimaldarstellungen)

Als Beispiel betrachten wir die Dezimaldarstellungen der Vielfachen des Bruchs $\frac{1}{7}$:

$$\frac{1}{7} = 0,\overline{142857} = 0,\overline{142857}$$

$$\frac{2}{7} = 0,\overline{285714} = 0,2857\overline{142857}$$

$$\frac{3}{7} = 0,\overline{428571} = 0,42857\overline{142857}$$

$$\frac{4}{7} = 0,\overline{571428} = 0,57\overline{142857}$$

$$\frac{5}{7} = 0,\overline{714285} = 0,7\overline{142857}$$

$$\frac{6}{7} = 0,\overline{857142} = 0,857\overline{142857}$$

Man beachte, daß alle 6 Perioden identisch sind und daß lediglich mit einer anderen Ziffer gestartet wird!

Nun hat bereits Archimedes[1] nachgewiesen, daß

$$\frac{223}{71} < \pi < \frac{22}{7}$$

gilt ([19], S. 96). Wenn man diese Ungleichungskette durch periodische Dezimaldarstellungen ausdrückt, erhält man

$$3,\overline{140845070422535211267605633802816 90} < \pi < 3,\overline{142857} \ .$$

Es ist $\pi = 3\,1415926...$, also ist $\frac{22}{7}$ eine recht brauchbare Näherung der Kreiszahl. $\triangle$

Schließlich zeigen wir, daß der Divisionsalgorithmus immer Standard-Dezimaldarstellungen liefert, m. a. W., daß kein Neunerende auftreten kann.

Satz 4.7 (Standard-Dezimaldarstellungen rationaler Zahlen)

Der Divisionsalgorithmus liefert eine Standard-Dezimaldarstellung.

Beweis: Wir führen den Beweis indirekt und nehmen an, es gäbe ein $n_0 \in \mathbb{N}$, so daß $10\,r_k = 9\,q + r_{k+1}$ für alle $k \geq n_0$ gilt.

Dann haben wir insbesondere

$$r_{n_0} = \frac{9}{10}q + \frac{1}{10}r_{n_0+1} \quad \text{und} \quad \frac{1}{10}r_{n_0+1} = \frac{9}{100}q + \frac{1}{100}r_{n_0+2} \ ,$$

also

$$r_{n_0} = \frac{9}{10}q + \frac{9}{100}q + \frac{1}{100}r_{n_0+2} \ .$$

Induktiv erhalten wir für beliebiges $n \in \mathbb{N}$

$$r_{n_0} = 9\,q \sum_{k=1}^{n} \frac{1}{10^k} + \frac{r_{n_0+n}}{10^n} \ . \tag{4.6}$$

Nun ist $0 \leq r_{n_0+n} < q$ für alle $n \in \mathbb{N}$, also

$$0 \leq \frac{r_{n_0+n}}{10^n} < \frac{q}{10^n}$$

und somit

$$\lim_{n \to \infty} \frac{r_{n_0+n}}{10^n} = 0 \ .$$

---

[1] bei der Betrachtung des regelmäßigen 96-Ecks!

Zusammen mit (4.6) erhalten wir also

$$r_{n_0} = 9\,q \sum_{k=1}^{\infty} \frac{1}{10^k} = 9\,q\frac{1}{9} = q$$

im Widerspruch zur Tatsache, daß $r_{n_0} \in Z_q$ liegt. $\square$

Aufgaben

4.5 Zeigen Sie, daß bei iterativer Anwendung der Division mit Rest die Ungleichungskette (4.2) gilt.

4.6 Führen Sie aus, wie man durch Anwendung der geometrischen Reihe die rationale Zahl berechnen kann, welche zu einer periodischen Dezimaldarstellung gehört.

4.7 Zeigen Sie, daß der Divisionsalgorithmus $\varphi_{10}(\text{periodisch}) = \mathbb{Q}$ liefert.

4.8 Bestimmen Sie die periodische Darstellung von $\frac{1}{9}$, $\frac{1}{99}$ und $\frac{1}{999}$. Erraten Sie die Dezimaldarstellung von

$$\underbrace{\frac{1}{99\cdots 9}}_{n \text{ Ziffern}} = \frac{1}{9 \sum\limits_{k=0}^{n-1} 10^k} \ .$$

Beweisen Sie diese dann durch Ausmultiplizieren!

4.9 Zeigen Sie Satz 4.6. Verwenden Sie die Summenformel der geometrischen Reihe.

4.10 Berechnen Sie die periodische Dezimaldarstellung von $\frac{1}{89}$.

4.11 Stellen Sie die dezimal dargestellten Brüche 1/2, 1/3, 1/7 und 1/10 im Binär-, Oktal- und Hexadezimalsystem dar (s. Aufgabe 4.3).

Welcher Dezimalbruch hat bzgl. der Basen 2, 8 und 16 die Darstellung $0.\overline{10}$?

4.12 Zeigen Sie, daß Aufgabe 4.7 auf beliebige Basen übertragen werden kann, d. h.: Der Divisionsalgorithmus liefert $\varphi_q(\text{periodisch}) = \mathbb{Q}$.

Literaturverzeichnis

[1] Artmann, B.: *Einführung in die neuere Algebra*. Birkhäuser, Basel, 3. Auflage, 1991.

[2] Bachmann, P.: *Vorlesungen über die Natur der Irrationalzahlen*. Teubner, Leipzig, 1892.

[3] Bachmann, F.: *Aufbau des Zahlensystems*. Enzyklopädie der mathematischen Wissenschaften, Band 1, erster Teil, Heft 2, Teubner, Berlin und Leipzig, 2. Auflage, 1939.

[4] Burill, C. W.: *Foundations of Real Numbers*. Mc. Graw-Hill, New York, 1967.

[5] Capelli, A.: Sulla introduzione dei numeri irrazionali col metodo delle classi contigue. Giornale di Mathematica **35**, 1897, 209–234.

[6] Coers, H.: Die Kowalewskische Einführung der reellen Zahlen. Der Mathematikunterricht **19**, Heft 3, 1973, 70–82.

[7] Cohen, L. W. und Ehrlich, G.: *The Structure of the Real Number System*. Van Nostrand, Princeton, 1963.

[8] Cracknell, A. P.: *Angewandte Gruppentheorie*. Vieweg, Braunschweig, 1971.

[9] Dedekind, R.: *Stetigkeit und irrationale Zahlen*. Vieweg, Braunschweig, 1965.

[10] Dedekind, R.: *Was sind und was sollen die Zahlen?* Vieweg, Braunschweig, 1965.

[11] Dieudonné, J.: *Grundzüge der Analysis*, Band 1. Vieweg, Braunschweig, 1972.

[12] Ebbinghaus, H., Hermes, H., Hirzebruch, F., Koecher, M., Mainzer, K., Neukirch, J., Prestel, A. und Remmert, R.: *Zahlen*. Springer, Berlin–Heidelberg, 3. Auflage, 1992.

[13] Erwe, F.: *Differential- und Integralrechnung II*. Bibliographisches Institut, Mannheim, 1962.

[14] Holland, G.: Ein Vorschlag zur Einführung der reellen Zahlen als Dezimalbrüche. Semesterberichte Band XVIII Heft 1, Göttingen, 1971.

[15] Koepf, W.: *Mathematik mit Derive*, Vieweg, Braunschweig/Wiesbaden, 1993.

[16] Koepf, W.: *Höhere Analysis mit Derive*, Vieweg, Braunschweig/Wiesbaden, 1994.

[17] Koepf, W.: *Derive für den Mathematikunterricht*, Vieweg, Braunschweig/ Wiesbaden, 1996.

[18] Kowalewski, G.: *Grundzüge der Differential- und Integralrechnung*. Teubner, Leipzig–Berlin, 1928.

[19] Kropp, G.: *Vorlesungen über Geschichte der Mathematik*. Bibliographisches Institut, Mannheim, 1969.

[20] Lenz, H.: *Grundlagen der Elementarmathematik*. VEB Deutscher Verlag der Wissenschaften, Berlin, 1961.

[21] Mangoldt, H. v. und Knopp, K.: *Einführung in die höhere Mathematik*, Band 1, Hirzel, Stuttgart, 12. Auflage, 1962.

[22] Mrose, A. und Ripka, W.: Die Intervalleigenschaft der Ober- und Untersummenmengen einer beschränkten Funktion. Elemente der Mathematik **34**, 1979, 34–37.

[23] Neder, L.: Über den Aufbau der Arithmetik. Jahresbericht der Deutschen Mathematikervereinigung **40**, 1931, 22–37.

[24] Niven, I. A simple proof that π is irrational. Bull. Amer. Math. Soc. **53**, 1947, 509.

[25] Oberschelp, A.: *Aufbau des Zahlensystems*. Vandenhoeck & Ruprecht, Göttingen, 3. Auflage, 1976.

[26] Perron, O. *Irrationalzahlen*. De Gruyter, Berlin, 4. Auflage, 1960.

[27] Proskurjakow, J. W.: Kapitel VI „*Der Körper der reellen Zahlen*" in: *Enzyklopädie der Elementarmathematik*, Band I: Arithmetik. VEB Deutscher Verlag der Wissenschaften, Berlin, 1977.

[28] Rautenberg, W.: *Elementare Grundlagen der Analysis*. BI Wissenschaftsverlag, Mannheim, 1993.

[29] Rautenberg, W.: Ein kurzer und direkter Weg von den natürlichen zu den reellen Zahlen mit anschließender Begründung der Bruchrechnung. Mathematik in der Schule **7**, 1969, 409–425.

[30] Rudin, W.: *Analysis*. Oldenbourg, München–Wien, 1998.

[31] Steiner, H. G.: Äquivalente Fassungen des Vollständigkeitsaxioms für die Theorie der reellen Zahlen. Math.-Phys. Semesterberichte **13**, 1966, 180–201.

[32] Strehl, R.: *Zahlbereiche*. Herder, Freiburg, 2. Auflage, 1976.

[33] Wenner, B. R.: The uncountability of the reals. Amer. Math. Monthly **76**, 1969, 679–680.

Symbolverzeichnis

Index

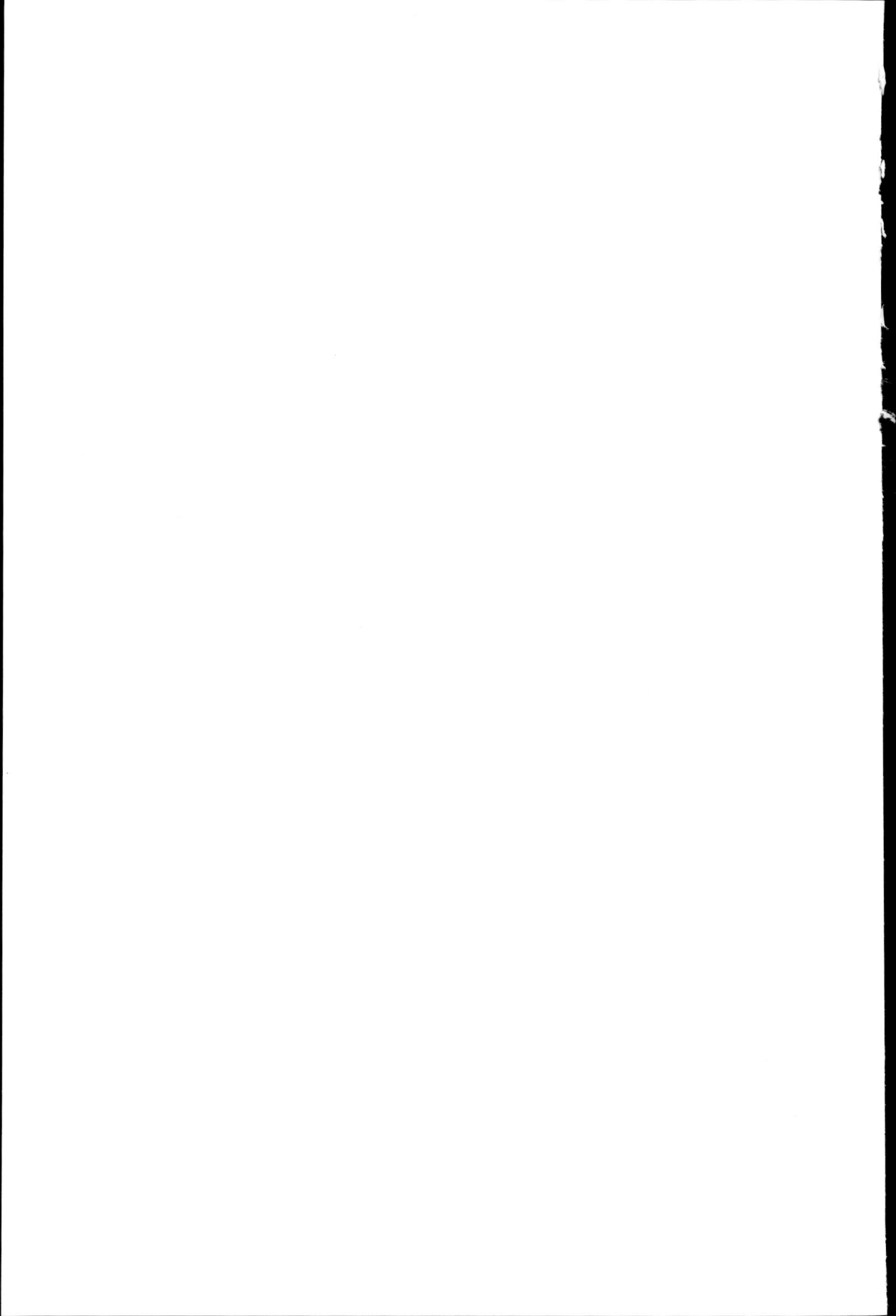